あなたがあなたであることの科学

人の個性とはなんだろうか

Unique
The New Science of Human Individuality
David J. Linden

デイヴィッド・J・リンデン
岩坂彰［訳］

河出書房新社

目次

あなたがあなたであることの科学

人の個性とはなんだろうか

虫にさえ——
歌えるものあり
歌えぬものあり

小林一茶[*]（ロバート・ハース訳）

（＊）一茶の元の句は「世の中や　鳴く虫にさえ　上手下手」。Robert Hass による英訳は Even with insects —/ some can sing, / some can't.

プロローグ

音楽は気楽に楽しめばいいはずなのだが、どうしてもよけいなことを考えてしまう性分なのだからしかたがない。
たとえばこういうことだ。よく晴れた青空のもと、高速道路を飛ばしている。カーラジオからジュヴィナイルのラップが流れる。乗りのいいニューオーリンズ風の弾むようなリズムに、私もシートの上で腰をくねらせる。

彼女の目、どこからもらった？
　彼女はそれをママからもらった！
彼女の太もも、どこからもらった？
　彼女はそれをママからもらった！
彼女は料理、どこから教わった？
　彼女はそれをママから教わった！

私も一緒に口ずさむ――コール・アンド・レスポンスまで。ビートに乗ってハンドルを叩く。けれども、心の片隅ではすでに歌詞の考察を始めている。これは分析に取り憑かれた者の呪いなのだ。

私はDNAについて考え始める。うん、彼女はその目を完全にママとパパの遺伝子から受け継いでいる。でも、太ももはどうだろう。たぶん、遺伝子と後天的な食習慣のミックスだ。腸内細菌のフローラが彼女の代謝に——だから太ももの太さにも影響する。ママは彼女に料理を教えたみたいだな。つまりは社会的経験だ。食べ物の好みには遺伝的な要素はちょっとしかないことが、一卵性の双子の研究から分かっている。ママの（またはパパの）影響はあんまりない。だけど、苦味に敏感になる遺伝子の型はたぶん受け継がれる。そうすると、味の好みが出る料理のスタイルの受け継ぎというのは、太ももよりも相当複雑なことになりそうだ……

ジュヴィナイルの曲が進むにつれ、考察はますます入り組んでいく。


彼女はどうして、自分がボスだって言い張る？

　彼女はそれをママからもらった！

彼女はどうして、いつも警察を呼ばなきゃいけない？

　彼女はそれをママからもらった！


こんな強引な性格はどこに由来するのだろう。育ち方か？　それとも仲間の影響が大きいのか？　彼女の強烈な自信に遺伝子は影響しているのだろうか？　性格についても遺伝の裏付けはある。神経伝達物質のタイプが違うといったようなことだ。彼女はずっと自分がボスだと思っていて、そんなふうに言い張る強気な性格なのだろうか。それともたまたま今、自信にあふれた時期なのか。そう、人の性格は、子どもの頃はそれなりに変化するけれど、成人後は大きなトラウマでも受けない限りさほど変わらないものだから……

いや、分かっている。私は相当ピントの外れたことを言っている。ジュヴィナイルはなにも、私たちの個性を形成する経験や発達上のランダムさや遺伝要因について説明しているわけではない。それでも、彼のラップは人間の個性についてたくさんの重要な点を浮かび上がらせる。歌が進むにつれ「彼女」の特性が次々と分かってくる。魅力的で、自信家で、料理がうまくて、面白くて、親友がいる。

彼女はどうしてこういう人間になったのだろうか。

＊　＊　＊

私はひとりの生物学者として、個別的な違いというものを極力抑えようとずっと頑張ってきた。研究室で扱うマウスは、遺伝的にできるだけ同じになるよう交配してある。さらに違いを抑えるべく、研究室ではマウスたちがみな同じ変化のない環境で育つよう細心の注意を払う。仮説を検証するときにはたいてい、多くの個体を測定して平均値を取る。重要な傾向を見て取るために異常な値は省く。人々（あるいはマウス）が共通して持つ生物学的な側面を理解しようとするのなら、これが合理的なアプローチなのだ。しかし、これで見えてくるのは真実のごく一部にすぎない。

研究室で、ブリーダーから届いたばかりのマウスの箱を開けると、彼らが共通の特性を持っていることがすぐに分かる。たとえばみな眩《まぶ》しい光を避けようとするし、キツネの尿の臭いを嗅がせると例外なく恐怖に固まる。キニーネ入りの苦い水は飲もうとしない。けれども、少し観察していれば、一匹一匹の大きな違いも見えてくる。ほかのマウスや私の手に突っかかろうとする個体もあれば、それほどでもない個体もある。脅威が存在しないときにはケージの中で走り回る個体もあれば、じっとしている個体もある。生理学的な測定値からも違いが見つかる。安静時のストレスホルモン・レベルや睡眠パターン、食べたものが消化器系を通過するのにかかる時間といった点だ。

彼らはそれぞれ、どうしてそういうマウスになったのだろうか。

＊　＊　＊

それほど昔の話ではないのだが、私は数年の間、「ＯＫキューピッド」というマッチングサイトで自分にぴったりの相手を見つけようと、かなりの時間を費やしたことがある。オンラインでの相手探しというのは楽しく、挫折も味わわされ、結局のところは運任せという面がある。私はこのサイトで素晴らしい女性と出会い、結婚した。最近では、オンラインで出会った相手と結婚するのはけっして珍しいことではないようだ。ＯＫキューピッドの共同創業者クリスチャン・ラダー氏によると、２０１３年にこのサイトでひと晩に約３万組が出会い、そのうち約３０００組がカップルになり、約２００組が結婚に至ったという（おそらく結婚しないまま長期的な関係を続ける人はもっと多い）[1]。以降、この数字はもっと増えていると考えざるをえない。そしてもちろん、ＯＫキューピッドは数ある同種のサイトの中のひとつにすぎないのだ。

ＯＫキューピッドに掲載されている登録者のプロフィールを眺めることは、私にとって人間の個性について専門課程の授業を受けているようなものだった。この種のサイトの仕組みはおそらくご承知のことと思うが、利用者は、自分についての基本的な情報と写真、そして一連の決まった質問への回答を掲載する。自分がどのような人間か――つまり自分のどんな面がいちばん魅力的だと考えているか――、そしてどのような関係を求めているかを示すためだ。

マッチングサイトがまったくの公共の場ではない、という点は重要だ。バーのような現実の社交空間とは異なり、ＯＫキューピッドの利用者はプロフィールを書いているところを友人や同僚に見られたりはしない。社会的プレッシャーに（少なくともある種の社会的プレッシャーに）あまり縛られずに自分を表現できる。ここで、私が相手を探していた頃に見た、都会暮らしの中年女性のプロフィールを見ていただこう。それぞれの項目は実際に見た内容だが、多くのプロフィールから取ってきて混ぜ合わせてあるため、これはあくまでも架空の人物だ。とはいえ、現実にありうるプロフィールと言える。

チャームシティスウィーティ（54歳）

女性、ストレート、独身、178センチ、体型は豊満型
白人、英語とスペイン語を話す、大卒
あまり熱心ではないカトリック、さそり座
喫煙せず、お酒は付き合い程度、飼い犬あり
子どもがいるが、これ以上は望まない
長く付き合える独身男性求む

自己紹介
典型的な大家族の長女

気の利いたジョークや皮肉なユーモア、自虐が大好き
職業は被告側弁護士
左利きで、それを誇りに思っている
歯を磨きながら家の中を歩き回るのが好き
グルーガンを持っている。使うのは怖くない
冬になると少し落ち込む
早起きして犬と走るのが好き
温度調節付きのエアコンをいつも点けている
心もブラウザーも、いつも同時にたくさんのタブが開いている
歌うのが好き。音は外さない
誰も見ていないときは郵便物を爪楊枝代わりにする

私に会った人がふつう最初に気づくこと
長い赤毛
肩に彫った踊るカモノハシのタトゥー
ボストンなまり
歌詞を完璧に覚えること

好きな本、映画、番組、食べ物

テレビはあまり見ないけれど、ホラー映画が好き。今はジェニファー・イーガンの新しい小説を楽しんでいる。熱狂的なパンクも70年代のソウルミュージックもシューベルトも、何でも乗れる。スパイシーな食べ物とホップの利いたビールが好き。でもマヨネーズとマスタードと半熟卵が嫌い。幸せのために赤ワインは必須。

以下に当てはまる方はメッセージを

プロフィール写真の背景が、ボート、トイレ、バイク、クルマではない

「メンシュ」の何たるかを知っていて、自分はそういう人間である

私の冷たい足が背中に乗っても気にしない

思い切ってものごとに飛び込める

ジュヴィナイルの歌に出てくる女性や私の研究室のマウスたちと同じように、チャームシティスウィーティも、ほかの人とは違う独特の人間へと育ってきた。彼女がどのようにボストンなまりを覚え、異性愛者になり、豊満な体型に育ち、ユーモアのセンスを身に付け、冷たい足を持ち、ホップの利いたビールを好み、音を外さずに歌えるようになったのか。本書で見ていくように、これらの特性のひとつひとつについて、今ではそれぞれに説明がつく。

私たちはどのようにして独特な個性を持つのか。これは私たちが問うことのできる疑問の中でもとりわけ深い問題と言える。その答えは——答えがある場合は——大きな問題をはらんでいる。ネット上の出会いだけのことではない。その答えしだいでは、道徳性や公益や信仰や医療や教育や法律についての

考え方も変わってくる。たとえば、攻撃性のような行動特性が遺伝要因を持つとしよう。すると、生物学的に攻撃的になりやすい素因を持った人が暴力を振るった場合、その人の法的責任はそうでない人より軽くなるだろうか。あるいはこんな問いも立てられる。身長のような価値のある特性が貧困により遺伝しにくくなることが分かっているとしたら、私たちは、遺伝的な潜在力を発揮することを阻害している不平等をできるだけなくすよう、社会として努力すべきではなかろうか。このような問いは、個性を探究する科学が社会的議論に寄与できる側面であると言えよう。

個性の起源の探究に携わるのは生物学者ばかりではない。文化人類学者も芸術家も歴史家も言語学者も文学理論研究者も哲学者も心理学者も、その他多くの者たちと共に議論のテーブルに着いている。このテーマをめぐっては、多くの重要な側面に、発達と、遺伝と、神経系の可塑性にからむ根本的な疑問が関係してくる。近年の科学的発見により、個性の起源の解明に近づきつつあることは朗報だ。非常に刺激的で、ときには直観に反するような事実が明らかになってきている。さらにありがたいことに、近年の説明は、昔ながらの「生まれか育ちか」という議論に収束しない。この退屈な議論が長年にわたり問題の解明を妨げ、人々をうんざりさせてきたのだ。

遺伝子は、経験により修正されるようにできている。ここで経験というのは、育てられ方のような目に見えるものばかりではない。人生でこれまでに（あるいは妊娠中の母親が）かかった病気、口にしてきた食べ物、身体の中に棲息する菌、乳児期の天候、文化とテクノロジーの広汎な影響といった複雑で興味深い諸々も、経験のうちに数えられる。

それでは、科学的探究を進めていこう。この探究は論争の種を播《ま》くことになるかもしれない。人間の個性の起源への問いは、私たちが何者であるかという問いに直結する。それは民族やジェンダーや人種の概念に疑問を投げかける。政治的にならざるをえない問いであり、感情的な激しい反応を引き起こす。植民地主義の全盛期から今日に至るまで150年にわたり、政策問題の中でもこれほど明確に右派と左派を反目させてきた議論はほかにない。

こうした悩ましい背景を持つ問題を扱うだけに、私はできる限り率直に、現在の科学的コンセンサス（があれば、それ）をまとめ、議論を解説し、私たちの理解の限界を指摘することに力を尽くすつもりだ。

本書を読んでいる間、ブラウザーのウィンドウでマッチングサイトを開いたままだったとしても責めるつもりはないので、ご安心いただきたい。

第1章 個性と遺伝の関係を考えてみる

1952年、ソビエト連邦の遺伝学者ドミトリ・ベリャーエフは、ある創造的かつ大胆な実験のアイデアを思いついた。

ベリャーエフの関心は、人類の文明の発達に重要な役割を果たしてきたイヌ、ブタ、ウマ、ヒツジ、ウシといった動物の家畜化の過程にあった。最初に家畜化された動物はイヌだと考えられている。イヌの原種はユーラシア大陸に生息していたハイイロオオカミで、1万5000年以上前に狩猟採集生活を送っていた人々に飼われるようになった[1]。

ベリャーエフは、人間との接触を避け、ときには人を襲うこともあることで知られる野生のオオカミの一部が、どのようにして今日私たちが愛してやまない優しく忠実な仲間へと進化したのかを解明したいと考えていた。家畜化された動物は、野生の祖先と比べて顔つきが丸みを帯びて幼く見え、耳が垂れ、尻尾が丸まり、毛皮が明るく、模様が付くといった特徴を共有することが多い――このことはチャールズ・ダーウィンが最初に指摘している。これはなぜなのだろうか。また、野生の哺乳類がたいてい年に一度だけ、短期間の繁殖期を持つのに対して、家畜化された動物が年に2回以上繁殖することが多いのはなぜなのか。

ベリャーエフは、家畜化の最初の段階で選ばれるべき唯一最大の特性は、大きさや繁殖力ではなく、人馴れという特性であると考えていた。彼の仮説によれば、私たちの祖先が家畜化したすべての動物種が持つ決定的な性質は、人間への攻撃性が低く、人間をあまり恐れないことだという。この仮説を検証するため、ベリャーエフはソ連国内で毛皮生産のために設立されていたいくつかのギンギツネ農場を訪れ、繁殖係に指示して、ごく一部のよく人馴れしたキツネだけを選んで交配させるようにした。こうして何世代にもわたって人馴れしたキツネを選択的に繰り返し交配していけば、最終的にオオカミからイヌへの変化に似た家畜化が起こり、人懐っこく忠実な、イヌのようなキツネが生まれてくると彼は考えたのである。

実験の実施にあたり、ベリャーエフは、自分が兄のニコライと同じ運命をたどらないようにと願っていた。ニコライは遺伝学的実験を行い、その結果を公表した罪により、1937年にソ連政府により処刑されていた。当時のソ連は、生物学の暗黒時代だった。スターリンの共産党政府は、専門教育を受けていない「一般市民」に権威を与え科学的な指導者とすることに熱心だった。ソビエト科学アカデミーの遺伝学研究所では、はったり屋のトロフィム・ルイセンコが所長に抜擢された。ルイセンコはデータを捏造し、コムギやオオムギの種子を冷凍した後に冬期に栽培すれば大きく成長し、そこから採れた第2世代の種子も冬に成長できる強靭な形質を獲得していると主張した。この方法でソ連の食糧生産は倍増し、人々は飢えずにすむというのである。この主張は国営新聞『プラウダ』紙上でソ連科学の勝利として喧伝された。しかし、ルイセンコの種子冷凍法はソ連国内で広く採用されたものの完全な失敗に終わり、ソ連は広い地域で飢饉に襲われることとなった。

ルイセンコは、それまでソ連で盛んに研究されていた遺伝学を否定した。遺伝学的に簡単な実験をすれば、彼の主張は容易に反証されてしまうからだ。彼はソ連の遺伝学者たちを「西側の破壊分子」と呼び、スターリンの庇護の下、遺伝学を解体しようとした。抵抗した学者は解雇されたり、ときには投獄されたりもした。ドミトリの兄のニコライ・ベリャーエフや、ロシアの偉大な植物遺伝学者ニコライ・ヴァヴィロフなど、遺伝学をとくに強く支持する人々は処刑された。ニコライ・ベリャーエフは銃殺。ヴァヴィロフは独房でゆっくりと餓死させられた。

幸いなことに、弟のドミトリ・ベリャーエフは、ある程度の政治的支援を受けながら仕事を進めることができた。彼は第二次世界大戦中、ソ連の赤軍に従軍し勲章を受けた英雄だった。また、毛皮を生産する施設でキツネやセーブル、ミンクの飼育法の改良を監督する立場にもいた。ソ連にとり毛皮は大量の外貨を獲得する手段だったため、彼の仕事はソ連経済にとり重要なものだったのだ。

兄の運命を忘れずにいたベリャーエフは、モスクワから監視の目が届かない遠方のキツネ農場で家畜化の実験を始めることにした。最初はエストニアの森林地帯、後にはモンゴル国境に近いシベリアの僻地で実験を進めた。表向きは、遺伝学的研究ではなく、キツネの生理学的研究ということにした。ベリャーエフはこの研究の監督役に、リュドミラ・トルートという若い研究者を抜擢した。トルートはエリートを育成するモスクワ大学で訓練を受けた動物行動学の専門家だった。ベリャーエフはトルートに明確な指示を与えた。交配させるキツネを選ぶ際に考慮すべき特性はただひとつ、外見や大きさやほかのキツネへの振る舞いではなく、人馴れである、と。

このキツネ家畜化計画が成功する保証はなかった。それでも、うまくいくと推定できるだけの十分な理由はあった。何にせよ、キツネはイヌの祖先のオオカミの近縁種なのだ。失敗の先例はあった。野生のシマウマは、家畜化が何度も試みられたが失敗を繰り返していた(2)(シマウマとウマはきわめて近縁で、交雑することさえある。たとえば、シマウマ〔ゼブラ〕とポニーの間に生まれる「ゾニー」という交雑種がある)。だが、この失敗の原因はおそらく、シマウマの遺伝子には人馴れという特性を発現させられるだけのバリエーションがないことにある。少しでも人馴れしたシマウマが元からいなければ、交配のためにそのようなシマウマをうまく選び出すことなどできはしないからだ。しかし幸いにも、トルートとベリャーエフのキツネではシマウマのようなことはなかった。

トルートはまず、分厚い手袋をはめ、短い棒を握って、キツネのケージの中にゆっくりと手を入れてみた。この穏やかな侵入者に対して最も多く見られた反応は、うなり声を上げ、噛みつくというものだった。恐がってひどく興奮し、ケージの奥に逃げるキツネもいた。しかし10%ほどは変わらず落ち着いたままで、近づいて来はしなかったが、じっとトルートを観察していた。(3) トルートは、このようなキツネを最初の交配に選んだ。また、トルートは近親交配が起こらないよう注意を払った。近親交配で生まれた個体は実験を混乱させる可能性があったからだ。観察される人馴れが純粋に遺伝学的選択の結果である可能性を高めるため、キツネを訓練したり、人間と関わらせたりすることは厳しく制限した。

今後の交配の元になりそうな人馴れの兆しが見えたことにトルートは勇気づけられた。それでも、実験がうまくいかずに終わる可能性はさまざまに考えられた。たとえば、キツネの行動に意味のある変化が見られるまで、何百世代もかかるかもしれなかった。考古学的記録の分析から、オオカミからイヌへの家畜化は、1万年以上前に始まった後、断続的に続いたと考えられている。トルートとベリャーエフにはとてもそんな時間はなかったし、1年に繁殖期が1回というペース上の制約もあった。

そんな中で、実験開始からわずか4年でキツネの行動に明らかに変化が表れてきたことは喜ばしい兆しだった。4世代目のキツネの中に、わずかながら攻撃性や恐れを示さないものが出てきたのだ。それどころか、人間に対してイヌのように尻尾を振る個体まで現れた。6世代目になると、懸命に人間の注意を引こうとしているかのように、クンクンと鳴いたり手を舐《な》めたりする子ギツネが出てきた。今日ではこうして交配された成体のキツネの80%以上が飼い犬と同じ程度に忠実で人馴れしている(4)(**図1**)。

キツネを飼いたいという人は、トルートとベリャーエフの実験から生まれたキツネをインターネットで購入できる。シベリアからの送料込みで9000ドルだ(5)。しかし、家畜化されたキツネは野生のキツネよりも人懐っこいとはいえ、イヌのように訓練するのはかなり難しい。キツネ飼育の専門家、エイミー・バセットは、「コーヒーを飲んでいて、カップからちょっと目を離した後で一口すすり、『あ、ボリスが来てカップにおしっこしたな』と気づく(こともある)。イヌなら簡単に訓練して問題行動に対処できるけれど、キツネではどうにもならない行動がたくさんある」と話す(6)。

図1　リュドミラ・トルート博士とペット化されたキツネ。BBCの許可を得て掲載。写真はDan Childによる。

もともと農場で育てられていたキツネの外見は、野生のキツネとそう変わらなかった。耳は立っていたし尻尾は長く垂れ、毛色はみな、尻尾の先の白い部分を除けば暗い銀色だった。ところが人に馴れさせる交配を何世代も続けていくうちに、耳が垂れ、尻尾が短く巻き、とくに顔の色が薄く、模様のある個体が多くなっていった。彼らは野生のキツネよりも性的に早く成熟し、年に2回繁殖するものさえ出てきた。交配の指標としたのは人馴れの基準だけで、ほかの身体特性はそれに付随して現れてきたものだという点は強調しておかなければならない。注目すべきは、これらとまったく同じ身体的変化が、ウシやブタやヒツジなどほかの多くの動物が歴史上さまざまな時点で家畜化されてきた際にも見られたということだ。

* * *

トルートとベリャーエフが、キツネの副腎から分泌されるストレスホルモンのレベル（安静時）を測定したところ、人馴れしたキツネのほうが有意に低かった。また、脳内の神経伝達物質セロトニンとその代謝産物のレベルは、人馴れしたキツネのほうが高かった。この結果は攻撃行動の減少と整合する。

人馴れしたキツネやほかの家畜動物に見られる生化学的、行動的、身体構造的変化については、ひとつの総合的な仮説を立てることができる。それは、こうした動物の個体の成長は、理由はともかく、野生のいとこよりも早い段階で止まってしまうということだ。発達のタイミングを決める遺伝子のバリエーションが、人馴れの程度を決める要因になっていると考えられる。そのため、人馴れに向けて交配された動物は、ダーウィンが気づいた幼形的な特徴——垂れた耳、丸い顔、巻いた尻尾など——を伴うというわけである。

双子研究でここまで分かった

トルートとベリャーエフは、キツネの行動特性（人馴れ）が遺伝すること、その変化はわずか数世代の選択的交配により生じうること、そして、この特性の選択に身体的な変化が伴うことを明らかにした。では、キツネの人馴れ実験から得られたこれらの結論は、私たち人間の行動特性や身体特性の遺伝性にも当てはまるのだろうか。そもそも私たち人間は、シベリアのケージの中で暮らしているわけではないのだから。それに、私たちは自分の交配相手を、基本的には自分で選ぶ。エイリアンの王様にあてがわれたりはしない。そのうえ、ＯＫキューピッドのようなマッチングサイト／アプリで、選べる相手の可能性は広がってさえいる。

人間が持つ特性がどの程度遺伝するか（遺伝率）については、双子研究からヒントが得られる。人間（あるいはキツネ）の集団内ではひとつの特性が個体により多様な表れ方をするわけだが、集団内の双子を分析することで、集団全体に見られるその特性のバリエーションのどの程度が遺伝によるものかを０％から１００％で推定できる。ここで留意すべき重要な点は、遺伝率と言うとき、集団全体について推定しているのであって、ひとりひとりについての話ではないということだ。ある特性の遺伝率が70％だと言った場合、それはその集団に属するひとりの人が持つその特性の70％を遺伝子が決めていて、残りの30％がほかの因子による、という意味ではない(*)。

双子研究による遺伝率の推定は、身長や安静時の心拍数など容易に測定できる身体特性にも、やや主観的で測定の難しい行動特性、たとえば寛大さ、内気さ、一般的知能といった特性にも、どちらについても行える。行動特性は、直に観察したり質問票を使ったりして測定することが多いわけだが、その際に障害となるのは、文化的な制約だ。内気という特性の定義や判定基準は、日本とイタリアでは異なるだろう。寛大さの概念は、パキスタンの都会人とタンザニアの狩猟採集民ハッザとでは同じではない。たとえ同じ地域に住む人々でも、文化的背景が異なる人の行動特性を評価しようとすれば、そこには文化的要因がからんでくる。

ここで、双子研究による遺伝率の推定の仕組みについて説明しておこう。

二卵性双生児とは、同じ排卵期にふたつの卵子がそれぞれ別の精子により受精した双子のこと。ふたつの受精卵は別々に発達してふたりの胎児になる。二卵性双生児は、遺伝的にはふつうのきょうだいと同じ程度に似ている。平均すると遺伝子の50%を共有する。[7] 二卵性双生児は性別を決定するX染色体とY染色体を両親から別々に受け継ぐため、同性の双子（男／男または女／女）になるか性別の違う双子（男／女または女／男）になるかは五分五分だ。

これに対して一卵性双生児の場合、ひとつの受精卵が発生の初期にふたつの胚に分かれる。双子のそれぞれは親から同じ型の遺伝子を受け継いでいる。つまり遺伝的に同一だ。一卵性双生児は性染色体のXとYも同じ組み合わせで受け継いでいるため、常に同性になる。逆に言うと、性別の違う双子は必ず二卵性で、一卵性ということはありえない。

双子研究の基本的な方法は以下のとおりだ。一卵性と二卵性、それぞれの双子の組をたくさん集め、ひとつの特性、たとえば身長を測定する。そして双子の互いの身長の差を計算し、その結果を一卵性と二卵性の集団の間で比較する。[8] 実際、このようにして行われたある研究では、双子の間の身長差が二卵性で平均4・5センチ、一卵性で1・7センチだった。この種の双子研究で重要な前提となるのは、双子（一卵性も二卵性も）がふたりとも同じ家庭で一緒に育ち、少なくとも子ども時代に社会的、物理的にきわめて近い環境を共有しているという条件だ。この条件を満たしている以上、一卵性のほうが平均して身長差が小さいことは、かなりの程度、遺伝的な同一性に原因があると言える。

こうして得られた数値を公式に当てはめると、ある特性の遺伝率を計算することができる。成人後の身長の場合、遺伝率は約85％となる。少なくとも基本的な栄養条件が満たされている富裕国においてはそう言える。また、身長のバリエーション（人による身長の違い）のどの程度が環境によるものかも推定できる。双子が共有する環境の寄与率は約5％、非共有環境は約10％だ。この計算に関心のある読者は巻末の註を参照してほしい(9)。

たいていの双子では、共有環境は主に家庭内での経験だ（読み聞かせのような対人的経験も、家庭の食事で食べたものなど身体的経験もある）。だが、学校やコミュニティでの共有経験や、地域的な食べ物や、感染症に罹患した経験も共有環境に含まれる。非共有環境とは、双子のそれぞれが別々に積み重ねるさまざまな社会的、生物学的経験の寄せ集めだ。非共有環境と見なされるものの中には、胎児期や新生児期に脳や身体がランダムに発達するという特質が含まれている点は重要である。これについては第2章で掘り下げる(10)。

この種の双子調査は、どんな特性でも分析できる。身長や体重といった容易に変化が測定できるもの

（＊）付言すると、その特性が70％の確率で子に遺伝するという意味でもない。遺伝率は統計的な概念で、直観的なイメージでは捉えにくい。ここでバリエーションのどの程度が遺伝によるかと言われているのは、統計的には「分散の何％が遺伝により説明されるか（何％に遺伝が寄与しているか）」と表現されることがらである。第1章原註9参照。

だけでなく、たとえば「昨年一年間に、自分と同じ性別の人に性的に惹かれたことはありましたか」といった質問への回答を分析することもできる。性的指向に遺伝的要素がまったくないとしたら、双子がふたりともこの質問にイエスと答える率は一卵性と二卵性で同じになるはずだ。逆に、性的指向が完全に遺伝的なものだとしたら、一卵性の双子の片方がホモセクシュアル／バイセクシュアルならもう片方もホモセクシュアル／バイセクシュアルだと予想できる（片方がストレートならもう一方もストレート）。今日得られる最良の推定（スウェーデンでランダムに選ばれた双子3826組による研究）によれば、男性の性的指向のバリエーションの約40％が遺伝によるもので、共有環境の影響は検出されず、60％が非共有環境によるということが分かっている。[11] 40％というのはかなり大きな割合ではあるが、遺伝以外の要因にもたっぷりと余地が残されている。性的指向とアイデンティティについては最近、科学的な研究が発展しつつある。これについては第4章で考察する。

この種の双子研究に対しては批判もある。一卵性の双子のほうが二卵性の場合よりも家族や友人や教師に同じように扱われることが多いため、一緒に育った一卵性と二卵性の双子を比較する研究では遺伝要因が過大評価されてしまうと主張する研究者がいる。与えられる食べ物から話しかけられ方まで、多くの面でふたりが同じように扱われる可能性があるというのだ。逆の指摘もある。こちらは、一緒に育つ一卵性双生児は二卵性の場合以上に互いに社会的に差別化を図ろうとするため、両者の比較は（とくに行動的）特性への遺伝要因を過小評価することになると主張する。いずれの場合も、双子の共有環境が一卵性と二卵性で同等であるという前提が崩れているという指摘である。一緒に育った双子の研究が妥当か否かをめぐっては激しい議論が戦わされているが、ここでは論争のひとつひとつに深入りしない。私自身が文献を読んで思うところでは、双子研究で共有環境が異なるという問題はさほど大きなものではなさそうだ。そこから得られる遺伝率の全般的推定に価値がないということには、まずならないのではないか。[12]とはいえ、双子研究では、共有環境が同等かどうかという厄介な前提を置かずに遺伝率をすっきりと推定できるような研究設計をするほうがよいだろう。

＊　＊　＊

1979年2月19日、オハイオ州ライマの地元紙に、読者の興味を惹きそうな一本の記事が掲載された。生後すぐに別々の家庭に引き取られて育った一卵性双生児の兄弟が39歳になって初めて再会を果たしたという話である。ふたりは1939年に当時15歳だった未婚の母親から生まれた。母親はすぐに双子を養子に出すことにした。ひとりは生後4週間でアーネスト&サラー・スプリンガー夫妻の養子となり、以後オハイオ州ピクウェーで育つ。もうひとりはそれから2週間後にオハイオ州ライマで暮らすジェス&ルシール・ルイス夫妻の養子となった。[13]ライマとピクウェーは70キロほど離れている。理由は定かでないが、どちらの夫婦も、養子にした子どもの双子の片割れは出産時に死亡したと聞かされていた。

ところが、子どもがよちよち歩きを始めた頃、ルシール・ルイスが養子手続きを終えるために役場に行ったとき、係員が不用意に秘密を漏らしてしまった。「あちらの子も同じジムと名づけられたんですよ」。ルシールは後に『ピープル』誌の取材に答えて、「ジムに兄弟がいることはずっと知っていました。温かい家庭で育っているんだろうか。ちゃんとやっているんだろうか、と心配していたんです」と語っている。ルシールはジムが5歳になるのを待って、あなたには双子の兄弟がいると教えた。

ジム・ルイスは、なぜそうしようと思ったか自分でも説明がつかないというが、39歳になって初めて、実の兄弟に連絡を取りたいと裁判所に申し出た。地元紙『ライマ・ニュース』によると、ジム・ルイスはジム・スプリンガーに電話をかけ、大きく息を吸ってから尋ねた。「あなたは僕の兄弟なんですか?」電話の向こうでジム・スプリンガーは答えた。「そうだよ」。そしてふたりは再会した[14]。

双子のジムが再会したとき、見かけはそっくりではなかったし(**図2**)、性格も違っていた。それでも、信じ難いような共通点があることが分かってきた。ふたりとも警察で働き、DIYと図面描きを趣味として楽しんでいた。休暇にはシボレーに乗ってフロリダ半島のパス・ア・グリル・ビーチで過ごす。学校では数学が得意で、綴りには苦労した。そしてふたりともリンダという名前の女性と結婚し、離婚し、ベティーという女性と再婚していた。どちらにも子どもがいたが、名前はジェイムズ・アラン・ルイスとジェイムズ・アラン・スプリンガーだった。そしてなんとも驚いたことに、彼らはおしっこをする前と後に手を洗うのだった。

これほどのエピソードが読者の心に響かないはずがない。双子のジムの話は瞬く間に世界中に知られていった。『ライマ・ニュース』に最初の記事が載った翌日には『ミネアポリス・スター・トリビューン』に同じ記事が転載され、その記事をミネソタ大学で心理学を学ぶ大学院生メグ・キーズが目にすることになる。キーズはその頃、トーマス・ブシャール・ジュニア教授が担当して

図2　1979年の再会直後にカメラに向かってポーズをとるジム・スプリンガーとジム・ルイス。Nancy L. Segalと双子のジムの好意により、許可を得て掲載。

いた個人の行動上の差異をテーマとした授業を受け始めたばかりで、教授に件《くだん》の記事を見せた。教授はすぐに、この双子のジムを研究すれば興味深い結果が得られることに気づいた。『ニューヨーク・タイムズ』紙のインタビューで、ブシャール教授はこう語っている。「(双子のジムを研究するために)必要なら、頭を下げて資金を借りても、どこかから勝手にお金を持ってきても、何なら自分の金を少し注ぎ込んでもいいと思った。すぐに研究を始めることが大事だった。ふたりが知り合ってしまった以上、ある意味、互いに汚染し合うからだ[15]」。

ブシャールが急いでふたりに連絡をとると、ふたりとも、ミネソタ大学で6日間、さまざまな心理学的、医学的検査と面接を受けることに同意してくれた。検査をしてみると、行動上や身体的な類似性が次々と見えてきた。ふたりとも同じ足の組み方をした。ふたりとも慢性的な頭痛と心臓病に悩まされていた。どちらも「我慢強く、親切で、まじめ」と評価された。まったく同じ年齢のときに急に5キロ以上太ったことがあった。このように個々の類似性はきわめて興味深いものだったが、いかに驚くべき事例だったとしてもこれは一卵性双生児の一例にすぎず、ブシャールとしては、一般的な結論を導き出すことはできなかった。ある特性の遺伝率を、環境の同等性という前提条件に侵される可能性を排除して推定する、という大目標を達成するには条件が足りなかったからだ。その結論を得るためには、かなりの数の離れて育った一卵性双生児と、同程度の数のやはり別々に育った二卵性双生児が必要になると考えられた。

双子のジムの研究を始めた頃、ブシャールは、このような事例は稀だと思い込んでいた。ほかの研究者も、別々に育った双子の研究を試みていたが、双子の数が少なすぎたため統計的に不十分な結果しか得られなかった。ブシャールは、自分がやってもおそらく同じ問題にぶつかり、多くの双子を探し出す費用が障害になるだろうと考えた。ただ、彼は双子のジムの話に人々がどれほど興味を示すかということを予想していなかった。彼らの話は新聞や雑誌で紹介され、あらゆる有名なテレビ番組で取り上げられていった。ジムたちがジョニー・カーソンが司会を務める「ザ・トゥナイト・ショー」やダイナ・ショアの番組に出演した後、やはり離れて育ったほかの双子たちが次々と名乗りを上げ始めたのである。

この前代未聞の宣伝のおかげで、ブシャールは「ミネソタ・スタディ・オブ・ツインズ・リアード・アパート（離れて育てられた双子の研究：MISTRA）」というプロジェクトを立ち上げることができた。MISTRA研究はその後20年にわたって続けられ、81組の一卵性双生児と56組の同性の二卵性双生児を分析することになる。[16] ブシャールはミネソタ大学の同僚の心理学者、デイヴィッド・リッケンと共同で、別々に育った双子と一緒に育った双子を比較する研究も行った。MISTRAは双子研究に長足の進歩をもたらした。この種の研究としては最大規模で、最も実り多いプロジェクトとなったMISTRAは、さまざまな身体特性や行動特性の分散に対する遺伝率の推定に成功した。身体特性ではBMI（ボディマス指数）（約75％）や安静時の心拍数（約50％）、行動特性では外向性（約50％）、統合失調症（約85％）などだ。

MISTRAや関連する研究から得られた主な結論のひとつは、人の特性の大半は、身体特性であれ行動特性であれ、たいていはかなりの遺伝要因を持つ（30～80％）ということだった。完全に遺伝による特性や、まったく遺伝性のない特性はきわめて少ない（いくつかの例外的事例は後に取り上げる）。

もうひとつの大きな結論は、IQなど一部の特性のバリエーションでは、5歳の時点で検査するとあまり遺伝率が高くないが（約22％）、就学後十分時間が経った12歳では遺伝率が高まり（約70％）、以後は生涯にわたり変わらないということだった。これに対応して、IQのバリエーションのうち共有環境で説明される割合は、5歳の時点（大半の経験が家庭内）では約55％だが、子どもがさまざまな経験をしている12歳になると、検出できない水準にまで下がる。[17] 計算してみた読者はお気づきのことと思うが、遺伝と共有環境で説明できるバリエーションを足しても100％にならない。足りない分は、先に説明した「非共有環境」によるものだ。非共有環境には、それぞれの社会的経験のほか、発達上のランダムなプロセスも含まれる。これについては第2章で説明する。

過去何十年かの間、心理学の分野でも、社会全般においても、成人のパーソナリティを決定する最も重要な要因は、育った家庭、とくに両親の影響であるとする考え方が主流だった。この考え方の元には「行動主義」と呼ばれる20世紀心理学のムーブメントがある。行動主義は、人間は生まれたときは何も書かれていない白紙の状態であって、社会的経験により形が与えられると考える。それゆえ、MISTRA研究が、一卵性双生児同士のほうが二卵性双生児同士よりもパーソナリティの測定値の相関が有意に高いことを示して見せたことは、かなり衝撃的だった。MISTRA研究のいちばんの結論は、パーソナリティのバリエーションの約半分は遺伝により説明できるということだった。このことはパーソナリティの主な5つの指標（開放性、誠実性、外向性、協調性、情緒不安定性。それぞれの英語の頭文字からOCEANと呼ばれる）のどれについても言える。行動主義の白紙説とは完全に矛盾する結論だった。

大半の心理学者は、分散の残りの半分は主に家庭内の社会的ダイナミクスにより説明できるだろうと考えた。MISTRAの研究者たちは、一緒に育った一卵性双生児と離れて育った一卵性双生児とを比較して、個々のパーソナリティに対する「共有環境」の影響を推定した。ここで共有環境というのは、家庭内の対人的経験だけでなく、一緒にとった栄養や共にかかった伝染病も含む。心理学者たちを驚かせたことに、共有環境はパーソナリティの測定値のバリエーションにほとんどあるいはまったく影響していなかった（ほぼ10％未満）。共有環境が個々のパーソナリティをほとんど説明しないという考え方を裏付けるのは、一卵性双生児による結果だけではない。一緒に育った二卵性双生児のパーソナリティも、離れて育った二卵性双生児と同程度にしか似ていない。また、同じ家庭で育った血縁のない養子のきょうだいのパーソナリティが似ているということはまったくない。

共有環境がパーソナリティに影響しないというのは、親の影響についての一般的な考え方と相容れない。しかし、こうした双子研究の結果は、親の行動が重要ではないと言っているわけではない。これらの結果が示しているのは、親が最低限の支えと励ましを超えて余分な注意を払ったとしても、それは研究室で用いられる質問票で測られたパーソナリティに大きな影響を与えない、ということにすぎない。

ここは重要な点だが、パーソナリティは人の特徴のすべてではない。親は子どもに、機織りや車の修理といった特定のスキルや仕事のやり方を教えることができる。あるいはOCEANパーソナリティ検査では測れない哲学的、宗教的、政治的意見を伝えることもできる。たとえば人のために何かをする、人と何かを分け合うといった社会的な行動は、ほかの行動特性以上に共有環境の影響を受けるものと思われる(18)。

宗教という特性のバリエーションは、遺伝要因と共有環境の両方の影響を受ける。ある人が宗教的信仰を持ちやすいかどうかは遺伝と共有環境の影響を受けるわけだが、どの宗教を選ぶかに遺伝は関係しない。遺伝子は人を宗教的にするかもしれないが、信じる宗教がヒンドゥーかウィッカ（魔女宗）かローマカトリックかを特定するわけではない。それは主に家庭やコミュニティの問題となる。

家庭がパーソナリティに及ぼす影響という面ではもうひとつ、生まれ順に関わる考え方が世間に深く根付いている。一般に、きょうだいのいちばん上の子ども（長子）は下の子どもたちよりも支配的で、恐いもの知らずで、好奇心が強く、リスクをとる性格だと考えられている。家庭内の子どもを見ている限りでは、このように定型的な見方もできよう。親は最初の子どもに対して下の子どもたちとは違った扱いをする。上の子どもは大きくなるまでずっときょうだいたちの面倒をみて、威張って過ごす。実際、このような社会的パターンは成人するまで家庭内で維持されることが多い。

しかしここで注目すべきは、どれほど研究を重ねても、家庭の外で、長子に威張り散らす特徴があるという結果は得られないということだ[19]。学校でもスポーツチームでも職場でも、支配的といったパーソナリティ特性の面で長子が突出しているということはない。考えてみれば当然のことだ。長子は、家の中ではいちばん年上で身体もいちばん大きいかもしれないが、一歩家から出てしまえば、校庭でも教室でもそのような立場には立てないのだから。

＊　＊　＊

双子のジムの人生がこれほどそっくりで、好奇心をそそる話としてメディアの注目を浴びなかったとしたら、MISTRA研究はそもそも始まっていなかったかもしれない。彼らはこの研究の中でも最も共通点の多い双子だった。それゆえ彼らは、離れて育った一卵性双生児の最適な代表例というわけではない。ブシャールはこの点について「人間の行動のほぼあらゆる側面にはおそらく遺伝の影響がある。しかし、特異な特徴ばかりを強調すると誤解を招く。離れて育った一卵性双生児は（行動の尺度で）平均して50％似ている。一卵性双生児はうりふたつという世間の常識は間違っているのだ」と注意を促している。双子は明らかに、まったくのコピーではない。それぞれが、個人として独特な存在なのである。

１９８０年代に、MISTRA研究の成果が最初に世に出始めたとき、必ずしも肯定的な評価を受けるばかりではなかった。好奇心や習慣の墨守や一般的知能といった複雑な行動特性にも遺伝要因が強く働くとするエビデンスについて、そのまま認める人もいたものの、疑いの目や敵意を向ける人々もいた。とりわけ、行動主義を信奉する人々はそうだった。ブシャールらには、詐欺師、人種差別主義者、ナチス、といった非難が浴びせられた。ミネソタ大学から解雇させようとする動きさえあった。

しかしやがて、離れて育った双子を対象にきちんと条件を整えた比較研究がいくつも実施され、行動特性についても身体特性についてもMISTRA研究の結果が再現されるようになった。今日、大半の再現研究は日本やアメリカ、スウェーデン、フィンランドといった比較的豊かな、栄養状態や医療や教育制度が広く整った国で行われているという点は、重要な留保として付け加えておかなければならない。だが、まだ異論はあるとはいえ、現代の大半の生物学者は、ほとんどの行動、身体特性には遺伝的要素がかなりあるという考え方を受け入れている。[20]

モネル化学感覚研究所の研究者、ダニエル・リードは、ブシャールの業績により遺伝についての理解が広がったと評価する。「彼は開拓者だった。50年前にはアルコール依存症や心臓病などは生活習慣のみに起因する病気だと考えられていた。統合失調症は母親の育て方が悪かったせいだとされた。だが双子研究のおかげで、人が実際に何を持って生まれ、経験により何が起こるのかということが深く考えられるようになった」とリードは話す。[21]

＊　＊　＊

人の特性が何に由来するかについて、人々は昔からいろいろと議論してきた。中でも政治的、感情的にとりわけ熱く語られてきたのが、知能の尺度としてのＩＱの検査に関わる問題だ。はたして知能は遺伝により決まるのか、環境によるのか、それともほかの要因があるのか。そもそもＩＱ検査は文化が異なっても妥当性を持つのか。

ＭＩＳＴＲＡをはじめ、いくつかの双子研究はＩＱスコアのバリエーションの約70％が遺伝により説明できると推定している。まず、間違いなく指摘できるのは、70％というのは１００％ではないという点だ。そこにはなお、環境が影響する余地がたっぷりとある。第二の指摘はもう少し微妙で、遺伝率の推定はその分析対象の集団についてのみ当てはまるという点である。ＭＩＳＴＲＡ研究は対象の双子のタイプを意図的に限定したわけではないが、結果として大半の双子がアメリカ中西部の白人の中間層に属していた。それゆえ70％という推定遺伝率は、必ずしもほかの集団には当てはまらない。

集団ごとの遺伝率という考え方は、政治的にそれほどセンシティブではない特性、たとえば身長などを使って説明するほうがいいかもしれない。栄養のある食べ物やきれいな水、十分な睡眠、基本的な医療などがきちんと利用できる豊かな社会では、身長のバリエーションの85％が遺伝で説明できる。ところがそのような利点を持たない社会、たとえばインドやボリビアの田舎の貧しい人々で見てみると、遺伝率は50％程度にすぎない。基本的な栄養（十分なタンパク質など）が足りず、病気（主に伝染病）になっても治療が受けられない貧しい人々は、遺伝的には成長可能な身長にまで背が伸びないのだ(22)。別の言い方をすると、ある特性の遺伝要因と環境要因は、単純な足し算にはならない。遺伝は環境と相互作用する。遺伝はある特性の潜在的な能力を用意するが、その潜在能力がすべて発揮されるかどうかは、環境条件しだいなのだ。

ＩＱスコアにも同じことが言える。人間にとって基本的な要求が満たされなければ――それは単に栄養や健康や衛生面だけでなく、きちんとした学校や書物、十分な睡眠、ものごとを探究したり好奇心を抱いたりする自由なども含む——一般的知能をもたらす遺伝的潜在能力は完全には発揮できないということだ。ここで重要なのは、一般的知能のバリエーションにおける遺伝率は、基本的な要求が満たされている集団よりも貧しい集団のほうが低くなるという事実である。[23] 私の目には、特性の遺伝率の研究から得られる政治的、道徳的教訓は明らかだ。人類全体の生活の向上を図りたいのなら、まずなすべきことは、望ましい特性についての遺伝的潜在能力が十分に発揮できるよう、万人の基本的な要求が満たされるようにすることなのである。この点については、集団の差異や人種と人種差別の概念について探究する第8章であらためて考察する。

大半の特性は「耳あか」と「アクセント」の間にある

双子研究を行うと、ある集団における人の特性のバリエーションに遺伝が平均してどの程度寄与しているかを推定できる。しかし、それだけではこのばらつき（多様性）を生じさせる生物学的メカニズムは分からない。それを理解するには、生命を生化学的な機械として見る必要があるだろう。

遺伝は、ＤＮＡの中に暗号化されている。ＤＮＡは細胞の核の中にあり、遺伝子という形で整理されている。遺伝子のひとつひとつは、さまざまなタンパク質を合成する指令を含んでいる。一部のタンパク質は、細胞の形を決める梁《はり》や桁《けた》やロープなどの構造材となるものだ。別のタンパク質は、体内で重要な化学物質を合成したり分解したりといった特殊な生化学的機能を担う。胃の中の消化酵素はその一例だ。また別のタンパク質は受容体、つまり細胞がホルモンや神経伝達物質などによる化学信号に反応できるようにする特殊な微小機械になる。さらに、私たちが外界を感じ取るための変換器の役割を果たすタンパク質もある。たとえば光を見えるようにする網膜のタンパク質や、音を聞けるようにする内耳のタンパク質で、これらが刺激のエネルギーを電気信号に変換して脳に届くようにする。

DNAは、ヌクレオチドという化学物質が長く鎖状につながったものでできている。各ヌクレオチドにひとつずつ含まれる塩基にはA、C、T、Gの4種類がある。ヒトのDNAは30億ほどのヌクレオチドで構成される。その一部は約1万9000個の遺伝子にまとめられているが、そのほかに、遺伝子と遺伝子の間の広大なギャップを構成する部分もある。これらのギャップの部分については分からないことも多い[24]。これらを合わせたDNAのすべてをゲノムと呼ぶ。現在ではヒトゲノムのすべてのヌクレオチドの塩基の完全な配列が分かっている。ヒト以外にも一部の動植物や細菌のゲノムも解明されている。1万9000個という遺伝子の数は、動物としてとりたてて多いわけではない。C・エレガンスという小さな線虫でさえ同じくらいの数の遺伝子を持っている。比較のために例を挙げると、ショウジョウバエには約1万3000個、植物のイネには約3万2000個の遺伝子がある。現在知られている中で最も遺伝子が多いのは樹木のポプラの一種で、4万5000個だ。ゲノムに含まれる遺伝子の数が多いからといって、解剖学的に複雑な構造を持つわけではないことは明らかである。まして、動植物の精神能力の高さには関係しない[25]。

DNAの全塩基配列(つまり遺伝子も、遺伝子以外の部分も合わせた全体)で見ると、ひとりひとりの人はほかの人と平均して約99・8%同じだ。チンパンジーとは98%、ショウジョウバエとは50%同じだ。8億年ほど進化の過程を遡れば、ヒトもチンパンジーもショウジョウバエも同じ祖先にたどりつくからだ。

わずか2%の違いがヒトとチンパンジーを分けているとしたら、それは、DNAのごくわずかな違いが特性に大きな影響を及ぼしうるということを意味する。実際、ヒトゲノムの中には、その塩基がひとつ変化するだけで（点変異と呼ばれる）命に関わるという位置が存在する。発達の初期にその位置で変化が起きると、胎児はときに死んでしまう。点変異が重大な病気を引き起こす位置もある。たとえばフェニルアラニンというアミノ酸の代謝酵素の生産を指令する遺伝子にほんのわずかな変異が生じると、代謝がうまくいかなくなる。その結果、この変異を持つ幼児がフェニルアラニンを含む食品を食べていると、このアミノ酸が蓄積して毒性を持つレベルに達し、脳などの器官の発達に障害を生じる。フェニルケトン尿症（ＰＫＵ）と呼ばれる病気だ。[26] 遺伝子の中のひとつの塩基だけが変異する例はほかにもたくさんあるが、大半はＰＫＵとは違って機能的な影響をもたらさないという点は付言しておくほうがいいだろう。[27]

私たちは一般に、遺伝子ごとにふたつのコピーを持っている。それぞれが対立遺伝子と呼ばれ、一方は母親由来、もう一方は父親由来の遺伝子だ。多くの遺伝子では母親由来のコピーと父親由来のコピーの両方が作用する。[28] そのため、ＰＫＵで言うと、フェニルアラニン代謝酵素の生産を指令する遺伝子の両方のコピーが壊れている場合にのみ、この病気を発症する。これを潜性遺伝という。ほかに、顕性遺伝の形で伝わるマルファン症候群（結合組織が過度に伸びやすい病気）のような遺伝性疾患もある。この場合、どちらかの親に由来するひとつの遺伝子コピーが変異型だと発症する。

＊　＊　＊

友だちに受けること間違いなしの面白い話を紹介しよう。人は、耳あかが乾いているタイプか湿っているタイプか、どちらかに分けられる。ヨーロッパやアフリカ出身の祖先を持つ人は湿型の耳あかである可能性が非常に高い（90％以上）。韓国や日本、中国北部に祖先を持つ人は、まず間違いなく乾型だ。南アジア出身の人や、東北アジアとヨーロッパ／アフリカの両方の祖先を持つ人では、乾型の人と湿型の人が混じり合う。長崎大学大学院の新川詔夫《にいかわのりお》教授が率いるチームは耳あかの遺伝研究を行うため、世界中の人々のＤＮＡと耳あかのサンプルを集めた[29]。

彼らは、乾型耳あかが*ABCC11*という遺伝子の中にあるひとつのヌクレオチドの変異によるものであることを確認した。*ABCC11*は、身体のさまざまな分泌物をコントロールする遺伝子だ。乾型耳あかはＰＫＵと同じで潜性遺伝する。つまり、この遺伝子の変異は両方の親から受け継いだ場合だけ乾型になる。双子研究の文脈で言うなら、乾型耳あか（あるいはＰＫＵ）という特性は１００％の遺伝率を持つ。共有環境や個別の環境は一切関係しない。親にどのように育てられたか、学校でどんな経験をして、何を食べたかということは問題にならない。両親から乾型耳あか型の遺伝子コピーをふたつ受け継いだ人の耳あかは乾型になる。それがすべてだ。

耳あかを乾型にする*ABCC11*変異を持つ人は、わきが（腋臭）にもならない[30]。ソウルの地下鉄のラッシュアワーの臭いがニューヨークの地下鉄よりもはるかにましなのは、主にこれが理由だ。*ABCC11*遺伝子は、わきの下（および外性器）に多く分布する特殊な汗腺、アポクリン腺からの汗の分泌に働く。アポクリン腺が分泌する脂質が細菌によって分解され、嫌な臭いを発するというわけだ[31]。韓国人はほぼ全員が（日本人と中国北部の漢民族では大半の人が）*ABCC11*の変異を持っているため、耳あかが乾型であることに加えて、わきがもない。これは本当かどうか分からないが、かつて日本人男性は、わきががあるというだけで徴兵を免除される十分な理由となった例があるという。日本ではわきがの人が非常に少数であるため、そのような人がわきの下のアポクリン腺の除去手術を受けようとすることさえある。だが、わきが不安という現象は日本に限ったことではない。ある研究によると、イギリスで数少ないわきがのない女性ですら、その大半(78%)がやはりデオドラントを購入し、使用しているという。[32] 広告と社会的同調の力を思い知らされる研究結果と言えよう。

＊＊＊

ＰＫＵと乾型耳あかの話を聞いた読者は、人間の特性の多くはひとつの遺伝子により決まってくるものだとお考えかもしれない。だが実際のところ、そのような特性はきわめて珍しい。遺伝率のスペクトラムで言うなら、極端に端に寄った部分の話だ。もう一方の端には、一切の遺伝的基盤を持たないように思える特性がある。たとえば言葉のアクセントだ。人の声の質(高さ、深さ、透明さ)には遺伝要因があり、それは話し声にも歌声にも明らかに聞き取ることができる。しかし、話し言葉のアクセントは、ほかの人の話し方を聞くという経験に完全に左右される。そこに遺伝的な影響はひとかけらもない。興味深いことに、人がいちばんよく真似る話し方は、親の話し方ではなく仲間の話し方なのだ。そういうわけで、移民の子どもは育った土地のアクセントを身に付けやすい。

人のほとんどの特性は、耳あかのように１００％遺伝によるものでも、アクセントのように完全に環境によるものでもない。たいていの特性については、集団の中でのバリエーションの30〜80%が遺伝子で説明できる。近年、ゲノムワイド関連解析(ＧＷＡＳ)と呼ばれる新たなアプローチが取られるようになり、なぜこのようにどっちつかずなことになるのかが見えてきた。

たとえば、身長のバリエーション(豊かな国では遺伝率が約85%であることは先に見たとおり)に影響するのは具体的にどの遺伝子かを知りたいとしよう。まず、無作為に何万人か選んで身長を測り、分布を見る。次にこの人たちのＤＮＡサンプルを集め、ゲノムの中の1万９０００個の遺伝子と、遺伝子以外の長いＤＮＡ鎖の部分すべてで変異のバリエーションを見ればよいのだ。実際、まさにこのような研究が70万人以上の被験者を対象に行われている。その結果、身長はひとつの遺伝子の変化で決まるのではなく、数個の遺伝子によるのですらなく、少なくとも７００個の遺伝子の変異により決まることが明らかになった。それらの遺伝子の中には、骨や軟骨や筋肉の成長に関わるものがある。これは意外なことではない。だが、多くは予想もしなかった遺伝子だった。実際のところ、ゲノムの中にはまだ機能があまり理解されていない遺伝子がたくさんあるのだ。[33]

ひとつの身長遺伝子というようなものは存在しない。多くの遺伝子に存在する変異のひとつひとつが少しずつ身長に関与しているというほうが正しい（そして、これらの遺伝子はそれぞれ、身長以外の特性にも影響を及ぼしている）。また、これらの遺伝子の中の変異は足し算で影響するのではなく、複雑かつ予想不能の組み合わさり方をする。ふたつの遺伝子の中に変異がある場合、それぞれの小さな影響の合計以上の影響を及ぼすことがある。いわば、１＋１が５になると言っていい。逆に、ふたつの遺伝子が互いを打ち消し合って、１＋１が０になることもある。

同じことが行動特性についても言える。宗教性、神経症傾向、共感といったものを決める単一の遺伝子はない。タンパク質（たとえばドーパミンＤ２受容体やチロシン水酸化酵素）の生産を指令する情報を持つ遺伝子はあっても、内気さやリスクの取りやすさなどの行動特性を指令する情報を持つ遺伝子はない。統合失調症などの疾患や身長のような構造的特性は遺伝性が高いとはいえ（どちらも約85％）、それでもこれらの特性は何百もの遺伝子の協調した相互作用により決まってくるのである。今後、ニュースの中で「ＩＱ遺伝子」や「共感遺伝子」といったナンセンスなフレーズを見聞きしたときは、どうかこのことを思い出してほしい[34]。

＊　＊　＊

特性の遺伝率と遺伝子について以上の背景を理解したところで、もう一度トルートとベリャーエフのキツネの人馴れ実験を振り返ってみよう。キツネの間に現れてきた人馴れ特性にどの遺伝子が関わっているかを特定するために、身長の研究にならうのもひとつの方法だろう。人馴れしたキツネと野生のキツネからたくさんのＤＮＡサンプルを集めて、ゲノムのバリエーションと人馴れスコアを比較するＧＷＡＳ研究を行うのだ。

もうひとつ、あらかじめ遺伝子の候補を絞るアプローチもある。最近、オレゴン州立大学のモニク・ユーデルらが行った研究で、イヌのＤＮＡの隣り合ったふたつの遺伝子の変異が、人馴れと極端な人懐っこさに強く関係していることが明らかになった。人間の場合、これと同じ遺伝子の欠損が、ウィリアムズ症候群を発症させることがある。この疾患の症状のひとつに過度の友好性がある。これらの事実から、イヌの家畜化の際に起こった重要な出来事のひとつは、人間のウィリアムズ症候群の一面をなぞるようなふたつの遺伝子の変化だったのではないかという興味深い仮説を立てることができる[35]。シベリアのペット化したキツネにも、このふたつの遺伝子に同様の変異があるかどうか、遠からず分かるはずだ。それが分かれば、狭く言えば人馴れ特性の、もっと広く言うなら新しい行動特性一般の出現を理解するための大きな一歩になることだろう。

第2章

個性を生むメカニズムを知る

いちばんの問題は、その表現の語呂のよさにあると私は確信している。「ネイチャーvs《バーサス》ナーチャー（生まれか育ちか）」。頭韻と脚韻、それに小気味のよいリズム。口にするだけで愉快だ。「マイト・メイクス・ライト（勝てば官軍）」、「イフ・ザ・グローブ・ダズント・フィット、ユー・マスト・アクウィット（手袋が合わなければ放免すべき）(*)」などと同じで、語呂で口にしてしまう。「ネイチャーvsナーチャー」という言葉は、1869年にイギリスの学者フランシス・ゴルトンが（彼が発明した表現ではないのだが）使って流行らせた。(1) それ以来、この言葉が事態をややこしくし続けてきたのだ。

第一に、なぜ「生まれ（遺伝性）」を表すのに「ネイチャー」なのか。ネイチャーとはふつう、自然界全体を表す言葉だ。たとえば「自然《ネイチャー》の驚異」というように。あるいはものごとの本質や道徳的性質

（*）If the glove doesn't fit, you must acquit. 1995年に行われたO・J・シンプソン事件の裁判で、弁護士のジョニー・コクランが証拠品の血の付いた手袋を取り上げ、「手袋が被告の手に合わないのなら、陪審は被告を無罪にするべきだ」という意味で言った言葉。その語呂のよさから強引な弁護の好例としてしばしば引用される。

を表すこともある。「私たちの本性《ネイチャー》の中のよい天使(*)」などと言う。しかし、ネイチャーが遺伝を表す例は、このナーチャーとの語呂合わせを除けば、ほかにひとつもない。

次に「ｖｓ《バーサス》」だ。人間の特性を説明するときに「生まれ」と「育ち」が対立するはずと考えるのはおかしいのだ。私たちは、いくつかの特性（耳あかのタイプなど）は完全に遺伝によること、またいくつかの特性（言葉のアクセントなど）はまったく遺伝が関係しないこと、そして大半の特性はその中間にあることを知っている（ゴルトンの時代の人々は知らなかったわけだが）。さらに決定的な点として、私たちは、特性というのは生まれと育ちがさまざまに絡み合って決まるということを知っている。フェニルケトン尿症（ＰＫＵ）は、両親からこの疾患に関連する遺伝子の変異したコピーをふたつ受け継ぎ、そのうえでフェニルアラニンを多く含む食べ物を食べなければ発症しない。同じように、遺伝的には潜在的に身長が高くなる素因を持っていたとしても、栄養不足だったり感染症に冒され続けたりしていたら、そこまで背が伸びることはない。それに、生まれつき運動能力に恵まれた人は、スポーツをする機会を求めて練習を重ね、そうでない人よりも能力を伸ばしていく可能性が高くなる。このように、「生まれか育ちか」という二者択一で決めつけるのは、単純に間違っているのである。

しかし、私を何よりいらだたせる部分は「ナーチャー（育てる）」という恐ろしい表現だ。この言葉は、親による子どもの育て方——どのように世話をして保護するか（あるいはしないか）——を意味する。しかしもちろん、それは人の特性を決定する遺伝以外の要因のごく一部にすぎない。この章で後に考察するように、より適切な表現は「経験」だろう。これは広い意味での経験だ。社会的経験や、記憶に留められる出来事の経験だけではない。受精の瞬間から息を引き取るまで、その人に作用するあらゆる因子を指しての経験を言う。そのような経験は、受精卵が子宮に着床する以前から始まり、母親が妊娠中に食べたものから就職した初日に体内で分泌されたストレスホルモンの波まで、あらゆることを含む。

それに加えてもうひとつ、遺伝でも経験でもない重要な因子がある。それは、身体の発達の際、とくに脳とそこに含まれる500兆カ所の接続が自己組織化する際の、ランダムな性質だ。先に双子研究の節でも触れたが、発達上のランダムさは非共有環境の要素の中で大きな部分を占める。発達上の自己組織化はゲノムに誘導されるが、ゲノムは身体の構造や機能を最も微細なレベルで厳密に指令しているわけではない。ゲノムに書き込まれているのは、身体や脳の細胞単位の発達の設計図ではなく、チラシの裏に殴り書きされた大まかなレシピのようなものだ。ゲノムは「おい、そこのグルタミン酸作動性ニューロン1234576 3番！　軸索を背側に123ミクロン伸ばして、そこで左に曲がって脳の逆半球に向かえ」というような指示は出さない。実際の指令はむしろこんな感じだ。「おい、そこらへんのグルタミン酸作動性ニューロンたち！　軸索を背側にもうちょい伸ばして、そこできみたちの半分くらいは左に曲がって正中線を横切って逆半球に行ってくれ！　残りの諸君の軸索は右だ」。要するに、発達における遺伝的な指令というのは、それほど厳密なものではない。一卵性双生児の片割れでは、その領域の軸索の40%が左に曲がり、もうひとりでは60%が左に曲がっているかもしれない。

脳のニューロンの例を挙げたが、原理的には身体のすべての器官について同じことが言える。同じ塩基配列のDNAを持ち、ほぼ同じ子宮内環境で育った一卵性双生児が、生まれたときから完全に同じ身

（＊）The better angels of our nature. スティーブン・ピンカーの著作のタイトル（邦訳は『暴力の人類史』幾島幸子・塩原通緒訳、青土社）。

体と脳と気質を持っているわけではない主な理由がここにある。

つまり、個性とは「生まれか育ちか」の問題ではない。それは、「遺伝と、発達に本来的に含まれるランダムさのフィルターを通した経験との相互作用」の問題なのである。けっして口に出して語呂を楽しめるような表現ではないが、これが真実なのだ。

そして、刺激的なのはここからだ。私たち科学者はすでに、遺伝と、経験と、発達におけるランダムさが相互作用して個性を作る際の分子レベルのメカニズムについて、大まかな理解に至っている。それをこれから説明しよう。

＊＊＊

人間の身体を構成する細胞には、どのひとつをとってもゲノムのすべてが含まれている。１万９０００個の遺伝子と、遺伝子の間の長いＤＮＡの部分を含めた全部である。[2] しかし、ひとつの細胞を見ると、一部の遺伝子だけが活性化してタンパク質を作る指令を出す。このプロセスを遺伝子の発現と呼ぶ。考えてみれば当然の話だ。頭皮の毛根細胞でインシュリンを作る遺伝子が作動してもらっては困るし、膵《すい》臓《ぞう》の細胞に毛が生えてもらっても困る。

電気的に興奮する神経系の細胞、つまりニューロンでは、おおむね1万３０００個ほどの遺伝子が発現する。このうち７０００個前後の遺伝子が細胞としての基本的な機能維持のために働いている。それゆえ、ニューロン以外の大半の細胞でも発現する。ほかの細胞でなくニューロンだけでとくに多く発現しがちな遺伝子は約４００個ある。異なる組織で共有される特殊な役割を担う遺伝子もある。たとえばニューロンと心筋細胞は共に電気的な活動をするため、どちらの細胞でも電気的活動全般に必要な遺伝子が発現している。

引き算をしてみると、ニューロンで発現しない遺伝子が約6000個あることが分かる。[3] このように、遺伝子を黙らせて、対応するタンパク質を作る指示を出させないようにする方法はいくつかある。結果が最も長続きする方法は、遺伝子のDNAの塩基配列に沿ってメチル基（$-CH_3$）と呼ばれる小さな球形の化学構造を付加するメチル化というやり方だ。[4] こうすることにより、遺伝子の情報が読み出せなくなる。細胞の種類によって発現しない遺伝子は通常、このDNAのメチル化により黙らされている。

常に発現しないこれらの遺伝子とは別に、時により発現したりしなかったりする遺伝子もある。たとえば、成長に関連するある種の遺伝子は、子ども時代には筋肉や骨や軟骨の組織で働くが、子どもの成長が止まると沈黙する。もっと短期的にオンオフを繰り返す遺伝子もある。ニューロンやその他の組織の中には、毎日夜になると活動するけれども昼間は働かない（あるいはその逆）という遺伝子が少なくない。神経系の電気的活動が決まったパターンを示したときや、ホルモンレベルが上昇したときに、それに反応して数分間だけ働く遺伝子もある。

このように遺伝子発現が一時的な場合、そのサイクルをコントロールするのはメチル化ではない別のメカニズムだ。そのひとつは、ヒストンという球形のタンパク質の修飾に関わる。DNAは、いくつものヒストンの周囲に巻き付いてまとまっている。ヒストンにさまざまな化学基が結合すると、その位置でDNAがほどけ始める。これが遺伝子発現に欠かせない最初のステップだ。DNAがほどけるのを妨げる化学基もあり、これがヒストンに結合すると遺伝子は発現しない。発現制御には、転写因子と呼ばれるタンパク質に関わるステップもある。転写因子はDNAの中の遺伝子の開始位置に近いところに結合し、遺伝子の発現を開始させる。多くの場合、遺伝子が発現を開始してタンパク質を作るためには、複数の転写因子が協力して働く必要がある。[5]

転写因子が働いたり、DNAやヒストンにさまざまな化学基が結合したりして遺伝子の発現が調整されることをエピジェネティクスと呼ぶ。ここで重要なのは、これらのメカニズムでは基礎となるACTGの塩基配列は変化しないということだ。これらのメカニズムが「ジェネティクス（遺伝）」ではなく「エピジェネティクス（遺伝の後）」と呼ばれるのは、そのためだ。

遺伝子発現は絶妙に調整されている。遺伝子は、細胞の種類により、時により、さまざまな形の経験——ホルモンの変動、感染、感覚器からの電気信号——により、発現したりしなかったりする。短期的にも長期的にも行われるこの発現の調整こそが、遺伝と経験が絡み合って人間の個性を作り上げていく肝の部分なのである。[6]

生誕地と生まれ月が体質を決める？

1941年12月、大日本帝国陸軍は東南アジアの熱帯地方に侵攻を開始した。英領のマレー半島とビルマ、蘭領インドネシア、仏領インドシナ、米領フィリピンといった高温多湿の列強植民地の敵対勢力を瞬く間に蹂躙し、タイ王国も押さえた。とりわけ、自惚《うぬぼ》れていたイギリス陸軍を敗走させたことで帝国陸軍の意気は上がっていた。次々と大勝を重ね、1942年3月にはインド国境に迫った。しかし、この熱帯雨林の戦いではすべてがうまくいったわけではない。深刻な問題となったのは、多くの日本人兵士が熱射病（熱中症）で倒れ、一時的に戦闘不能に陥ったことだ。軍医が調べたところ、同じ隊の兵士でも、日本の北部の涼しい北海道の出身者は、南部亜熱帯の九州出身者よりも熱射病になる事例がはるかに多いことが分かった。理由は、北部出身の兵士はあまり汗をかかず、汗の蒸散で体温を下げられないため、高温の気候の中で危険なほど深部体温が高まってしまったことだった。

皮膚の生検から、汗腺の数は北部の兵士も南部の兵士も同じであることが分かった。ここで汗腺というのは全身に分布して塩混じりの水分を分泌するエクリン腺のことだ——乾型耳あか遺伝子*ABCC1*との関連で先に説明した、わきの下や股間に分布して脂質とタンパク質を含む汗を分泌するアポクリン腺とは別の種類の汗腺だ。医師たちがさらに詳しく調べたところ、エクリン腺の中でも脳の体温調節部から発汗を促す電気信号を受け取る神経線維につながっている腺の数が、南部出身の兵士のほうが多いことが分かった。暑い日に深部体温を低く保つためにとりわけ活躍するのが、この種の汗腺である。

このような違いが生じることについて、古典的な遺伝の説明だと以下のようになる。「九州に暮らしている人々は何世代にもわたり、遺伝子の中で北海道の人々とは異なる部分を発達させていく。これらの遺伝的な違いにより、神経につながる汗腺が増え、暑さへの耐性が高まる。この遺伝的な違いは、九州で親から子へと受け継がれていく」。この説明が正しければ、九州の家系の出の両親から北海道で生まれた子どもは九州型の遺伝子を受け継ぎ、暑さの中で働く汗腺を多く持つはずだ。逆に、長く北海道で暮らした家系の両親から九州で生まれ、そこで育つ赤ん坊は暑さの中で働く汗腺をあまり持たないことになる。

この説明は完全に間違っていることが判明している。どのくらいの汗腺が神経線維につながるかは、生後1年間に経験する気温により決まるのだ。そして、それは生涯にわたり維持される。寒い土地に生まれ、後に暑いところに引っ越した人は、運が悪いとあきらめるしかない——その人は、寒い土地に適したあまり汗をかかない皮膚のままなのだ。しかし、その人が熱帯地方で子どもを産み育てたとしたら、

子どもはもっと活発な汗腺を持ち、体温調節がうまくできるようになる。(7)

発達の初期における環境への適応と、成長後の別の環境での経験のミスマッチは、転居をする人間にとっては問題に思える。しかし、実際にはそれがよい結果を生むのかもしれない。環境に対応する遺伝的な変化は、ゆっくりと、何世代もかけて現れてくることが多い。だが、生まれた直後の経験で決まる適応は、そのひとつの世代の中で現れてくるものだ。北の方で生まれた人が熱帯に移住すれば熱中症になりやすいかもしれないが、その人たちの間に熱帯で生まれる子どもは、北方系の遺伝子を持ちながら、発汗しやすく、暑さに耐えられる。発達が経験により変化するこの種の柔軟性が、人類が長い距離を素早く移動できた理由のひとつかもしれない。実際、人類が初めてシベリアからアラスカへの陸橋を渡ってから1000年も経たないうちに、一部の集団は多くの気候帯をまたぎ、南アメリカ大陸の南端まで定住地を広げていったのだから。

日本兵の汗の事例は、人生の初期に経験する気温などの要素が私たちに影響を与えうることを示している。これは社会的な性質の経験ではない。実際、この種の経験は子宮の中にいるときからすでに始まっている。それがきわめて劇的な影響をもたらす動物もある。たとえば一部の爬虫類や両生類は、気温によって性別が決まる。オスもメスも染色体は同じで、性腺の分化が起こる発生中期の卵の温度が、性別を左右する遺伝子の発現パターンを決定する。(8) アメリカアリゲーターは、親が卵を抱いているときの胚の温度が中くらい（32〜34℃）だとオスになり、それより高いか低いかだとメスになる。卵を抱くメスが子どもたちの性別をどうにかしようとして巣の場所を選んでいるかは不明だ。地球が温暖化する中、子どもが全部メスになってしまわないよう、アメリカアリゲーターのメスは抱卵行動を変えることができるだろうか。

物理的環境が動物の発達の特性に影響を及ぼすというこのプロセスは、哺乳類にも見られる。以下の話はまるで占星術の一種のように疑わしく聞こえるかもしれないが、哺乳類のいくつかの種では、生まれる季節が発達に影響しうるという明確な証拠が見つかっている。たとえば、秋生まれのハタネズミは春生まれのハタネズミよりも厚い毛皮を持って生まれてくる。同じ親から生まれてもだ。これは気温の影響ではない。春と秋では気温はそう変わらない。子どもの毛皮の厚さを決めているのは、妊娠中の母親が経験する日照時間の変化だ。人工的に日照時間を調整できる実験室でハタネズミを飼育し、21日間の妊娠期間中、昼間の時間がだんだん長くなるようにしてやると、生まれる子どもの毛は薄くなる。同じ母親を同じオスとつがわせ、次の妊娠期間は昼間を秋のようにだんだん短くすると、生まれる子どもは厚い毛皮を持つ。[9]

人間の場合も、疫学的研究から、生まれた季節の影響があるとする非常に興味深いヒントが得られている。コロンビア大学のニコラス・タトネッティらは、ニューヨーク・プレスビテリアン／コロンビア大学メディカルセンターでこれまでに治療を受けた患者の膨大なデータを分析した。1900年から2000年までの間に生まれた170万人を超える患者の医療記録である。彼らが目指したのは、患者の生まれ月と、その人がかかった病気との統計的関連性を見出すことだった。中耳炎から統合失調症に至るまで、1688種類の多種多様な病気について分析したところ、生まれ月との有意な関連が認められたのはわずか55疾患にすぎなかった。たとえば細気管支炎は秋生まれに多く、アンギナ（心臓に関係する胸痛）は早春生まれに多く見られる[10]（**図3**）。

この研究の設計には、いくつか優れた点がある。第一に、どの病気について検査をするか、あるいは報告をするかといった判断が介入しない（そのような判断を入れると、関係のあることだけを報告して関係

170万人の患者で見られた生まれ月と病気の関係

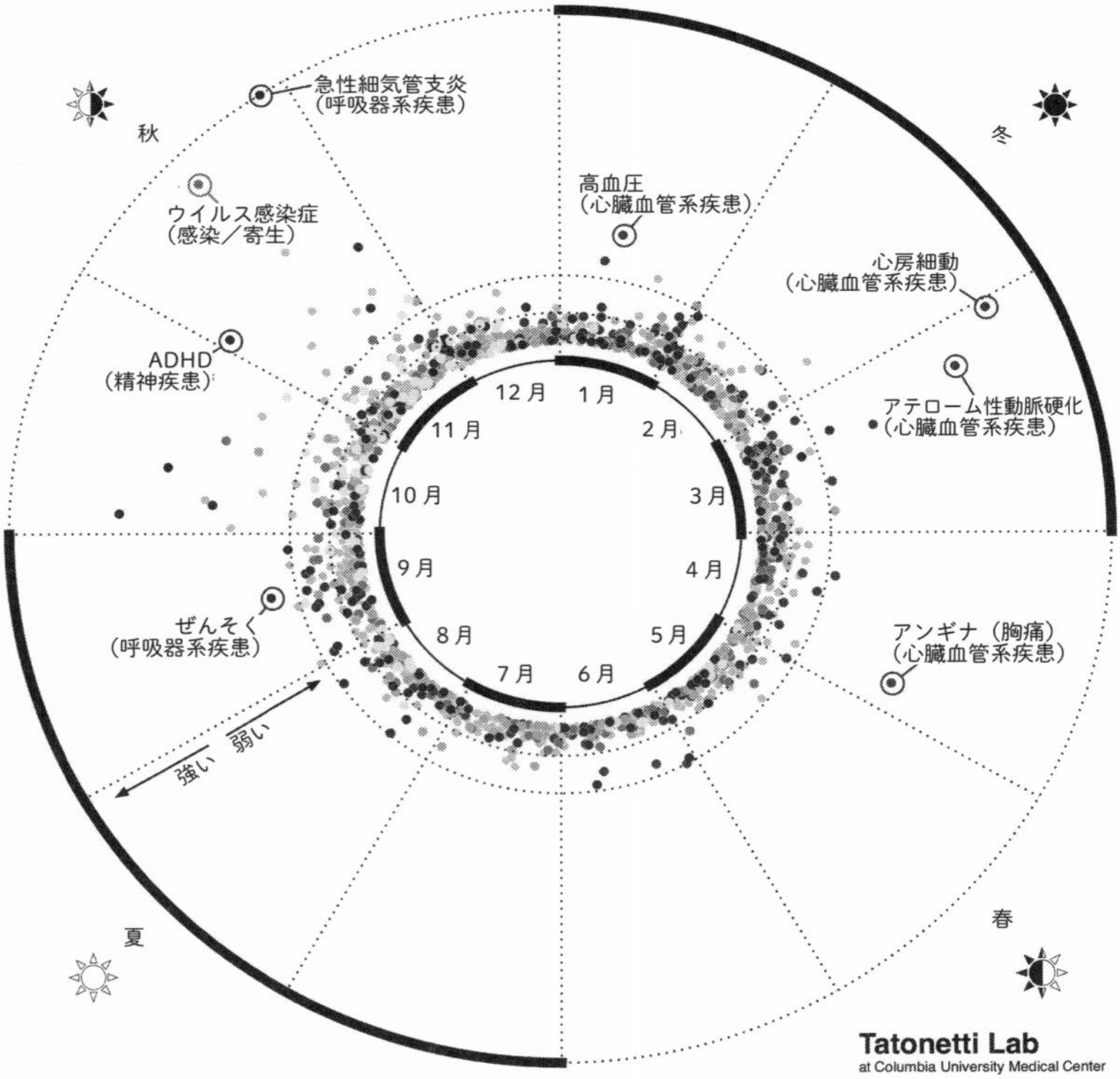

図3　病気の中には特定の季節生まれの人がかかりやすいものがある。この図では、中心から離れているものほど罹患と生まれ月の統計的相関が強いことを示す。たとえばADHDと急性細気管支炎は秋生まれに多く、心房細動は冬生まれに見られる率が高い。この図は北半球の温帯のもの。図はニコラス・タトネッティ博士による。許可を得て掲載。

のないものを無視するというバイアスがかかる）。第二に、利用したデータベースに含まれる患者が出自や経済的な豊かさに関して多様で、過去の生物医学的研究でありがちだった被験者が裕福な白人に偏るという心配がない。しかし、留意すべき限界もある。最も明白なのは、患者がニューヨーク市周辺に限られるため、この人たちが季節の変化、食べ物の種類、気候、汚染の種類などの面で特定の条件下で生活しているという点だ。

さらに重要なこととして、生まれ月が表す影響には、出生前の影響も出生後の影響も含め、さまざまな種類のものがある。たとえば晩春生まれの子は、妊娠後期の母親のお腹の中で春から冬にかけての季節を過ごす。この季節は太陽の光を浴びることで体内で作られるビタミンDが最も少なくなる時期だ。母親のビタミンD欠乏は、子どもの関節リウマチや全身性エリテマトーデスなど自己免疫疾患のリスク因子と考えられている。[11] 夏から秋にかけて生まれる子どもは、屋内のイエダニが最も多い時期を新生児として過ごす。これが、夏秋生まれの人が成人後に喘息や鼻炎になる率が高い理由ではないかと言われている。また、付け加えるまでもないが、インフルエンザなどの感染症には季節性がある。

生まれ月には物理的な影響以外に社会的な影響も関係する。学年の区切りの時期に基づく影響だ。学年の区切りが10月1日だとすると、10月や11月に生まれた子どもは学年の中で年長になり、8月9月生まれは最も若いことになる。学校で相対的に年齢が上であることは、スポーツの面で有利に働く。また、スポーツをする子は怪我もしやすいため、医学的な影響もある。逆に、同学年の中で相対的に若い子はいじめを経験しやすく、それが神経学的な発達に影響する可能性もある。

同学年の中の相対的な年齢差の潜在的影響を調べるため、タトネッティは国際的な共同研究を行い、3カ国（台湾、韓国、アメリカ）で6つの医療施設の患者1050万人のデータを集計した。この6カ所は、緯度（つまり季節）、気候、習慣、学年の区切りが異なる。タトネッティらは、6カ所のそれぞれで少なくとも1000人の患者が存在する133の病気を選んだ。その133のうち、学年内での年齢差と相関を示した病気はただひとつ、ADHD（注意欠陥多動性障害）だけだった。同級生よりも相対的に若い子どものほうが、ADHDのリスクが18％高かったのである。[12] なぜだろうか。理由は分からない。いじめがADHDのリスク因子なのかもしれないし、ほかの社会的または生物学的理由があるのかもしれない。

この分からなさは、この種の研究に本質的に伴う限界を示している。疫学的研究は、どれほど注意深く設計したところで、因果関係を証明することはできないのだ。それはただ、興味深く有用な方向性を示してくれるだけである。ここから先に進むためには、実験が必要になる。

分子レベルで見えてきた

1918年にインフルエンザのパンデミックが発生した。近現代史上、最も多くの人命を奪った感染症の大流行だ。[*] このH1N1型インフルエンザウイルス株は鳥に由来し、ブタに移り、そこから人間に感染した。最初の患者は1918年の春にアメリカのカンザス州にある巨大な陸軍基地フォート・ライリーで発生したという。このウイルスはアメリカの東部に向かい、一帯に死とパニックを残しつつ感染を広げていき、ついに大西洋をヨーロッパへとわたり、さらに、第一次世界大戦末期にアジアにまで広がった。大戦に参戦していた国は、連合国側も同盟国側も厳しい報道管制を敷いていたため、パンデミックの実態はなかなか報じられなかった。そんな中、中立を保っていたスペインでは報道が制限されなかったため、情報はスペインから発信されていった。そのため、1918年のこのインフルエンザは、おそらく北米が発生源であるにもかかわらず、スペイン風邪と呼ばれるようになった[13]。

1918年のインフルエンザのパンデミックはふつうではなかった。死亡率が異常に高かった。典型的な死因は肺炎など二次的な細菌感染症によるものだったが、若年成人層の死者がとくに多かった（当時の40歳以上の人は、1889年に流行した、近縁だが比較的弱いインフルエンザ株にさらされていたため、ある程度の免疫を獲得していたのかもしれない）。スペイン風邪は全世界でおよそ3人にひとりが感染し、5000万人以上が死亡した。アメリカだけで約67万5000人である。比較のために言うと、第一次世界大戦では戦死したアメリカ軍兵士よりもインフルエンザで死亡した兵士の数のほうが多かった。また、最初の24週間の死者数は、北米でエイズが広がり始めた最初の24年間の死者数を上回っている[14]。

1918年のインフルエンザの流行中にも多くの女性が妊娠した。そのうちの約3分の1の人が感染し、命を落とすことなく翌年に出産した。その子どもたちにもパンデミックの影響は表れた。南カリフォルニア大学のケイレブ・フィンチは、第二次世界大戦中、1941〜42年に入隊した兵士のデータを利用し、1915年から1922年までの間に生まれた270万人の男性の医療記録を調査した。そこで分かったのは、1918年のパンデミック中に母親のお腹にいた兵士は、パンデミック発生前に生まれた兵士や終息後に母親が妊娠した兵士に比べて、平均して1ミリ身長が低いということだった[15]。1

（＊）本書は新型コロナウイルス感染症Ｃｏｖｉｄ‐19のパンデミック前に書かれている。1918〜20年のスペイン風邪による全世界の死者数は、本書では5000万人以上とされているが、推定には1700万〜1億人と幅がある。2019年末から2021年9月までのＣｏｖｉｄ‐19による世界の死者数は約500万人である。

ミリというのは大した数字ではないと思われるかもしれないが、サンプル数がこれほど多い調査では、統計的に非常に大きな意味を持つ数字である。

身長は氷山の一角にすぎない。1919年生まれの人は、成人後の心臓血管系の罹患率が高く（約20%多い）、標準的な認知検査の成績がやや悪く、金銭的な稼ぎさえも若干少ない。おそらく最も衝撃的なのは、一般には約1%とされる統合失調症の発症率が、この集団では約4%あったことだろう。母親が妊娠中にウイルスに感染した人々について後に行われた複数の研究も、同様に統合失調症の発症率の増加を確認している。[16] さらに、自閉症の発症率も高いことも分かった。[17]

これらの結果については、少なくともふたつの説明が可能だ。ひとつの仮説は、インフルエンザの感染を生き延びやすくする母親の（あるいは胎児の）遺伝子の変異型が、同時に身長や心臓病や統合失調症や自閉症にも影響しているというもの。もうひとつは、免疫系が介在する可能性だ。ウイルス感染が免疫系を活性化することは分かっている。そのため、母親の血液中の対ウイルス免疫細胞や、そこから分泌される化学的信号物質が胎盤を通過し、臍帯《さいたい》（へその緒）に入り、胎児の脳などの器官の発達に影響を及ぼした可能性がある。

＊　＊　＊

若く才能あふれる科学者の夫婦といえば、グロリア・チョイとジュン・フーは外せないだろう。それぞれMITとハーヴァード大学メディカルスクールで働き、フーは免疫学、チョイは神経科学を研究する。子どもたちが眠り、夕食の皿洗いが済むと、ふたりはときおり仕事の話をする。あるときふたりは、妊娠中の母親がウイルスに感染すると、その子どもが自閉症になる率が上がるという科学論文を読んでいた。また、カリフォルニア工科大学のポール・パターソンの研究チームの報告も読んでいた。こちらは、マウスの母親がウイルスに感染すると子どもは自閉症的な行動を示すが、母親の免疫系のＩＬ（インターロイキン）‐６と呼ばれる信号分子の働きを阻害すると、このプロセスをブロックできるというものだった。[18] ＩＬ‐６は、別の免疫信号分子ＩＬ‐17ａを生産する引き金となる。ＩＬ‐17ａは、母親の体内から発達中の胎児へと移動できる。

そこでチョイとフーは、マウスでＩＬ‐17ａを測定、操作する実験を行えば、母親の感染が発達中の胎児の脳をどのように変化させて自閉症的な行動をとらせるのかを明らかにできるのではないかと考えた。彼らはウイルス感染に近い状況を作るために、ある確立された手法を用いた。妊娠中期のマウスに、合成した二重鎖のＲＮＡを注入したのだ。胎児の脳の新皮質はこの時期に形成される。こうしたうえで子マウスが生まれて成長するのを待ち、分析を行う。

この実験の結果、ふたつの注目すべき結果が得られた。ひとつは、感染した母親の子どものマウスで、新皮質の最外層に形成異常が見られたことだ。通常、新皮質は厚さの異なる６つの層を持つケーキのように見える。ところが、妊娠後期の胎児の脳ではさまざまな箇所で正常な層が乱れ、ニューロンの塊が突出していた。感染した母親から生まれた子どもが成体になったときの脳の皮質には、また違った乱れのパターンが現れ、Ｓ１ＤＺと呼ばれる脳領域に集中するこの乱れにより、局所的な電気的活動が変化していた。

もうひとつの興味深い結果は、マウスが示す行動が自閉症に似ていたことだ。ほかのマウスとの社会的関わり合いの障害や、反復的な強迫行動（マウスの場合、強迫的にガラス玉を覆い隠す）が見られる。重要な点として、妊娠中の母親の感染をほんの数日遅らせて、胎児の新皮質の層構造が形成された後に感染させると、子どもの脳の構造は乱れず、自閉症的行動も生じない。

　ここまで分かったら、次の段階は、母親の感染と脳の発達の変化をつなぐ細胞レベル、分子レベルのステップを追究することだ。先にお断りしておくが、これからたくさんの生体分子の名前が頻出する。それらの名前をいちいち覚えていただく必要はない。大事なのは、ここで言われているのが母親の感染で引き起こされる自閉症についての空疎な一般論ではなく、詳細かつ具体的で検証可能な仮説だということである。

　二重鎖のＲＮＡをマウスの母体に注入しても、胎盤を通して胎児に入ることはできない。だがそれは、母体内で免疫反応を引き起こしうる。樹状細胞という免疫細胞が炎症性サイトカインと呼ばれる一群の信号分子を分泌するのだ（**図4**を参照しながら読んでほしい）。これらの分子（ＩＬ－６、ＩＬ－１β、ＩＬ－23といったわけの分からない名前が付いている）が、ほかのタイプの免疫細胞（Ｔヘルパー17細胞）を刺激し、ＩＬ－17ａというサイトカインを分泌させる。先ほど紹介した、自閉症児で血中濃度が高まっている分子だ。母体内で作られたＩＬ－17ａは胎盤を介し、臍帯を通じて胎児に

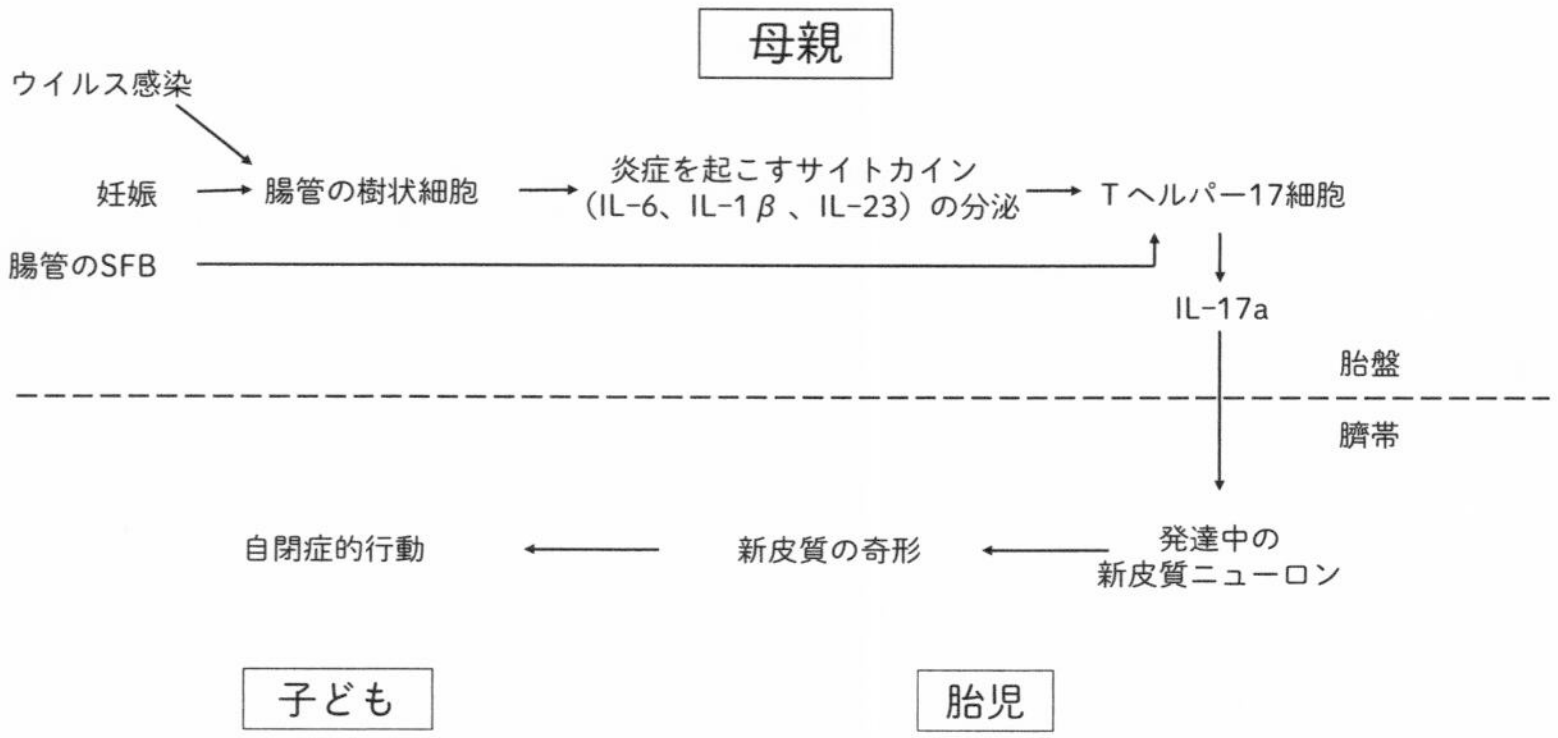

図4　母親のウイルス感染が胎児の自閉症リスクの原因となりうることを示す分子モデル。チョイ、フー両博士らの研究およびほかのいくつかの研究所による研究に基づいて作成。

流れ込み、胎児の脳の新皮質ニューロン上に存在するＩＬ－17ａ受容体と結合する。

ここで重要なのは、薬品や遺伝子操作を用いて母親のマウスがＩＬ－17ａや信号分子を作れないようにしてやると、母親がウィルスに感染しても、生まれた子どもの皮質には乱れがなく、自閉症的な行動もとらないということだ。また、ＩＬ－17ａを発達中のマウスの胎児の脳に直接注入すると、生まれてから成長したマウスには新皮質の奇形と自閉症的行動が見られる。[19]

どうやら、母体由来のＩＬ－17ａが発達中の胎児の脳細胞の受容体に結合すると、遺伝子の発現が変化し、皮質の異常と自閉症的行動が出現するようだ。この結果は人間についての報告とも一致する。死亡した自閉症の人を解剖してみると、新皮質に奇形が見つかることがある。また、自閉症児では血中のＩＬ－17ａ濃度が高い場合がある。[20]

これらの発見は非常に興味深い。母子感染というよく知られた現象と自閉症リスクの増加を説明できる分子的な経路を説明しているからである。また、ここから治療の可能性も見えてくる。ＩＬ－17ａの分泌またはそれが胎児の脳に引き起こす変化を阻害すれば、母子感染による自閉症を防げるかもしれない。

ここで興味深いのは、チョイとフーの研究室がこの実験の追試を行った際に、最初の実験で使ったものと遺伝的に同一だが繁殖施設の異なるマウスを使ったところ、基本的な結果を再現できなかったことだ。ジャクソン・ラボから入手したこの新しいマウスでは、母親にＲＮＡ感染させてもＩＬ－17ａレベルが上がらず、その子どもに皮質の奇形も自閉症的行動も観察されなかった。そこで確認したところ、もとの実験で使ったタコニック・バイオサイエンシズのマウスは、腸内にごく一般的な無害の細菌（セグメント細菌＝ＳＦＢ）を持っていたが、ジャクソンのマウスにはこの細菌がいないことが分かった。

実際、タコニックのマウスのＳＦＢを抗生物質で除菌すると母親の感染による子どもの自閉症症状は現れず、ジャクソン・マウスの腸にＳＦＢを導入すると、こちらは影響が現れた[21]。

ＳＦＢは、プロセスは不明だが、Ｔヘルパー17細胞を変化させ、ＩＬ－17ａを分泌できるようにすることが分かっている。ポイントは、いくつかの条件がすべてそろわなければ、ＩＬ－17ａが増えて胎児の脳に問題が生じることはない、ということである。メスのマウスが妊娠していて、腸内に適切な細菌を持ち、そのうえでウイルスに感染しなければならない。子ネズミが自閉症になるのは、胎児の新皮質の形成期である妊娠12日目前後にこれらすべての条件がそろった場合だけだ。感染がわずかに早すぎても遅すぎても、引き起こされるＩＬ－17ａの急増は何の影響ももたらさない[22]。

ここで、当然のことではあるが、誤解のないようにいくつか注意を付け加えなければならない。フーとチョイがマウスの胎児の皮質に作った変性は、人間の自閉症者のそれとまったく同じというわけではない。また、自閉症者のすべてにこのような皮質の変性が見られるわけでもない。また、母親が妊娠中にウイルス感染をしていなくても自閉症になる人はたくさんいる。つまり、ＩＬ－17ａの経路は自閉症のすべてではない。逆にインフルエンザに感染する妊婦は多いが、子どもたちがみな自閉症や統合失調症になるわけではない。

それでも、これらの結果は、個性というものに対する私たちの見方を改めさせてくれる。母親の妊娠中の感染体験に、腸内の細菌相が付け加わり（両因子の時間的な関わり合い方により）、私たちの神経精神医学的発達が左右されるということなのだから。

＊　＊　＊

個性の形成に社会的経験が影響すると言うとき、その影響が生じる場面として思い浮かぶのは、ここまで話してきた、たとえば母子感染のような発達時の身体的経験とは違うのがふつうだろう。幼少期の社会的経験について語る際によく使われる言葉は、愛着、絆、気持ちの温かさ、ネグレクトなどだ。これらは、IL-17aだの樹状細胞だのという生物学用語とは大いに異なる。だが、ここではっきり言っておこう。愛着や絆といった行動学的用語は大切で役に立つものではあるが、このような用語があるからといって、社会的経験というものが生物学と無縁な何か特別な超自然的な空間で働いていると考えてはならない。ネグレクトやいじめや親のしつけといった社会的経験が大人になってからの個性に影響する場合、それは脳に対する生物学的な作用を通じて影響するのだ。その行動上の悪影響が後にセラピストと話すことで改善したなら、それもまた脳の変化による。

ひとつ例を挙げよう。生まれてから2歳になるまで愛情のこもった日常的な触れ合いを持たずに育った子どもは、不安、抑うつ、知的障害などさまざまな神経精神医学的問題を生涯にわたり抱えやすくなることが分かっている。また、そのようにして育った子どもは身体的（神経精神医学的でない）疾患も比較的多く経験する。消化器系や免疫系の慢性疾患などだ。近年行われたいくつかの研究から、幼い頃に親から愛情のこもった触れ合いを受けなかったり、過酷なしつけを受けたりと、さまざまな形で対人的につらい経験をすると、ストレスに過剰に反応するようになり、それが成人後も継続して、神経精神医学的、身体的疾患を抱えやすくなることが確認された。こうしたストレス反応性の高まりの少なくとも一部は、脳のある領域でグルココルチコイド受容体遺伝子の発現がメチル化により抑制されることにより生じている。[23] この発現抑制は、ホルモンのフィードバックループを通じて脳の視床下部の重要なストレスホルモンであるCRHの分泌を高め、広汎な生物学的影響をもたらす。

グルココルチコイド受容体遺伝子のメチル化は、幼児期の対人的なつらい経験がどのように成人後の個性に影響するかという話のごく一部を説明するにすぎないとはいえ、きわめて重要な事例だ。この事例は、幼児期の社会的経験が人格形成に及ぼす影響を、実際に確認されている分子や細胞の信号との関係で理解できる可能性を示しているのだ。

ひとりひとりのランダムな発達

世界的に有名な歌手バーブラ・ストライサンドが可愛がっていたコトン・ド・テュレアール犬のサマンサが、2017年、死期を迎えていた。ストライサンドは、この忠実で愛しいペットをまもなく失うと思うと胸がはりさけそうだった。そこで、裕福なスターにふさわしい策をとった。獣医師にサマンサのお腹と頬の皮膚から小さな生検サンプルを採らせ、5万ドルを添えてテキサス州にあるヴィアジェン・ペッツという会社に届けたのだ。この会社の科学者は、韓国のソウル国立大学で開発された技法を使い、サンプルの細胞からサマンサのクローンの子犬を作ることに成功した。ストライサンドは今、2匹のクローン犬を育てている。名前はミス・ヴァイオレットとミス・スカーレットだ。ミス・ヴァイオレットとミス・スカーレット、それにサマンサはみな遺伝的には同一だが、見かけや性質が完全に同じというわけではない。「性格はそれぞれ違うの。子犬たちが大きくなって、サマンサと同じ茶色い目と生真面目なところを受け継いでいるか分かるのが楽しみね」とストライサンドは言う(24)。

この2匹の子犬はもとの犬の正確なコピーではないし、互いのコピーでもない。これは当然だ。人間の一卵性双生児も、同じDNAの塩基配列を共有していても、さらに一緒に育ってさえ、外見にある程度の違いができるし、パーソナリティには分かりやすい相違が表れる。

これらの違いは科学捜査の手引書の中にまとめられている。人の指紋の隆線の数は約90％が遺伝で決まる。[25] だが、隆線や渦巻きのパターンを厳密に調べると、一卵性双生児でも同じ指紋にはならないことが分かる。さらに、一卵性双生児は匂いも完全に同じではない。訓練された警察犬は一卵性の双子を嗅ぎ分けることができる。たとえ同じ家で暮らし、ほぼ同じものを食べてきた双子でもだ。[26] このことは、もっと一般的にも言える。同じ家で育った一卵性双生児も、身体的、行動的に異なる特性を示す。それがいちばんよく分かるのはおそらく、双子の片方と結婚した人が、配偶者の双子の兄弟姉妹に恋愛感情を抱くことがめったにないという事実だろう。恋愛感情が湧かないというのは逆にも言えて、双子の一方は、もう一方の配偶者にはまず惹かれない。[27]

では、一卵性双生児（またはクローン犬）が一緒に育っても想像されるほど同じにならないのはなぜだろうか。双子研究で、特性に影響を及ぼす3つの一般因子が想定されていたことを思い出してほしい。遺伝、共有環境、非共有環境の3つだった。一緒に育った一卵性双生児の場合、最初のふたつの因子の違いはゼロに近い。ということは、特性の違いはすべて、共有されなかった経験で説明がつくのだろうか。そうとは言い切れない。実際のところ、「非共有環境」とはさまざまな因子の寄せ集めで、その中には私たちがとても「経験」とは見なさないような因子も含まれている。

そうした重要な因子のひとつに、身体の、とくに神経系の発達に必然的に伴うランダムさがある。このようなものを私たちはふつう「経験」や「環境」とは考えない――社会的経験やウイルス感染のように、外界から個人に作用する何かとは見なさない。発達上のランダムさというのは、むしろ個人に内在するものだ。人間の脳は発達の過程で約２０００億個のニューロンを作る。そのうちの約半分が、乳幼児期の刈り込みを生き延びる。成人の脳で生き残った1000億個のニューロンは、それぞれが約5000カ所のシナプスでほかのニューロンから信号を受ける。脳内にある1000億×5000＝500兆カ所のシナプスは、いきあたりばったりに形成されるわけではない。網膜からの信号は脳の視覚野に運ばれなければならないし、脳の運動野からの信号は適切な筋肉に伝わる必要がある。だが、脳の配線はあまりに巨大かつ複雑なため、DNAの塩基配列の中ですべてが厳密に決まっているということはありえない。これをどう考えるか。生物学的な難問である(28)。

発達中の神経系の中では、細胞の数、位置、生化学的活動、物理的運動が微妙かつランダムに変化し、それが時と共に積み重なり、一緒に育つ一卵性の双子の間でさえ、神経の配線や機能の面で重大な違いを生んでいく。神経遺伝学者のケヴィン・ミッチェルはこの状況を見事に要約している。「あなたや私が100回クローンされたら、結果はひとりひとり異なる100人の新しい個人だろう(29)」。

この説明を聞いて読者は、遺伝的に同じ人同士の違いは、非共有経験や発達上のランダムさが、身体のさまざまな細胞における遺伝子発現のタイミングやパターンに影響した結果生じたものだろう、と思われたかもしれない。実際、その通りの場合もある。たとえば、遺伝子発現を制御する化学的プロセスとして、DNAのメチル化と、ヒストン・タンパク質にアセチル基（C_2H_3O）が転移する（ヒストンのアセチル化）パターンがある。このプロセスを一卵性の双子で言うと、幼い頃はとてもよく似ていた双子も歳を取るにしたがい、エピジェネティックな変化が蓄積して、遺伝子発現の形が徐々に違ったものになっていく(30)。これは実に説得力のある説明で、遺伝子発現の調節こそが、経験がいかに個性を作るかという話のすべてだと考えたくなるかもしれない。だが、そうではないのだ。遺伝子発現の調節とはまったく無関係で、重要な位置を占める個別的経験が存在する。

＊　＊　＊

私の世代の生物学者はみな、体細胞(＊)（身体を構成する卵子と精子以外のすべての細胞）は遺伝的に同一であると教わってきた。つまり、細胞の種類の違いは、発達のプロセスと経験により決まる遺伝子発現の多様なパターンから生じる、という理解である。それゆえ、まったく同じ塩基配列のＤＮＡを持つと考えられる肝細胞と皮膚細胞も違うものになる、と。

誰かひとりの人のＤＮＡを読み取るためには、最近までかなりの数の細胞が必要だった。採血をしたり、頬の内側を拭ったりして多くの細胞からＤＮＡを集め、それを塩基配列を読み取るシーケンサーにかけた。ところが今では、たったひとつの皮膚細胞やニューロンからＤＮＡの30億のヌクレオチドの全配列を読み取ることができる。ボストン小児病院／ハーヴァード大学メディカルスクールのクリストファー・ウォルシュらの研究チームは、健康体で亡くなった３人から36個のニューロンを取り出し、それぞれのニューロンのＤＮＡの完全な塩基配列を突き止めた[31]。その結果、まったく同じ塩基配列を持つニューロンの組はひとつもなかった。実際、各ニューロンには平均して約１５００カ所の単一ヌクレオチド変異（一塩基変異）があった。ゲノム全体の30億というヌクレオチドの数から見れば、１５００というのはごくごく一部にすぎないが、その変異が重大な結果を生むこともある。たとえば、ニューロンの電気信号に必要なイオンチャンネルの生産を指令する遺伝子に変異が起こることがある。こうした変

（＊）somatic cell. ここではニューロンを含めての話だが、「体細胞」という言葉は、狭い意味で、ニューロン以外の身体の細胞を指して使われることがあるため注意が必要である。

異がひとつのニューロンにだけでなく、一群のニューロンに生じると、てんかんの原因になりうる。統合失調症の発症率を高める遺伝子に変異が起こることもある。脳に限ったことではない。身体のあらゆる細胞には変異が蓄積していて、どのひとつの細胞をとってみてもゲノムは少しずつ異なるのだ。

これはモザイク現象と呼ばれる。精子や卵以外の体細胞で起こる場合は体性モザイク現象と言う。体性モザイク現象が目に見えることもある。旧ソ連の最高指導者だったミハイル・ゴルバチョフの頭にあった有名なあざは、自然に（偶発的に）突然変異を起こしたひとつの体細胞が分裂してまだらな細胞群となり、その部分の血管を拡張させ、色の濃い斑の皮膚となったものだ。

生命はひとつの細胞として始まる。たったひとつのゲノムを持つ新しい受精卵である。発生のプロセスで、細胞は子宮内で、また出生後も分裂を繰り返す（**図5**）。発生初期の細胞は多能性を持つ。つまり、16細胞期の胚の中のひとつの細胞は、身体のさまざまな組織になる細胞へと分裂していける。だがそのうちに細胞とその子孫の運命は定まっていく。皮膚細胞にしかなれなかったり、脳細胞にしかなれなかったりする。たったひとつの受精卵として始まった身体は、最終的に約37兆個の細胞を持つことになる。

細胞の中には、皮膚細胞のように生涯を通じて分裂を繰り返し、死んだ細胞と置き換わっていくものがあるが、生後ある時点で分裂をやめてしまう細胞もある。大半のニューロンがそうだ[32]。ひとつのヌクレオチドを変化させる体性突然変異は、たいていの場合、細胞分裂以外の場面で生じる[33]。細胞分裂に際して起こる変異は概してもっと大がかりになり、染色体の大きな部分が、ときには染色体そのものが失われたり、複写されたり、置き換わったりする[34]。

ウォルシュの研究チームがひとりの人の複数のニューロンを観察した際、いくつかのニューロンで同

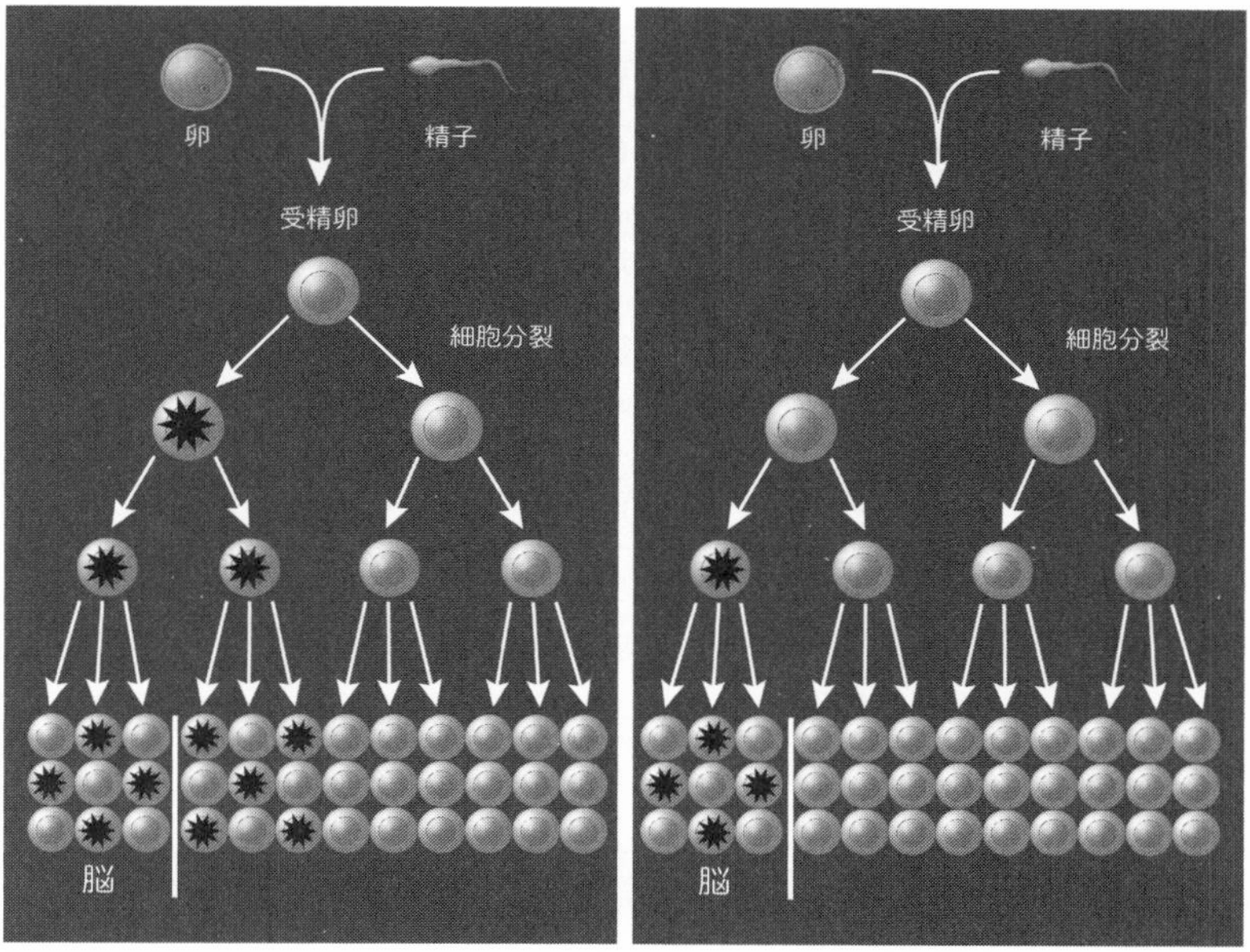

図5　ひとつの細胞で自然に（偶発的に）ランダムに起こった突然変異は細胞分裂を通じて子孫のすべての細胞に受け継がれ、体性モザイク現象を生じさせる。左の図は、発生の初期に生じた自然突然変異（星印）がさまざまな組織に伝わっていくようすを示す。右の図は遅い段階で生じた突然変異が比較的少数の細胞に伝わり、ひとつの器官――この場合は脳――にしか表れないことを示す。
© 2019 Joan M. K. Tycko. Poduri, A. et al. (2013). Somatic mutation, genomic variation, and neurological disease. *Science 341*, 1237758 より許可を得て転載。

じ変異が見られることがあった。それらのニューロンは脳内の同じ場所に固まって見つかることもあれば、脳のさまざまな領域に広く散らばって見つかることもあった。脳細胞で見つかった変異が心臓や肝臓や膵臓の単独の細胞で見つかることもあった。散らばって見つかるものは、早い段階の変異によるものである可能性が高い。後の段階での変異になるほど、同じ変異が固まって見られ、身体機能が変化する可能性も低い（細胞分裂の経路を活性化してがんを引き起こす変異でない限り）。早い段階の変異ほど多くの細胞で共有され、身体に広く散らばる。

現時点では、ひとりの人の複数のニューロンの完全な塩基配列という超ビッグデータは得られていない。今私たちの手元にあるのは、大半が死後解剖で得られた組織のデータだ。自然体性突然変異が神経学的な重度の疾患につながるケースは、いくつか知られている。たとえば片方の脳半球が過剰に成長する片側巨脳症という病気だ。[35] このほか、原因不明のてんかんなど、これまで謎とされてきた神経学的疾患の一部が、自然体性突然変異がニューロン群の電気的機能に影響した結果として生じたものであることは、ほぼ確実と考えられる。

病気と呼べるほどの変化ではなくとも、認知やパーソナリティの人との違いの一因が、この体性モザイク現象である可能性は十分にある。別の言い方をするなら、人の個性の一部は、身体の個々の細胞が発達し、成長し、歳を取る中で繰り返しサイコロを転がした結果なのである。

こうしたランダムな変化は、卵や精子ではなく体細胞で起こるため、その人独特の変化であり、子孫には伝わらない。このことから、用語上の重要な違いが生じる。「遺伝（子）《ジェネティック》の」と「遺伝（性）《ヘレディタリー》の」という言葉はしばしば同じ意味で用いられるが、これは正しくない。体性突然変異は遺伝子《ジェネティック》の変化ではあるが、親から受け継いだり子に受け継がれたりすることはないため、遺伝性《ヘレディタリー》ではない。

こうしてみると、私たちは実際のところ、ひとつひとつが少しばかり違うゲノムを持つ37兆個の細胞の塊なのだ。これを頭の中で思い描くのはなかなか難しいかもしれない。ひとりの子どもを育てるには村の全員が必要だ、ということわざがあるが、逆にひとりの子どもがひとつの村、いや、ひとつの大都市だと考えてみよう。その都市の住人（細胞）は、みな近縁ではあるが、遺伝（子）的に独自の存在なのだ。

ところが、話はここでは終わらない。この大都市は移民を受け入れることがある。

＊　＊　＊

1953年。DNA解析が可能になるずっと前の話である。『英国医学ジャーナル』に一本の奇妙な報告が掲載された[36]。

今年3月にミセスMcK（25歳）は初めての献血を行った。血液型を分類しようとしたところ、その血液はA型とO型が混ざっているらしかった。肉眼では抗A血清に凝集しているように見えたが、顕微鏡で見ると凝集した血球の背景に凝集しない血球があることが分かった。A型の人にO型の血液を大量に輸血した後しばらくの間見られるような状態だった。だが、ミセスMcKは輸血を受けたことがなかった。

なぜそうなったのか謎だった。ミセスMcKの身体にどうして2種類の血が流れるようなことが起こりうるのか。慎重に検査をやり直し、手順の中で単純にほかの血が混入したわけではないことが確認された。考えられるひとつの説明として、非常に稀なことだが、ひとつの卵にふたつの精子が受精してひとつの胚になる「二精」という現象があり、ミセスＭｃＫがそのような例だったという可能性があった。だが、そうした人の身体は必ずある程度、非対称になる。片方の耳が明らかに大きかったり、目の色が左右で違ったりする。ミセスＭｃＫの身体はふつうに左右対称だった。

そのとき、ひとりの医師が重要な質問を思いついた。「双子のきょうだいはいますか、と尋ねられると、ミセスＭｃＫは驚いたように、双子の兄弟が25年前、生後3カ月で肺炎で亡くなっていると答えた」。

ミセスＭｃＫが2種類の血液型を持っていたのは、胎盤というものは細胞の移動を完全には妨げないから、というのが理由だった。双子の兄弟のA型の血液細胞が子宮内で彼女の体内に移動し、複製され、25年後まで生き続けていたというわけだ。この時点でミセスＭｃＫの血液のおよそ3分の1が双子の兄弟由来だった。ミセスＭｃＫの血液はその後何年も検査され、兄弟由来のA型の比率は徐々に下がっていったが、完全になくなることはなかった——奇妙な形の不死性と言えよう[37]。

別々の個体に由来する細胞が混じり合うことをキメラ現象と呼ぶ[38]。近年の研究から、キメラ現象はかなり広汎に見られることが分かってきた。実のところ、私たちはみなキメラなのである。母親の細胞はかなり容易に胎児に入り込む。母親由来の細胞が幼児期に消え去る人もいる。だが、その細胞が子どもの体内のさまざまな器官の中に居座り、何十年も存続することもある。

また、逆に、妊娠後期の母親は誰もが体内に胎児の細胞を取り込んでいる。約75%の母親は、出産後かなりの年数が経っても全身に胎児の細胞を残している[39]。最近行われた解剖組織の研究では、数十年前に出産を経験した女性（中央値は73歳）の63%が脳内に胎児の細胞を残していた[40]。胎児から母親への細胞の移動は、流産や中絶の場合でも起こりうるという点は付け加えておく価値があるだろう。妊娠初期に流産していることに気づかないことは珍しくないが、そのような女性でもやはり、その初期胚の細胞が体内に入り、キメラとなっている。[41]

胎盤を介した細胞の移動が人の個性の一要素となる可能性はあるが、体内で他者由来の細胞がどのように働くかについては、ほとんど何も分かっていない。母親の脳内の胎児細胞が電気的に活動するニューロンとなって神経回路に組み込まれる可能性はある。しかし、それが精神的な機能や行動に意味を持つかどうかは今なお不明だ。母親に入り込んだ胎児の細胞がその人が世界を経験するあり方を変えるかどうか、私たちは知らない。私が子どもの頃、1970年代のことだが、ある友人の母親が「狂気は遺伝する——子どもから」[*]と派手に書かれたマグカップでよくコーヒーを飲んでいたのを覚えている。この母親は正しかったのかもしれない。ただし、彼女が想像もしなかった意味で。

胎児から母親への細胞の移動は、悪影響を及ぼすこともあれば助けになることもある。[42]母親の胎内に入り込む胎児の細胞の少なくとも一部は幹細胞、つまりその後どんな細胞にもなれる未分化の細胞だ。母親の免疫細胞がこの種の細胞を攻撃し、皮膚や心臓や肺や腎臓に悪影響を及ぼす全身性強皮症などの自己免疫疾患を引き起こすことがある。一方、胎児の幹細胞が奇跡のような修復能力を示すこともある。[43]甲状腺の機能障害が進行していた母親で、甲状腺が自然に機能を取り戻したという事例研究がある。生

(*) "Insanity Is Hereditary: You Get It from Your Kids." 1960年頃にアメリカのエンターテイナー、サム・レヴェンソンが広めたとされるジョーク。子どものせいで気が変になりそうだという状況への諧謔として使われる。

検をしてみたところ、再生した甲状腺の細胞が男性の細胞であることが分かった。息子が子宮内にいたときに移動してきた幹細胞がもとになったと考えられる。同様の事例は肝臓病が自然寛解した母親についても報告されているが、この事例では、再生した肝細胞は中絶した胎児に由来するものだった。

＊　＊　＊

ここまで、広義の経験が人の個性を左右すると考えられるいくつかの筋道について考察してきた。第一に、経験によって遺伝子発現が調節された。温度、社会的関わり合い、生まれた季節などの刺激が、転写因子、ＤＮＡのメチル化、ヒストン修飾などを通じてエピジェネティックに働き、どんなときにどんな細胞でどの遺伝子を発現させるかさせないかを決める、という筋道である。第二に、体性モザイク現象があった。体細胞（精子、卵子以外）でランダムに生じる突然変異により、個々の細胞のＤＮＡの塩基配列が変化する。第三に、他人の細胞が入り込んでくるキメラ現象がある。

最終的に私たちが考察してきたのは、身体と脳の発達におけるランダムさについてだった。このランダムさが、受精の瞬間から成人後に至るまで人の個性のバリエーションを生み続ける。ただしこれは、外界が身体に作用するプロセスというふつうの意味での経験ではない。

これらすべてのメカニズムが一卵性双生児に異なる個性を与えうるという点は重要である。子宮の中で肩を並べている双子も、発達上のランダムさ、体細胞の突然変異、経験、キメラ現象といったすべての面がまったく同じ経過をたどるということはない。そしてもちろん生まれた後も、経験や発達や積み重なる体細胞の突然変異により、双子は別の道を歩み続けるのだ。

トラウマは世代を超えて遺伝するか

近年、「継世代エピジェネティクス伝達」と呼ばれる現象にメディアの注目が集まっている。一般向けのメディアは「おばあさんが受けたトラウマが遺伝する」などと表現することが多い。あなたのおばあさん（またはおじいさん）が、たとえば1918年のスペイン風邪のような身体的、精神的にトラウマとなるような出来事を経験してきたとしよう。そのトラウマが、エピジェネティックな変化（DNAのメチル化やヒストンのアセチル化など）を通じて子どもに伝わるという考えだ。その変化により子ども（あなたの父母）は、何らかのトラウマの影響を経験し（不安、過食、高血圧など）、そのエピジェネティックな変化がやはり同じメカニズムを通じてあなたにまで伝わるというわけだ。

念のために繰り返すと、この場合の伝達はエピジェネティックなもの（遺伝子発現のパターンとタイミングの変化）による伝達であり、ジェネティックなもの（突然変異や通常の進化において生じるようなDNA自体の塩基配列の変化）によるのではない。また、この伝達は、親から子に伝わって終わるだけの世代間伝達ではなく、継世代、つまり最低2世代にわたって伝わるものとされる。

本書の執筆時点で、人間に継世代エピジェネティック伝達が存在すると主張する科学論文は50本以上存在する。とくによく引用される論文の中に、スウェーデンのエベルカーリクスという地方について報告したものが数本ある。この地方は長年にわたり凶作に苦しみ、ときおり飢饉に見舞われてきた。論文によると、思春期前に飢饉を生き抜いた男性の孫息子は比較的長生きするが、飢饉を生き延びた女性の孫娘は平均寿命が短かったという。[44] 論文の執筆者たちは、「人間に男系のみに限定的な継世代的反応が存在すると我々は結論づけた。仮説として、これらの伝達には性染色体が介在していると考えられる」と書いている。

あまり細かい点に立ち入って読者に負担をかけたくはないが、これらの50数本の疫学的論文の中に、私の目から見て説得力があると思えるものは残念ながらひとつもないと言わざるをえない。概してサンプル数が不十分で、統計処理にも問題があり（多重比較問題に対する修正が行われていない）、結果が分かってから仮説を立てている。[45]人間を対象に、世代を超えるエピジェネティックな指標――たとえば精細胞の中の――を実際に測定しようとした研究もわずかながら存在するが、これらも同様に多くの方法論的問題を抱えている。

継世代エピジェネティック伝達が働くためには、おばあさんの脳内で不安を引き起こすDNAのエピジェネティックな変化が起こり、それが卵子に伝わり、次世代に受け継がれなければならず、次にその指標がどうにかして次世代の個体の脳と身体に働いて特定の標的細胞の中で発現を変化させ、親と同じ行動・身体特性を再現しなければならない。さらに、言うまでもなくこれと同じプロセスがもう一度、次の世代に向けて繰り返される必要がある。

これらのステップが人間で起きていることを示す証拠はない。発達生物学で古くから確立している定説によれば、DNAやヒストン・タンパク質上のエピジェネティックな指標は、発達のごく初期、胚を構成するすべての細胞がまだ、どんな体細胞にもなりうる万能性を有している段階で、消えてしまうとされてきた。だが最近、マウスのゲノム内のごく一部でエピジェネティックな指標が完全には消されないことが分かった。これは継世代エピジェネティック伝達の基盤となりうるものだ。[46]DNAによらない伝達メカニズムはほかにもいくつかある。植物や線虫ではRNAが遺伝子発現を阻害するRNA干渉と

いう現象が見つかっている。しかし哺乳類では確認されておらず、まして人間では不明だ。(47)

現時点で私は、人間に継世代エピジェネティック伝達があるという主張に確信を持てずにいる。「並外れた主張には並外れた証拠が必要である」と言われるが、そのような並外れた証拠はこれまでに見つかっていない。しかし将来、このような人間の遺伝のあり方が、メカニズムも含めて何らかの形で説得力を持って証明される可能性を頭から否定したくはないと思っている。

＊＊＊

自然には個性を大切にする面がある。たとえ個性を出させないよう設計された状況においてさえ、個性は出現する。それを証明したのはハーヴァード大学のベンジャミン・ド・ビヴォアらのチームだった。彼らは遺伝的に同一のショウジョウバエの群れを入手し、研究室の中でできる限り同じ経験をさせるようにして育てた。そのうえで、1匹ずつY字型の迷路に入れ、どう動くかを撮影した。(48)その結果、明らかに左に行きたがるハエと、右に行きたがるハエがいることが分かった。平均すると右型と左型はほぼ半々だった。左右の判断はその場の思いつきではなく、右型のハエは毎日右に行きたがり、左型のハエはいつも左に行きたがる。遺伝子変異により匂いが分からないハエでも同じように決まった右型と左型が観察されたことから、彼らは匂いを追っているわけでもなかった。右型同士を交配させた子どもたちも、やはり右左半々になった。左型同士をかけ合わせても同じだった。これらの結果は、左右の好みという特性が遺伝性を持たないことを示している。(49)

次に研究チームは、数種類の異なる株のハエに目を向けた。それぞれの株に属するハエはみな遺伝的に同一だが、株同士の間には遺伝的な違いがある。どの株でも左右の偏りはほぼ同じで、約50%が右型だった。しかし、株により、極端な選好性を持つ個体、つまり、ほぼ必ず右に行く、あるいはほぼ必ず左に行くという個体の多さに違いがあった。個体における右か左かのバイアスは遺伝しないが、集団全体でのばらつき具合の総量は遺伝的に決定されていると言える。ハエには、左右の選好ではなく、決定性（擬人化の危険を冒して言うなら、頑固さ）のようなものに影響する遺伝子があると考えてもいい。ハエが右型になるか左型になるかはランダムに決まるが、いったんそれが決まったなら、その好みがほどほどに表れるか極端に表れるかは遺伝の影響下にある。

これは重要な点だ。行動の個性というものそれ自体が、進化の力の影響を受けるひとつの特性だということだからである。遺伝子は、個体により異なるさまざまな行動をさせる。これは、自然が集団内に十分な多様性を持たせ、破局的な出来事が生じてもその集団が完全には消滅しないようにするひとつの方法でもありうる。(50) たとえば環境が激変して極端な左型か極端に物陰を好む者だけが生き延びるとしたら、そしてそのわずかな変わり者たちがまたいつか繁殖していけば、その集団は絶滅を免れるのである。

第3章
潜在記憶が個人を作る

誰もが自分だけの人生の物語を持っている。そして、誰の物語も真実ではない。

私たちが思い出す出来事の記憶が信頼できないことはよく知られている。自伝的記憶を蓄え、取り出すという作業は、本を書いて、後でその本を開いて文章をそのまま読み上げるというようなものではない。撮っておいた写真が日に当たって色あせ、だんだん細かいところが分からなくなっていく、というのとも違う。出来事の記憶というのは、たとえどれほど記憶力が優れた人であろうと、ある決まったあり方で間違いが起こる、というほうが正しいだろう。

簡単に言うと、記憶とはものごとの客観的な記録ではない。それはものごとの個人的経験の不確かな痕跡なのである。ふたりの人が肩を並べてひとつの出来事を見ているとしよう。そのときふたりは、それぞれの過去に基づいて別々の経験をする。過去に火事に関わるトラウマ的体験をしている人が燃えている家を見たときの体験は、そうでない人の体験とは違ったものになる——その後の記憶も同様である。ふたり一緒に消防自動車が走っていくのを見ていたとしても。

さらに記憶は、その出来事が起きてからずっと後まで変化し続ける。その後の経験により、あるいは単にそれを思い出すという行為により、脳に蓄えられた記憶は変化する。人生のそのときそのときに形成される記憶というのは、私たちの個性の核心部分だ。その記憶がかっちりと定まったものでない以上、自分自身についての最も強力な信念でさえ、そのつど無秩序に作り直され続けていることは間違いない。

＊　＊　＊

１９９５年４月19日朝、ティモシー・マクヴェイはオクラホマシティのアルフレッド・Ｐ・マラー連邦ビル正面にあった車寄せに、巨大な爆弾を積んだトラックを停車させた。そして長い導火線に火を付けると、数ブロック先に駐めてあった逃走用の乗用車まで歩いて向かった。やがて導火線から、マクヴェイと共犯のテリー・ニコルズが製造した超強力爆弾に火が移った。爆弾は、盗んだ起爆剤、化学肥料の硝酸アンモニウム、モーターレース用ガソリン燃料添加剤、ディーゼル燃料、そしてアセチレンボンベを樽に詰めて作られていた。

爆発の威力はすさまじく、ビルの正面が崩壊し、窓ガラスが吹き飛び、半径16ブロック内の建物が損壊した。１６８人が死亡。うち19人は子どもだった。その大半は、爆弾のすぐ近くにあった連邦職員のための託児所にいた子どもたちだ。

ＦＢＩがただちに捜査に乗り出した。数時間後には瓦礫の中から見つかったトラックの車軸から車輌製造番号が判明。即座に、近くのカンザス州ジャンクションシティにあるエリオット自動車整備ショップから貸し出されたレンタカーのトラックであることが突き止められた。ＦＢＩはこの店に電話をして、捜査官を派遣するからトラックの貸し出し手続きをした従業員たちの話を聞かせてほしいと依頼した。話を聞いてみると、店長のエルドン・エリオット、整備士のトム・ケッシンジャー、簿記係のヴィッキー・ビーマーはみな、２日前にトラックを借りに来てロバート・クリングと名乗った男のことを覚えていた。ただ、ケッシンジャーだけがもうひとりの男を記憶していた。ＦＢＩの似顔絵師が急いでその場に行き、ケッシンジャーの証言を元にふたりの男の似顔絵を作成した（**図6**）。ロバート・クリングと名乗ったほうがジョン・ドゥ#1、同伴者がジョン・ドゥ#2とされた。

FBIの捜査官は手がかりを求め、ジャンクションシティで一軒一軒スケッチを見せて回った。するとドリームランド・モーテルで当たりがあった。オーナーが、ジョン・ドゥ#1のほうが4月15日にチェックインして18日まで滞在した男だと証言したのだ。部屋の前にレンタカーのトラックが駐められていたという。オーナーの記憶によると、この男性は、しばらくぶつぶつとつぶやいた後（おそらくロバート・クリングという偽名を忘れたのだろう）、ティモシー・マクヴェイと名乗った。

捜査官がマクヴェイの名前を警察のコンピューターで検索してみたところ、信じられないような幸運にぶつかった。マクヴェイはちょうどそのとき、オクラホマシティから2時間ほど北に走ったところにある小さな町の留置場に拘留されていたのだ。逃走用の車に後部のナンバープレートが付いていなかったため、地元の警察官が車

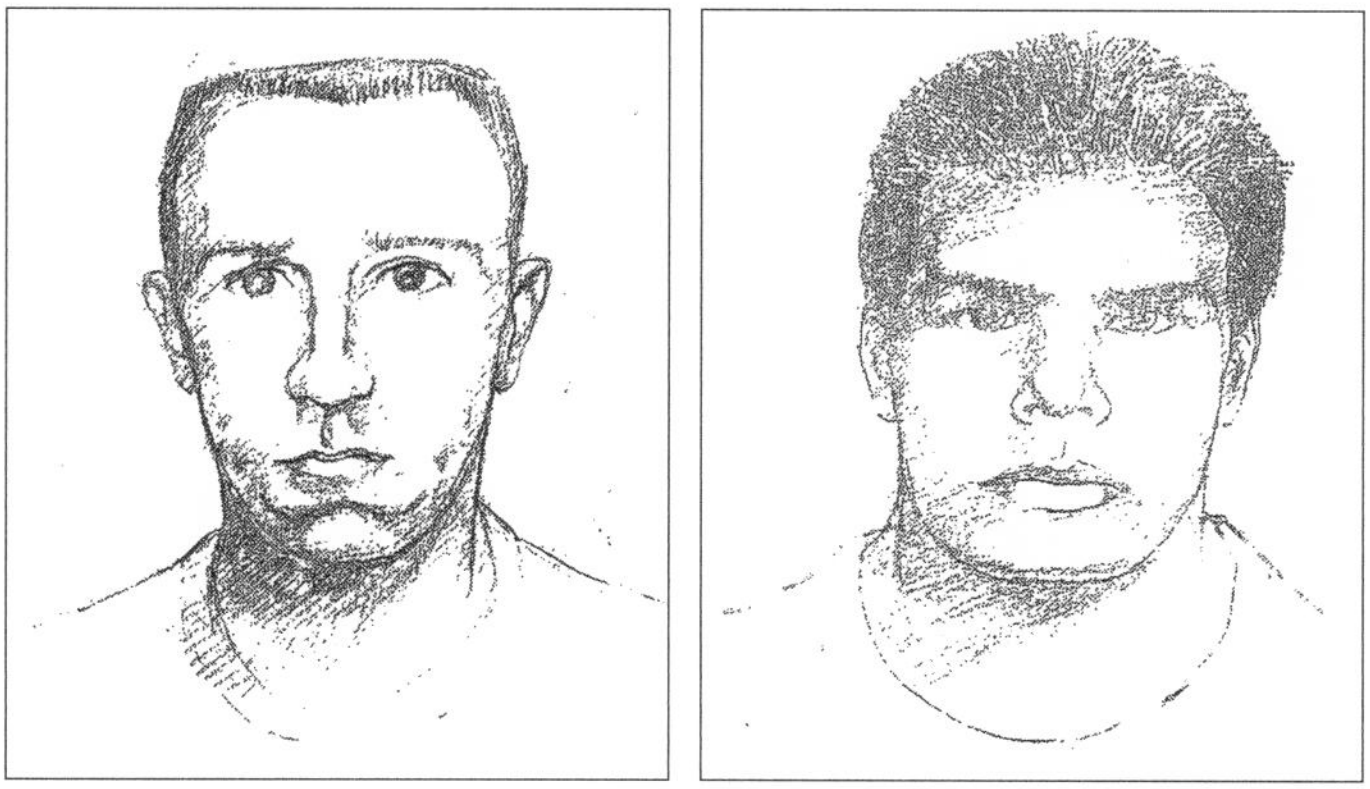

図6　FBIが目撃証言に基づいて作成し配布したオクラホマシティ爆破事件の容疑者の似顔絵。左はジョン・ドゥ＃1（ティモシー・マクヴェイ）で右がジョン・ドゥ＃2。FBIの許可を得て掲載。

を停めさせて調べたところ、拳銃を隠しているのが見つかり、逮捕したとのことだった。マクヴェイは偽造の運転免許証を所持していたが、その住所はミシガン州にあるテリー・ニコルズ所有の農場だった。数時間後、農場に捜査の手が入り、ニコルズも逮捕された。農場からは爆弾作りに使われる物や、オクラホマシティの手書きの地図も見つかった。地図にはマラー連邦ビルの場所とマクヴェイが使った逃走用の車の位置に赤印がつけられていた。

見事な捜査だった。ただ、問題がひとつ残った。ジョン・ドゥ#1は間違いなくマクヴェイだったが、ジョン・ドゥ#2はニコルズとは似ても似つかぬ顔つきだったのだ。当時の司法長官ジャネット・レノはマクヴェイとニコルズの逮捕をテレビで発表した際、「ジョン・ドゥ#2はいまだ捕まっておらず、武装していて危険であると考えるべきだ」と強調した。(1)

オクラホマシティ連邦ビル爆破事件の容疑者の似顔絵は、おそらくアメリカ犯罪捜査史上、最も有名なものだろう。あらゆる新聞、雑誌に掲載され、テレビのニュース番組の画面にも繰り返し登場した。ジョン・ドゥ#2には左の二の腕にヘビのタトゥーがあり、青と白の模様の入った野球帽を被っているという情報も加えられた。通報者には200万ドルの賞金まで提示された。FBIが設置したホットラインには次々と情報が寄せられ、1万人を超える捜査官らが動員されて確認作業を進めた。ジョン・ドゥ#2が、ティモシー・マクヴェイと一緒にオクラホマシティのストリップクラブにいるのを見た、爆発の直前にレンタカーのトラックから逃げ出すのを見た、爆弾用と思われる肥料を買うところを見た、など、さまざまな目撃情報があった。しかし、どれも裏付けが取れなかった。ジョン・ドゥ#2のスケッチに似た男性14人が拘留されたが、全員にアリバイがあり、釈放された。数週間が経過し、FBI史上最大の捜索作戦は失敗に終わったことがはっきりした。

この失敗の原因はほぼ明らかだ。ティモシー・マクヴェイがトラックを借りに来たとき、そもそも誰も一緒ではなかったのである。後に、マクヴェイがエリオット自動車整備ショップにやって来た翌日に、ふたりの男性がこの店にトラックを借りに来ていたことが分かった。アメリカ陸軍のマイケル・ハーティグ軍曹と、トッド・バンティング一等兵だ。ハーティグはマクヴェイのような金髪の白人で、連れ立ってきた黒髪で筋肉質のバンティングは、ジョン・ドゥ#2にうりふたつだった。整備工のトム・ケッシンジャーは、まったく悪意はなく、記憶違いをしていたのである。彼は無実のトッド・バンティングの風貌を正確に描写していた。ただ、バンティングの存在を前日のマクヴェイの来店のエピソードに付け加えてしまったのだ。ふたつの別々の出来事をごっちゃにするというのは、私たちが日常的に犯すごく典型的な記憶の間違え方である。

＊　＊　＊

このようなことは世界中の警察署で常時起こっている。犯罪があり、容疑者がほかの数人と共に目撃者の前に並ぶ。この「ラインナップ」の中には、容疑者と容姿が似ている者が含められることが多い。この状況でラインナップの中に真犯人がいない場合、目撃者が犯人の記憶に最も近い人物を、悪意なく選んでしまうことがある。実際の人物を見てもらう代わりに6人の顔写真の「シックスパック」を見せたとしても、目撃証言の正確性は向上しない。こうしたラインナップ方式は、長年にわたり多くの冤罪を生んできた。

誤った目撃証言の大半はそれと分からないまま終わるため、こうした誤りによる冤罪がどのくらいあるのか、本当のところは知りようがない(2)。しかし実験室でラインナップのシミュレーションを行い、推定することはできる。被験者に犯人の顔がはっきり分かる犯罪シーンのビデオを見せ、実はビデオには映っていない6人の容疑者のラインナップを提示する。この設定で、約40%の被験者が6人の中の誰かを犯人と断定した。常にではないが、たいていはその人物は真犯人と身体的特徴が最も似ている人だった。被験者に、ほかの目撃者がすでにラインナップの中のあるひとりを容疑者として特定していて、あなたにはそれが正しいか間違っているかをただ確かめてもらえばいいと告げると、誤答率は70%に上がった。そのうえ、容疑者を指名した目撃者にどのくらい確信しているかと尋ねると、大半の者は絶対確かだと答えたのである。[3]

不正確な記憶が役に立つ

　私たちの自伝的記憶はさまざまな歪みにさらされている。心理学者のダニエル・シャクターが「過失の罪[*]」と分類したタイプの記憶の歪みだ。[4] その中には、ジョン・ドゥ#2で見られたような時間的な混乱や、目撃者の暗示の受けやすさが示すように、記憶を現在の信念や知識や感覚に合わせてしまうバイアスが含まれる。たとえば、カップルがひどい別れ方をした場合、かつては楽しい思い出だった出会った頃の記憶が暗い色合いを帯びることは珍しくない。選挙のとき私たちは、投票前は当選を疑っていた候補者に対して、結果が出た後に「あの人が当選するって最初から分かっていたよ」などと言う。

　自伝的記憶には誰でも知っている欠陥がある。一般に、遠い過去の記憶ほど不正確で詳細が失われる。だが、それほど明確ではない変化も生じている。最近の出来事を思い出してほしいと言われたとしよう。その場合はおそらく、自分の視点で、つまり目の中にカメラがあるようにその光景を思い浮かべることだろう。これを「視野の記憶」と呼ぶ。しかし、子どもの頃の記憶を思い出してほしいと言われたときは、視点が観察者のものになる可能性が高まる。つまり自分の目で見た出来事ではなく、自分自身がそこに含まれる場面を思い浮かべるのだ。さらに、過去の出来事の感情的な面を思い出そうとするときは「視野の記憶」を想起することが多く、出来事の事実を思い出そうとすると「観察者の記憶」を呼び起こすことが多い。要するに、私たちが記憶を想起するあり方は固定していない。それは、今、何をしようとしているかに大きく左右されるのだ。(5)

時間に関係して、もうひとつ、繰り返された経験の記憶は一般化されるという現象がある。一度だけビーチを訪れたとすると、その経験を事細かに思い出せる可能性が高い。けれどもそのビーチを50回以上訪れている場合、37回目の訪問の詳細を思い出すことは難しいだろう。ただし、そのときに何か感情的な出来事が起こっていれば別だ。37回目のときに死んだクジラが浜に打ち上げられていたとか、その日に未来の配偶者と出会ったということであれば、その日の出来事の詳細が記憶の中に深く刻まれ、いろいろなことを細かく正確に思い出せるかもしれない。感情は、内容の善し悪しにかかわらず、自伝的記憶に力を与える。感情を伴う記憶は、脳の中に太字で強調して刻み込まれ、永続的に保存されるのだ。

（＊）ダニエル・シャクターはThe seven sins of memory（記憶の7つの罪。邦題は『なぜ「あれ」が思い出せなくなるのか』）の中で記憶に関する誤りを7種類に分類しているが、その際、英語タイトルが示唆するように、キリスト教（カトリック）の罪の概念を重ね合わせた用語を用いている。その分類では、思い出せないことに関する3種類がsins of omission（遺漏の罪）、間違って思い出すことに関する4種類がsins of commission（過失の罪）とされる。キリスト教の文脈ではsins of omissionは為すべきことをしない「怠りの罪」、sins of commissionは、してはならないことをする「作為（遂行）の罪」である。

感情による記憶の強化は、たいていはよい方向に働くが、逆に働く場合もある。感情がはっきりとしている記憶というのは後で思い出す必要性が高い記憶であることが多いのだが、記憶が病的に去らないことがある。誰かに襲われたり、兵士が戦闘に加わったりした場合のトラウマ的体験の記憶が絶え間なく思い出される、といった場合である。

＊＊＊

出来事の記憶がこれほどしばしば不正確で変化するものだとしたら、私たちはなぜそもそも、記憶などというものを持つのだろうか。記憶の目的とは何だろう。

いちばん重要なのは、記憶のおかげで学習ができるということだ。私たちは個々の経験に基づいて行動を調整し、その結果、効率的に食料を見つけ、捕食者を避け、交尾の相手を見つけて誘うといったことができる。言い換えると、記憶は、ゲノムが生物の進化のために何世代もかけてしていることを、個体のために行っている。記憶を持つおかげで、自己の生存と次世代へのゲノムの継承の可能性を高めるよう環境に対応できる。これがどれほど有益なことか。

たとえば、生まれたばかりのマウスは、たとえ何世代も実験室内で繁殖させられたマウスであっても、見たこともないキツネに対する恐怖を生来持ち合わせている。これは野生のマウスにとっては有用な適応だが、変化していく世界に対処するには一般に優れた戦略とは言えない。生まれたばかりの子どもが世界のあらゆる偶発的出来事に対処できるよう、すべての有効な行動反応をゲノムの中に書き込むことは不可能だ。たとえ完璧でなくとも個体が出来事を記憶して学習していくほうが効率的だし、柔軟に対応できる。

それ以外にも利点がある。記憶を思い出すという行為により、私たちの心は過去に旅をする。それにより、過去ばかりでなく未来も想像できるようになる。記憶は、私たちの心を現在の瞬間の束縛から解き放つのだ。未来を想像すれば予測が立てられる。予測は意思決定に欠かせない。

記憶が何のためにあるかと問うとき、もうひとつ別のことが見えてくる。自伝的記憶がこのように間違えるのは、欠陥というよりも、実は特長なのだということである。記憶が働くためには、それは常に更新され、その後の経験と統合されていかなければならない。たとえそれで本来の出来事の記憶が変質してしまったとしてもだ。そう考えると、想起をするときに過去の出来事の記憶を修正して現在と統合できるというのは、役に立つ特長と言える。ビーチを何回も訪れて一般化された記憶は、50回の訪問それぞれの詳細で正確な記憶よりも、将来の判断と行動を決める際に有用な手引きとなる。繰り返しにより詳細が失われることで、限りある脳の記憶資源を効率的に利用できるわけだ。

つまり、出来事についての私たちの記憶がしばしば不正確なことは、驚くにはあたらない。私たちの記憶の歪み方は役に立つ歪み方であることが多いからだ。むしろ、私たちが日々の暮らしの中でそのことに気づかないということのほうが驚きだ。人間はみな生まれつき、記憶の断片からそれらしい物語を生み出す性向を持っている。その場で物語を紡いでいくこの能力のおかげで、私たちは自分の曖昧な記憶の真実性に自信を抱き、それを自分自身についての核心的信念の基盤とすることができるのである。

健忘患者が覚えていること

私たちの頭の中には、出来事の記憶だけでなく、特定の出来事には結びつかない事実や概念の記憶も蓄えられている。たとえば私は、モンゴルの首都はウランバートルであると思い出せる。ただ、その事実をいつどこで覚えたかは分からない。あるいは、事実は正しく覚えているけれども、その情報の出どころと時間を間違って覚えているということもありうる。40年前に高校で習ったように覚えているけれども、実は去年ウィキペディアで読んだことかもしれない。同じように、数学における推移性の概念を私は説明できるが、いつどうやって学んだかは思い出せない。

事実や概念の記憶と出来事の記憶がこのように結びつかないことを、心理学者は「出典健忘」と呼ぶ。誰もが多かれ少なかれ経験していることだが、ふつう年齢が進むとこの種のもの忘れは増えていく(6)。事実や概念の記憶は、完全ではないとしても、平均的に言えば出来事の記憶よりは正確だ。これは、出来事に比べて詳細な部分が少なく、文脈を伴わないせいかもしれない。事実や概念は、ある意味、生《なま》の経験からすでに抽象化されている。

これらの概念を個人のレベルに落とし込んでみよう。「フレッドはもの覚えが悪い」とか「サリーは記憶力がいい」などという言い方をする。しかしもちろん、記憶というのはひとつの現象ではない。事実や概念はうまく覚えられるけれども出来事を覚えているのは苦手だという人はいる。それだけでなく、特定の種類の事実や概念を覚える能力には、人により大きな違いがある。お笑いのギャグは驚くほどよく覚えているのに歌は覚えられないという人がいる。人の名前は覚えられないけれど、読んだことはよく記憶しているという人もいる。同じように書かれたものを覚えるのが得意な人でも、覚え方には違いがある。文章が印刷されたページの視覚的画像を思い出す人もいれば、言葉の音や意味で思い出し、それに対応するページのイメージは持たない人もいる。

出来事の記憶も事実や概念の記憶も、ともに顕在記憶（陳述記憶、宣言的記憶）と呼ばれる。心の中で意識的な努力をして思い出せる情報である。日常会話の中で記憶と言うときには、ふつう顕在記憶の意味で言っている。けれど、記憶にはもうひとつ、同じくらい重要だがあまり話題にされることのない潜在記憶（非陳述記憶、非宣言的記憶）がある。無意識のうちに覚えられ、意識的な努力をしなくても思い出せる記憶である。潜在記憶はたいてい、1回の出来事ではなく繰り返しの練習で記憶される。[7] 一般的に言うと、潜在記憶は顕在記憶よりも記憶の内容の安定性が高い。そして、脳の違う回路に蓄えられている。財布が見つからずに家の中を探し回ることはよくあっても（顕在記憶）、自転車の乗り方（潜在記憶）は忘れないのは、それが理由である。注意が向けられることが多いのは事実や出来事や概念についての顕在記憶だが、私たちの個性の成り立ちは、そうした顕在記憶と同じくらい、無意識の潜在記憶に負っている部分が大きい。

図7に、研究者が長年にわたり長期記憶を分類しようと努力してきた成果を示す。これらの区別が妥

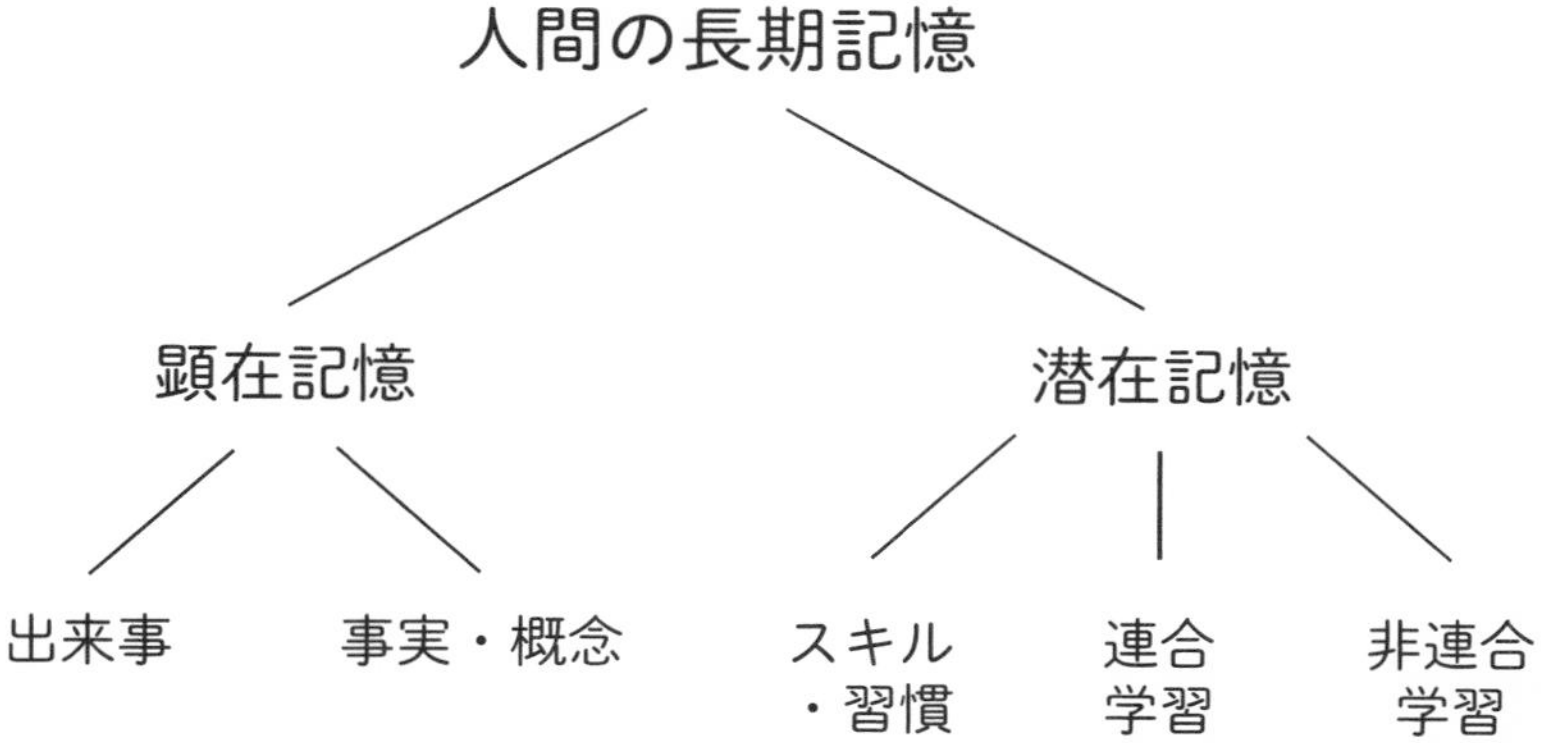

図7　人間の長期記憶の分類。顕在記憶（陳述記憶、宣言的記憶）には出来事の記憶（自伝的記憶、エピソード記憶）と事実や概念の記憶（意味記憶）が含まれる。潜在記憶（非陳述記憶、非宣言的記憶）は意識的に注意を向けることなく獲得され、利用されるが、人の判断や行動を導くことができる。こちらにはスキルや習慣の記憶（手続き記憶）や、単純な連合学習（瞬目反射条件づけなど）、非連合学習（定位反射の馴化など）がある。

当である証拠は、長期的な脳損傷を負った患者の分析から得られることが多い。たとえば内側《ないそく》側頭葉に損傷を負った人は、損傷を負ってから後の新しいことを覚えられなくなる前向性健忘という深刻な症状を示すことがある。また、損傷以前の数ヵ月、あるいは数年の記憶が消えてしまう逆向性健忘の症状も、ある程度表れることがある。それより以前の記憶は問題なく保たれている[8]。

　内側側頭葉に損傷を負った健忘症の人は、かつては新たな記憶を一切作れないと考えられていた。しかしその後、潜在記憶を形成する能力は失われていないことが分かってきた。

　鏡に映った文章を読む「鏡映読み」という課題は、最初は難しいけれど、練習をしていると少しずつできるようになる。内側側頭葉に損傷を負った人に毎日30分、3日間、鏡映読みの練習をしてもらい、4日目にテストしてみると、読むスピードは最初よりも速くなっている。ところがそのテストのときに当人に、鏡映読みをしたことがありますかと尋ねると、そんな経験はないと答えるのである。その課題をしたことも、練習をした部屋も、練習を手伝ってくれた人も覚えていない[9]。鏡映読みの練習という出来事の記憶は顕在記憶の一種であり、内側側頭葉が無傷でないと覚えていられない。しかし鏡映読みの上達はスキルであり、一種の潜在記憶であって、側頭葉の回路が損傷していても蓄えられ、取り出すことができる。鏡映読みは認知的なスキルだが、練習で身に付けたテニスのスイングのような運動スキルも、側頭葉健忘の患者では保たれている[10]。

　潜在記憶としてはもうひとつ、連合学習の一種である瞬目反射条件づけのようなものがある。私が小さな音を鳴らしても、あなたはそれに反応して瞬《まばた》きをしたりはしないだろう。けれども、角膜に一瞬空気を当てると、あなたは反射的に瞬きをするはずだ。この瞬きは意識的な判断で行われるのではない。目を閉じずにいようとしても瞬いてしまう。さて、では小さな音を鳴らしてからすぐに空気を目に当て、両方が一緒に終わるようにしよう。そしてこの組み合わせで何度も同じことを繰り返す。するとあなたは徐々に、音が空気の前触れであることを学習していく。その結果、早めに瞬きを始めて、空気が来ると予想されるときにはまぶたが少なくとも部分的には閉じて角膜を保護できるようになる。もう一度言おう。瞬目反射条件づけは無意識に生じる。あなたは意思の力で、そうならないようにすることも、もっと速く学習することもできない。何をしようとも条件づけられてしまう。

　無意識の学習の中には、もっと単純なものもある。非連合学習の一種である馴化《じゅんか》だ。私があなたの視野から少し外れたところに立って、床に本を落としたとしよう。あなたはすぐに顔をこちらに向けて何が起きたのかと見ようとするだろう。この行動は定位反射（定位反応）と呼ばれ、１８６３年にロシアの生理学者イワン・セチェノフが初めて詳述した[11]。定位反射は新奇なものに対する反応であるため、何度も、たとえば一分ごとに本を落とし続けると、あなたはまもなく学習して音を無視するようになる。これを馴化という。定位反射が抑制されるのだ。馴化は刺激ごとに別々に起きる。強い光も定位反射を引き起こすが、本が落ちる音を何度聞いても、強い光を急に向けられたときの反応は弱まらない。逆も同じである[12]。

　もうひとつ面白い現象がある。定期的に繰り返された刺激に馴化が起こった後でその刺激が消えると、「消えたこと」が新奇な出来事となり、定位反射が引き起こされるのだ。これを分かりやすく示す例を、神経生理学者のカール・プリブラムが紹介している[13]。かつてニューヨークのバワリー通り沿いに三番街高架鉄道が走って

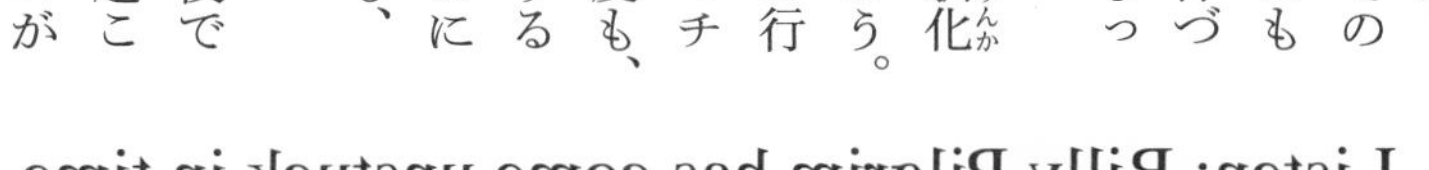

図８　鏡映読みは、繰り返し練習をすれば上達するスキルである。脳の障害で深刻な前向性健忘になり、事実や出来事や概念を覚えられなくなった人でも、鏡映読みの課題については上達することがある。図はカート・ヴォネガットの 1969 年の小説『スローターハウス５』の有名な一節の鏡映。

いた。この路線は騒音が大きいことで有名だった。列車は夜間も毎晩決まった時間に通過し、沿線のアパートの住民は、ときおり響いてくる騒音に馴化していた。ところが1954年にこの路線が廃止されると、この地域の人々から警察に、何かに安眠を妨げられたという電話が頻々《ひんぴん》とかかるようになった。何かは分からないけれど、不審者がうろついているに違いないと彼らは口をそろえた。調べてみたが、犯罪者が潜んでいるという異常な徴候は見つからない。ほどなく、ある優秀な刑事が、警察への電話が、以前は高架鉄道が通過していた時間に集中していることに気づいた。人々の眠りを妨げた奇妙な出来事というのは、騒音を予期していた時間の恐ろしいほどの静寂が引き起こした定位反射だったのである。騒音がないことに人々が馴化していくと、警察への緊急電話も減っていった。

＊　＊　＊

私たちは、自分が基本的に自由意思を持つ生き物であると考えたがる。思い通りに何かの事実や出来事や概念を思い浮かべることができるし、意識的に判断し、意思を持って行動する。私たちの個性は、自分が自律的に行為できるという根本的な感覚と分かち難く結びついている。

しかし、これはかなりの部分、脳が私たちに見せているごまかしだ。私たちの行動の大半は無意識的、習慣的なものだ。神経科学者エイドリアン・ヘイスに言わせれば、「人間がしていることは、ほぼすべてが習慣」なのである。[14] 習慣というのは、単に無意識のレベルで形成され行われる行動ルーチンというだけでなく、最終的な目的から逸脱してしまうほど固定化したものを言う。仕事帰りにタイ料理店でテイクアウトをするという目的があったとしよう。けれど、習慣的に運転しているとまっすぐ家に帰ってしまう。同じ習慣でも、状況によりよい面が出ることも悪い面が出ることもある。標準的なQWERT

Ｙキーボードで素早く無意識的にタイプ入力できる人も、キー配列の違うＤｖｏｒａｋキーボードしか手元にないときは習慣が裏目に出る。

一般に、新しい課題を学習していくとき、最初は行動は固定化せず、目的が意識されるが、繰り返すうちに無意識化し、習慣的になる。運転を習いたての頃は、すべての動作をいちいち慎重に行う。ハンドル操作、ブレーキ、ウィンカー、そして道路のあちこちに目をやる。しかししだいにこれらの動作はほとんど無意識に行えるようになる。運転は習慣的になり、もはや目一杯の注意を払わなくてもすむ。

習慣は、柔軟性に欠けるという欠点はあるものの、容易になるという長所もある。人生の大半の出来事は、残念なことに予測がつき、退屈なものだ。それゆえ習慣に柔軟性がないことはほとんど問題にならない。そして重要なことだが、行動が習慣化すると、意識的な心はものを考えたり予測をしたり計画を立てたりする余裕ができる。私たちは誰もが人生の中で練習を重ね、多くの行動を身に付けている。ひとつの課題を時間をかけて習得し、習慣化し、そして次の課題に取り組む。こうして私たちはひとりひとり、自動的に呼び出せる習慣やスキルの巨大なライブラリーを構築しているわけである。ヘイスは「この巨大な習慣複合体の上に意識的な思考がほんのわずかだけ加わり、その場で下す必要のある最高レベルの判断だけを行っている」と表現する。習慣がなければ、私たちの脳はすぐに大量の小さな判断に圧倒されてしまうだろう。そうした判断は迅速に処理される自動的なプロセスに任せたほうがよいのだ。

ここまで見てきた無意識的な学習――鏡映読みのスキルの学習や定位反射の馴化、瞬目反射条件づけなど――はどれも潜在記憶によるもので、内側側頭葉健忘の患者も学習することができる。(15)実際、潜在記憶の大半は、内側側頭葉以外の領域が関わる回路によって成り立っている。(16)

記憶はどのように保存されるのか

記憶は、顕在記憶も潜在記憶もみな、脳の中に蓄えられなければならない。電話番号を押す間だけ心の中に留めておかなければならない数字のようにごく短期的な記憶は、脳の3つの領域——視床、前頭皮質、小脳——の間を電気的な活動が行ったり来たりする反響回路によって維持される。[17] 長い文章を読むときに、文末に行きつくまでの間、冒頭の言葉を記憶しておくためにも、この作業記憶（ワーキングメモリ）が必要になる。この記憶は、競合する心的活動があると（電話番号を押したり何かを読んだりしているときに誰かに話しかけられるなど）、すぐに乱されてしまう。また、用事が済んだらすぐに捨てられる。

長期記憶には、もう少し持続的な脳の変化が必要になる。ある特定の経験に関係する電気的な活動パターンが、脳を構成している絡み合ったニューロンのネットワークに変化を引き起こしているはずなのである。脳内では、電気的な性質と化学的な性質が混じり合って信号が伝達される。ニューロンは、スパイクと呼ばれる0か1かの高速の電気信号で情報を運ぶ。スパイクは、ニューロンの軸索と呼ばれる細長い線維の部分を伝わって情報を送る。スパイクが軸索の中の特別な領域に伝わると、それが引き金となって神経伝達物質と呼ばれる化学物質分子がニューロン表面から放出される。この物質が隣のニューロンとの間の狭い隙間を満たしている液体の中に拡散し、隣のニューロンの情報受信部分にある受容体に結合してそれを活性化させる。受容体は主にニューロンの樹状突起と呼ばれる部分に分布する。受容体が活性化すると、今度はそのニューロンに電気的反応が生じて新たなスパイクが軸索を伝わっていく。最初のニューロンから神経伝達物質が放出され、次のニューロンに受け取られる場所は、シナプスと呼ばれる。[18]

ここで少し、神様になったつもりで考えてみよう。創造主として脳の記憶保存システムを造りたいとする。すると、主にふたつの方法が考えられる。第一は、経験により生じる電気的活動のパターンによってシナプスでの化学物質の伝達強度を変化させ、その変化が持続するようにする方法だ。シナプスを強化したり（あるいは新しいシナプスを増やしたり）、弱めたり（あるいはこれまであったシナプスをなくしたり）することになるだろう。これらの変化をまとめて「シナプス可塑性」と呼ぶ。もうひとつの方法は、経験によってニューロン自体の電気信号伝達の性質が変わるようにするやり方だ。たとえばニューロンの発火のしやすさや、発火の時間的パターンを変える。こちらは「内因性可塑性」だ。

長期記憶の保存には、内因性可塑性とシナプス可塑性の両方が関わっていることが分かっている。ただし、注目されているのはシナプス可塑性のほうだ。脳内のひとつのニューロンは平均して5000カ所のシナプスで情報を受け取るため、内因性の可塑性よりもシナプス可塑性のほうが断然、情報保存キャパシティが大きい。[19] 内因性の可塑性とシナプス可塑性は複雑に相互作用しつつ、記憶の保存に役立っている。

これと同じくらい重要なのは、記憶の保存によって変化しないものは何か、という点だ。経験は、脳細胞のＤＮＡの塩基配列を変化させるわけではない。それゆえ、配列の変化のプロセスが記憶の基盤になるということはない。むしろ記憶は、経験が遺伝子の発現を変化させて永続的な変化を生むという、第2章で説明した形の、特殊ではあるけれどもまたひとつの例だと言える。[20] 第2章で説明したのは、生後1年以内に経験する気温が汗腺の分布を決定するという例だったが、基本的にはそれと同じということとである。ただ、記憶の場合は、経験が変化させる組織は末梢神経や皮膚ではなく脳であり、遺伝子発現の変化で生じるのはシナプス可塑性と内因性可塑性だ。これが記憶の材料となる。

記憶を思い出すときの生物学的な基盤については、まだ解明されていないことが多い。しかし、一般的な特徴として分かっていることもある。記憶の想起は通常、もともとの出来事を経験しているときに活性化したニューロンやシナプスの少なくとも一部による電気的活動が関わっている。だが話はそれだけでは終わらない。記憶の保存に関わる神経回路や脳領域は、時間と共に移っていくことがあるからだ。先に触れたように、内側側頭葉に損傷を負った人は、怪我の前の数ヵ月から数年間の記憶を失う逆向性健忘になることが多いが、それより以前の事実と出来事の記憶は保持している。ということは、古い記憶は内側側頭葉から脳のほかの領域に移っているわけだ。

感情が高ぶると、ある種の神経伝達物質（ドーパミンやノルアドレナリンなど）やホルモン（アドレナリンや副腎皮質ホルモンなど）が放出される。その中には脳内で放出されてそこで作用するものもあるし、体内で放出されて脳に達するものもある。これら感情に関わる化学信号は、経験に基づくシナプス可塑性や内因性可塑性を高め、記憶を強化する。ここで注目すべきは、このような記憶の強化は、最初に記憶に刻まれるときに起こるだけではない、ということだ。その記憶を思い出すときにも感情的な反応が生じるとしたら、思い出すたびにこうした化学的プロセスが生じて記憶を強化する（そして歪める）可能性がある。

＊　＊　＊

脳の記憶の容量は無限にあるのだろうか。それともスペースに限りがあるのだろうか。ひとつのスキルや課題のトレーニングのせいで、ほかの優れた能力が押し出されてしまったりするのだろうか。それとも人間に向上の余地は無限にあるのか。

残念なことに、記憶容量には限りがあると考えてよい理由がある。

ロンドンのタクシー運転手になるには特別な免許が必要で、とんでもない量の勉強をしなければならない。試験に通るためには、2万5000本ある市内の通りのほか、ホテル、レストラン、ランドマーク、それらの間の最短ルートをすべて記憶しなければならない。これらの情報をすべて合わせて「ザ・ナレッジ」と呼び習わしている。何年も勉強に費やした挙げ句に試験に落ち、再挑戦しなければならない人や、あきらめる人も少なくない。

このタクシー運転手たちを対象にエレノア・マグワイアらが行った研究は、学界に興奮を巻き起こした。彼らは免許を持つロンドンのタクシー運転手の脳画像と、年齢や学歴が同程度の対照群の人々の脳画像を慎重に比較し、タクシー運転手のほうが海馬後部の体積が大きいことを明らかにしたのである。(21)海馬後部は、空間情報を処理する特別な役割を担うと考えられている。

この研究結果については、ふたとおりに解釈できる。試験に通るために集中的なトレーニングを行ったことにより、市内の詳細な地図が頭の中に入るよう海馬後部が拡大した、というのがひとつ。そしてもうひとつは、もともと大きな海馬後部に恵まれた者は空間認知に優れ、それゆえザ・ナレッジの獲得に成功して試験に通りやすかった、という解釈だ。

その後、ロンドンのタクシー運転手志望者の脳を、猛勉強の前と後でスキャンする研究が行われ、その結果、勉強して試験に通った人の海馬後部は有意に拡大していたが、落第したり受験をあきらめたりした人の海馬後部は拡大していないことが分かった。また、同年代の対照群の脳では変化は見られなかった。[22] つまり、ザ・ナレッジの習得が海馬後部の拡大につながったと考えられるのだ。

空間的な学習と共に海馬後部が拡大すると、隣接する海馬前部が犠牲になる。海馬前部は、空間認知には関わらないが、非空間的な視覚的記憶の形成に関わる。ロンドンのタクシー運転手は、対照群や試験に落ちた運転手志望者たちに比べて視覚的記憶の成績がいくぶん悪いことが分かっているが、その理由は海馬前部の縮小で説明できるかもしれない。この結果は、記憶や認知に関わる脳のリソースの少なくとも一部は有限で、徹底的なトレーニングを行えば必要な課題にダイナミックに割り当てられるということを示している。興味深いことに、ロンドンのタクシー運転手も引退すると徐々にふつうの人の状態に戻っていく。海馬後部が縮小し、前部が拡大し、視覚的記憶の成績が改善し、ロンドンの曲がりくねった街路についての記憶が薄れていくのだ。[23]

トレーニングによる脳の変化を調べるのに、ロンドンのタクシー運転手がとりわけ適していると考えられたのには、ふたつの理由がある。ひとつは、ザ・ナレッジの習得は非常に難しい課題ではあるが、極端に高い知能を必要とするわけではないということだ。ロンドンのタクシー運転手の平均知能は、イギリスの一般国民と同程度だ。もうひとつの理由は、たいてい子どもの頃から始められる音楽やスポーツのトレーニングとは違い、ザ・ナレッジの習得は大人になり、脳が成熟してから始められるということだ。子どもの頃からトレーニングを始めた場合、脳の発達と学習が混在してしまう。

ロンドンのタクシー運転手の研究結果は、もうひとつの疑問を生み出す。脳の一部領域の拡大（そして近隣領域の縮小）というのは、成人が集中的なトレーニングを行ったときに一般に生じる特徴なのか、それともタクシー運転手の試験に何か特殊な事情があるのだろうか。

ドイツの医学生は、2年間勉強した後に、フィジクムというたいへん厳しい試験を受けなければならない。化学、物理学、解剖学、生物学と、多くの分野の知識が問われる。受験準備のため、学生は3カ月間毎日、勉強会に参加する必要がある。神経科学者のアルネ・マイらは、医学生たちと対照群の学生たちの脳を、3カ月の受験準備期間が始まる前、試験翌日、試験の3カ月後にスキャンした。すると、勉強をしているあいだに脳の3つの領域が対照群と比較して大きくなることが分かった。頭頂皮質後部、頭頂皮質外側《がいそく》部、そしてすでにお馴染みの海馬後部である。これら3領域の増大は3カ月後にも維持されていた。ロンドンのタクシー運転手と同様、隣接する後頭頂葉が縮小していた[24]。これは、成人が集中的なトレーニングを行った場合に脳内の陣取り合戦が一般原理として生じることを示唆している。残念ながら、医学生たちで縮小した脳領域に対応する認知的な障害が具体的に生じたかどうかは分かっていない。

試験勉強による脳領域の拡大や縮小は、ザ・ナレッジの習得と利用による海馬後部の拡大や前部の縮小ほど持続的なものではない可能性が高い。これはマグワイアのチームによる別の研究から示唆されることだ。この研究では、学生ではなく現場で働く医師たちに目を向けた。現場の医師たちは長年に及ぶトレーニングの中で多くの知識を吸収し、その知識を動員して仕事にあたらなければならない。医師はタクシー運転手よりも知能検査の平均点が高いため、対照群も知能検査のスコアが同程度に高く、しかし大学教育やその他の集中的トレーニング（職業訓練など）を受けたことのない人々が選ばれた[25]。この比較では、医師の海馬後部もその他の脳領域も、対照群より大きいということはなかった。この結果は、何年もかけて多くの情報を覚えるというだけでは、脳領域の全体的構造に永続的な変化を起こすには不十分だということを示唆している。

トレーニングによって成人の脳に起こる急激に変化を調べるために、うまいやり方がある。成人にジャグリングを教えて、その前後に脳をスキャンするのだ。まず、ボランティアの被験者を、年齢と性別が釣り合うようにふたつのグループに分け、全員の脳画像を撮る。次に、片方のグループに3カ月かけて古典的なスリーボール・カスケード（3つの玉を使うお手玉）を教え、それを1分間続けられるようにする。スキルをマスターした後にこのグループの脳を調べると、中側頭皮質（両側）と後部頭頂間溝（左側のみ）のふたつの脳領域が、ジャグリングをしなかった対照群よりも拡大していることが分かった。中側頭皮質は動いている物体の速さと方向を追うことに関係し、後部頭頂間溝は注意と感覚運動協調に関係する脳領域なので、これらが拡大するのは頷ける。

トレーニングをやめて数カ月経つと、大半の被験者はもうジャグリングがすぐにはうまくできず、拡大していた脳領域もある程度元に戻っていた。[26] 元に戻るというのは、おそらく現場の医師たちと同じようなことが起きたと考えられる。彼らも医学生時代、試験を通るために短期間猛勉強をしたわけだが、ある程度キャリアを重ねた段階では、大半の者はおさらいをせずに再度試験に通るのは難しいだろう。

記憶に伴う脳領域の拡大と縮小は、ジャグリングのような潜在記憶であれ、ロンドンのタクシー運転手や医学生の試験のような顕在記憶であれ、その知識が実際に使われているあいだだけ持続するものと思われる。

＊　＊　＊

脳のひとつの領域が大きくなるためには、細胞物質がかなり付け加わる必要がある。シナプス可塑性から分かっていることを踏まえると、記憶に関連する脳領域の拡大はかなりの部分まで、既存のシナプスが拡大するか、新たなシナプスやシナプスが形成される樹状突起や軸索が成長するかしなければならない。もちろん脳のその領域にまったく新たなニューロンが加わるという可能性もある。脳内のグリア細胞は常に細胞分裂により生まれ続けているため、領域の拡大の一因となりうる。[27] 海馬の歯状回などごく一部の領域では、出生後も新たなニューロンが作られることが分かっている。歯状回は事実と出来事の記憶に関連する回路の一部だ。鳥類や齧歯類では、成体の脳で新たなニューロンが作られていることが明らかになっているが、人間の成人の脳でも新たなニューロンが作られるのか、それとも人間では生後のごく初期にしか作られないのかについては激しい論争がある。[28]

記憶を貯め込むことで脳の領域が拡大するというのは、長期にわたりトレーニングを続けることでのみ生じる極端なケースだということは強調しておかなければならない。記憶の保存はたいてい、脳領域の大きさの目に見える変化を伴わずに起こる。何かの経験をすることにより、脳のある領域の一部のシナプスが増えたり強化されるか、別のシナプスが減ったり弱くなったりしてその神経回路の機能が変化し、それによって記憶が保存されたとしても、その領域の体積は全体として変わらないということは想像できるだろう。この種の変化により、脳の各領域の大きさに目に見える変化がなかったとしても、脳の機能は柔軟性を持ちうるのである。

機能的な可塑性の好例は、プロの音楽家を対象とした研究から得られる。チェロやギターなど弦楽器の演奏家の脳画像を対照群と比べてみると、左手からの触覚を扱う部分が大きいことが分かるが、右手に割り当てられたスペースはふつうと変わらない。ここで注意すべきは、脳の膨らみや溝といった構造面では、音楽家も対照群も変わらないということだ。脳の領域としては拡大も縮小もしていない。ただ、一次体性感覚皮質と呼ばれる領域で、左手に割り当てられるスペースが、身体のほかの部分の触覚を処理するスペースを犠牲にするほど大きくなっている。[29] 弦楽器の演奏家の左手の指は非常に技巧的に動くため、弦をかき鳴らしたり弓を動かしたりする右手よりも繊細な触感と運動制御を必要とするのである。弦楽器の演奏家の身体の左側の触覚は、手に対応するエリアが拡大し、その結果ほかの身体表面に対応するスペースが縮小しているため、何らかの欠損が生じていると考えられるが、その点についてはまだ研究が行われていない。

＊　＊　＊

私たちが記憶に関して抱いている直観的な感覚は、ほぼすべて間違っている。自分が自由意思を持つ生き物であるという感覚や、自分の個性の形成につながった出来事を詳細かつ無制限に思い出せるという感覚である。実際には私たちの行動の大半は無意識のうちに学習された習慣やスキルでできていて、その表面に意思決定の層が薄く貼り付いているにすぎない。出来事の記憶は信頼に足るものではなく、思い出すたびに歪んでいく。事実や概念の記憶にしても、出来事の記憶より多少ましという程度だ。ある記憶の正しさを私たちがどのくらい確信しているかは、真実とは何の関わりもない。また、私たちはものごとを無限に学習できるように思っているが、ある種の記憶を集中的に覚えようとすると、ほかの形の記憶を蓄える力がどうやら低下する。

私たちの記憶はけっして理想的なものではないが、それでも私たちは記憶にこだわる。記憶が真実であり、重要であるかのように感じられる。記憶は私たちの個性の感覚と主体性の感覚の中心に存在する。こうして私たちが記憶を尊重する程度と、実際に記憶が間違っている頻度との食い違いには、ただ驚くばかりだ。

私たちが現実にそうである以上に自分が主体的に行動していると感じるのはなぜか、という疑問は、非常に興味深く、まだ答えの見つかっていない問いである。私はこれを、人間の欠陥というよりも特長として捉えたい。私たちが自分の行動をコントロールしていると感じ、正確な記憶に基づいて判断をしていると感じているあいだは、「ほんのわずかな意識的思考」が本当に必要とされている場面で、より迅速な意思決定が可能になるのではないだろうか。言い換えれば、立ち止まって自分の責任を問い直したりせずにすむからこそ、本当に大切な場面で決断ができるのである。

第4章 女のアイデンティティ、男のアイデンティティ

誰かに子どもが生まれたと聞いたとき、最初に尋ねるのはたいてい「女の子？　男の子？」という質問だ。どんな社会でも、性別は個人を分類する基本的な特性として用いられている。記入書式の先頭には必ず性別欄がある。初めての人に会うと、どうしてもその人の性別を確認しようとしてしまう。これは消そうとしても消し去れない、深く、無意識の衝動なのだ。

性別は、個人の特性として最も記憶に残る部分でもある。2年前のパーティで顔を合わせただけのテリーさん。髪が黒かったか茶色だったか、仕事が経理だったか営業だったかを思い出すのは難しい。けれど、女性だったか男性だったかを忘れていることはまずない。

誰であれ、どんな文化や宗教（無宗教を含む）や政治信条を持つ人であろうと、性別は大きな意味を持つ。だからこそ、このテーマについて話をするとなると、人はひどく心を乱される。伝統的な女性／男性の二分法を超えたジェンダー・アイデンティティを含め、性別に関する複雑で流動的な考え方は、私たち自身の本質に疑問を突き付けるのである。

＊　＊　＊

1938年9月22日、ドイツのマグデブルクの町の警察署からベルリン宛てに緊急のメッセージが送

信された。「女子走り高跳びヨーロッパチャンピオンのドラ・ラチエンは女性ではなく男性。国家スポーツ省にただちに通報されたし。無線での指令を待つ」。スポーツ大臣のハンス・フォン・チャマーウントオステンはこの知らせを信じようとしなかった。真実だとすれば、ドイツ国家にとり非常に困ったことになるからだ。そこで大臣は、自身の医師にドラの検査を依頼した。だが結果は変わらなかった。ドラ・ラチエン（当時19歳）は1936年の「ヒトラーのオリンピック」と呼ばれたベルリン五輪に出場し、この事件の数日前にはウィーンで開かれていたヨーロッパ陸上選手権で女子走り高跳びの世界新記録で優勝したばかりの選手だったが、本当に男性だったのだ——少なくとも1938年のドイツの基準に照らす限りでは。スポーツ大臣チャマーウントオステンの指示により、ドラの金メダルは即刻剝奪され、世界記録も抹消された。ドラは生涯、スポーツ競技会への参加を禁じられた。

図9　1937年の競技会で走り高跳びに臨むドラ・ラチエン。写真はBundesarchiv, Bild 183-C10379。許可を得て掲載。

＊　＊　＊

男性は通常、XとYの性染色体を両親から1本ずつ受け継いでいる。女性は通常、2本の性染色体が両方ともXだ。Y染色体上には*SRY*というカギとなる遺伝子があり、ここにコードされている重要なタンパク質が、ほかの遺伝子を活性化させることを通じて、胎児の段階から男性に特徴的な発達を導く。*SRY*遺伝子の産物があると、ふたつの小さな組織の塊が精巣になり、そこからテストステロンというホルモンが分泌される。テストステロン（またはその代謝産物ジヒドロテストステロン）が各細胞内の特殊な受容体と結合することで、影響が全身に及んでいく。このホルモンが、生殖器（胎児期）から、のどぼとけ（思春期）に至るまで、あらゆる男性的な発達を導く決定的な信号となる。女性では*SRY*遺伝子がないため、ほかの遺伝子が働いて、男性の精巣になったのと同じ組織の塊が卵巣になる。卵巣からはエストロゲンとプロゲステロン（黄体ホルモン）という重要なホルモンが分泌される。[1]

ここで重要なのは、テストステロンは胎児期の初期以降2度、大きく増加する時期があるのに対し、エストロゲンの分泌は出生直後から思春期までのあいだ、中断しているということだ。つまり、発達上の決定的な段階における男女のホルモンの主な相違は、大半の男性では身体をめぐるテストステロン（およびテストステロンに類似したホルモン。アンドロゲン＝男性ホルモン＝と総称される）のレベルが高くなり、大半の女性ではそのレベルが比較的低い、という点にある。しかし、女性もアンドロゲンをまったく持たないわけではない。8歳前後から副腎が低レベルのテストステロン（およびジヒドロテストステロンとアンドロステンジオン）を分泌する。これらのアンドロゲンは女性の発達にも重要な役割を果たす。男性でもやはり、正常な発達や成人後の機能にエストロゲンが働いているが、その詳細についてはまだ不明な点もある。

たいていの人にとり、性別の決定は単純な話だ。母親からはX染色体を、父親からはXまたはY染色体を受け継ぐ。Y染色体を持つ精子が受精すれば男性に、X染色体を持つ精子なら女性になる。性染色体がXXなら、子宮内での発達中に卵巣と膣と典型的な外陰部とができる。後に思春期になると、生理やふくよかな腰回りや乳房などの典型的な二次性徴が表れてくる。性染色体がXYなら子宮内にいるうちに精巣（睾丸）とペニスができる。思春期には、典型的な二次性徴として声が低くなり、筋肉量が増し、体毛が濃くなる。

しかし、いくつかの面でこのプロセスが乱れて、インターセックス(*)と呼ばれるさまざまな状態が生じることがある。インターセックスとは、内性器、外性器を含め、生まれつきの性的特徴が典型的な男性か女性かの二分法的な観念に合致しない人の総称である。[2] インターセックスの特性はたいてい出生時に確認されるが、思春期、あるいはもっと後になるまで発見されない場合もある。

多くはないが、インターセックスの状態が染色体異常から生じることもある。たとえばクラインフェルター症候群だ――身体の細胞のすべてまたは一部が過剰なX染色体を持ち、XXYとなっている。XXYの染色体を持つ人にはペニスと睾丸があるが、重度の場合はこれらの器官が小さく形成が不完全になる。XXYの少年は二次性徴が弱く、体毛や筋肉量も少なく、乳房が大きくなることもある。

しかし、ほとんどのインターセックスでは、染色体は通常の形（XXまたはXY）だが、ホルモン信号が通常とは違う。XYの人の遺伝子に変異があり、アンドロゲン受容体の機能や、その下流の生化学的信号に障害が生じると、アンドロゲン不応症（AIS）と呼ばれる状態になる。変異の程度と変異が生じている体細胞の分布により、AISを持つXYの人の生殖器は、完全に男性化する場合（数は少ない）から完全に女性化する場合（最も多い）までさまざまだ。声変わりや筋肉量や体毛分布といった男性の二次性徴も、同様にさまざまになる。強く女性化したＸＹ染色体の人の場合、精巣は体内にあってテストステロンを分泌するが、外見上は典型的な女性で外陰部も膣もある。このような人はたいてい女の子として育ち、問題があると疑われることもない。思春期になり、体内の精巣が分泌するテストステロンから代謝により作られたエストロゲンにより、女性的な胸や腰回りが発達する。しかし卵巣や子宮がないため、生理は始まらない。この段階で疾患が疑われ、診断がつくことが多い。[3]

５α還元酵素というテストステロン代謝酵素をコードする遺伝子に変異のあるＸＹの人の場合は、とりわけ判断が難しいインターセックスになる。この酵素はテストステロンを活性の強い代謝産物ジヒドロテストステロンに転換する役割を担っているが、この代謝産物が胎児期の外性器の男性化に決定的な役割を果たしている。そのため、５α酵素が欠損すると、生まれてきた子どもの外性器は完全に女性的か、中間的な形を取る。５α還元酵素欠損症の子どもは、必ずしも女の子として育てられるわけではない。この疾患の人は、思春期を迎えるとはっきりした男性的な変化が現れる。筋肉量が増え、声が低くなり、精巣が体外に下がり、胸が発達しないなど、男性的な特徴を示すのである。外性器が変化し、ある程度の機能を果たすペニスになる場合もある。[4] ５α還元酵素欠損症で女の子として育てられた人は、全員ではないが大半は、思春期以降、男性としてのアイデンティティを持つようになる。

インターセックスのもうひとつのタイプとして、先天性副腎皮質過形成（ＣＡＨ）がある。この疾患

（＊）原註２にもあるように、この状態の呼称については議論があり、「ＤＳＤ（性分化疾患）」と呼ばれることも多い。本訳書では原文の記述に従い「インターセックス」とする。

の人は、XXなのだが、潜性の遺伝子変異により副腎が異常に大量のテストステロンを分泌する。[5] この場合も、どの程度の影響があるかは、分泌されるテストステロンの量などいくつかの因子により幅がある。重度の場合は内性器、外性器とも曖昧になり、クリトリスが肥大し、膣が浅いことも多い。軽度の場合は外性器はほぼ女性的だが、二次性徴は体毛、筋肉量の増加、生理の抑制など男性に典型的な特徴が表れることが多い。[6] さらに複雑なことに、大量のテストステロンを分泌しながらアンドロゲン受容体にも変異があって過剰なテストステロンが生物学的な影響を及ぼさないという例もある。

結論をまとめておこう。たいていの文化では伝統的に、生物学的な性別は明白なものであって、ふたつにひとつという絶対的な特性であるという観念が染みついている。しかし、生まれてくる子どもの約3000人にひとりでは、男性の身体と女性の身体の間の自然による線引きがそれほど明確ではないのである。[7]

揺れ動く女子選手の生物学的条件

1918年11月20日、ミセス・ラチエンが4番目の子どもを産んだとき、ちょっとした混乱があった。彼女の夫、ハインリッヒ・ラチエンは後にこう回想している。「出産中、私は妻のベッド脇で立ち会いませんでした。そのときはキッチンにいました。子どもが生まれ、助産婦が私に『男の子ですよ！』と声をかけてくれました。でも5分後に彼女は『やっぱり女の子です』と言ったのです」。その子の生殖器ははっきりしなかった。ペニスには裂け目があり、開口部が下方にあった。両親はどうしたものかととまどった。そこで助産婦の助言に従い、ドラと名づけて女の子として育てることにした。

ドラは女子校に通い、女の子の服を着て育ったが、10歳頃になると、どうして自分は男の子のように感じ、男の子のような見かけなのだろうかと疑問を抱くようになる。後にドラは医師との面談中に思春期の頃を振り返り、胸が膨らまないことなど女性的な二次性徴が現れなかったことで心配が募ったと語っている。初めて射精を経験したときには恐ろしくなった。その状況に何もできず、当時のドイツの窮屈な社会規範ゆえに、誰かに質問することや自分の状態を打ち明けることなどとてもできなかった。染色体やアンドロゲン受容体の検査はまだ開発されていなかったため、ドラが遺伝的にどのような状態にあったか、詳細は分かっていない。今分かっているのは、ドラは女性として育ったにもかかわらず男性のように感じ、完全にではないがほぼ男性に典型的な身体を持っていたということである。

ドラは人に気づかれることを恐れ、ダンスや水泳を避けていたが、まもなくスポーツにのめり込むことに慰めを見出すようになる。15歳頃には地域の走り高跳びチャンピオンになり、1936年のベルリンオリンピックの代表候補に選ばれた。ナチス政府は、当時のドイツの女子走り高跳びのトップ選手グレーテル・ベルクマンが不都合なことにユダヤ人だったため、代表選考から外した。そこで、ドラが代表チーム入りすることになった。ドラは非常に声が低く、引き締まった身体つきだったと思われるが、仲間の選手たちは彼女に秘密があるとは想像しなかった。何年も後にグレーテル・ベルクマンは「共用のシャワー室で、どうして彼女が裸にならないのかと私たちは不思議がっていた。17歳にもなってあれほど恥ずかしがるなんて、おかしなことだった。私たちはただ、彼女が奇妙な変わり者だと思っていた」と回想している。

ベルリンオリンピックではドラは4位となり、惜しくもメダルを逃した。しかしその後成績を伸ばし、2年後にはウィーンのヨーロッパ選手権で女子走り高跳びの世界記録を塗り変えた。その大会で優勝し、帰途の列車の中で、彼女の秘密が暴露されたのである。ひとりの車掌が、ドラを女装した男性ではないかと疑ったのだ（当時のドイツでは女装は違法とされていた）。列車がマグデブルクの駅で停車中、車掌から通報を受けた警官がドラの前に立った。ドラはしばらく疑いを否定し、ヨーロッパ選手権の女子選手の身分証を示したが、すぐに自分がずっと男性のように感じてきたと認めた。医学的検査が実施され、ドラが男性であるという事実が確認された。ドラは逮捕された。このときの警官は「ラチエンは、秘密が明らかになって楽になったと率直に認めた」と語っている。当初は詐欺で立件されたが、後に検察が、人を欺く意図はなく、ただドラの出生時に善意だが混乱した大人たちによるたいへんな誤解があったにすぎないと結論づけ、起訴は取り下げられた。ドラは名前をハインリッヒと変え、残りの生涯を男性として平穏に暮らした。

ドラ・ラチエンのケースと似たようなことが、１９６０年代から７０年代にかけて何件か起きた。ペニスの形成不全で生まれてきた男の子に、幼児期に性転換手術が施されたのである。これらの子は生まれたときから女の子として育てられた。このような不幸な判断がなされた背景には、子どもは白紙のようなものであり、男性の染色体を持っていても女性の感性を持つよう育てることができるという見当違いの理論があった。

実際、この理論は完全に間違っていた。手術を受けた少年たちは成長するにつれ、ほぼ全員が、自分は男性のように感じていると報告した。そして、ほぼ全員が成長後は女性に性的魅力を感じるようになった。(8) これを受け、医学界は治療原則を変更した。インターセックスの子どもの性を、出生直後に親に選ばせるのではなく、子どもが明確な性的アイデンティティを示すようになるまで待つよう親に促すようになったのである。

国際オリンピック委員会(IOC)が女子選手に性別検査を義務付けるようになったとき、いくつかの事例を引き合いに出した。ドラ・ラチエンの一件もそのひとつだった。性別検査の理由としては必ず、女性のふりをする男性を見つけ出すという目的が挙げられる。しかし、そうしたことが行われた例はないという点には留意すべきだろう。(9) 実際、性別検査は常に、インターセックスの人々を辱め、排除する方向に働いてきた。

女子選手の性別確認が義務付けられた最初の大会は1966年のヨーロッパ選手権だった。選手たちはこの検査を「ヌード・パレード」と呼んだ。業務を委任された男性医師の判定員たちの目に完全に女性的とは見えなかった選手が列から呼び出され、脚を広げさせられて詳しい検査を受けた。男性として競技に参加する選手には性別確認検査は行われなかった。女子選手たちからの訴えを受け、この侮辱的なやり方は1968年に廃止され、頬の内側をこすって細胞を採取し、染色体を検査する方法に変えられた。新たな規則は、XX染色体を持つ者だけが女子選手として競技できるとするものだった。しかし性別は染色体因子と非染色体因子の両方の影響で決まるものであるため、当然のことながら、この方法にも問題が生じた。

＊　＊　＊

広く報じられた事例として、スペインのハードル選手マリア・ホセ・マルティネス゠パティーニョのケースがある。マルティネス゠パティーニョはXY染色体を持つが、重度のアンドロゲン不応症だった。顔つきや体つきは典型的な女性で、乳房も外陰部も膣もあるが、子宮と卵巣はない。自分では女性であると感じており、女性として育てられた。アンドロゲン不応症であるため、精巣でテストステロンは作られるが、身体がその影響を受けない。彼女の染色体検査の結果が公表されたとき、社会は即座に過酷な反応を示した。これまでに獲得したメダルや記録はすべて剝奪され、スペイン代表チームから追放され、生活手当と住居まで失ったのである。ボーイフレンドは別れを告げ、通りを歩くと見知らぬ人々に指を指された。後に彼女はこう振り返る。「アスリートでなければ私が女性だということが疑われることはなかったのに。私に起きたことはレイプのようなものです。犯され、辱められたという感覚は同じはずです。ただ、私の場合、世界中が見ていました」[10]。

マルティネス＝パティーニョは訴えを起こした。自分の身体は体内で作られるアンドロゲンから競技上の利益を得ていない、という正論を訴えたのだ。最終的に彼女は勝訴したが、それまでに3年が経過しており、もはやハードル選手としてのキャリアのピークは過ぎていた[11]。女子選手の競技参加資格についてXX染色体を基準とすることは、明らかに失敗だったのである。

とはいえ、アンドロゲン不応症のXYの女子選手はXXの女子選手より有利なのではないかという疑問はなお残る。XYでアンドロゲン不応症という人は一般集団では約2万人にひとりなのに対して、オリンピックに出場したエリート女子選手に限れば420人にひとりだという事実を見ると、やはり優位性があるとも考えられる[12]。私たちは先に、*SRY*遺伝子による精巣の発達や、そこから導かれるテストステロンの生産以外にも、Y染色体の存在がもたらす影響があることを見てきた[13]。Y染色体には約200個の遺伝子がある。そのうち少なくとも72個はタンパク質生産を指令することが確かめられている。その中には、テストステロンとは無関係に、ある種のスポーツでXXの選手よりも有利な特徴を与えるものがあるかもしれない。たとえば身長の高さや引き締まった筋肉といったものだ[14]。しかし現時点では、XYで完全なアンドロゲン不応症の女子選手が、XXの女子選手が誰ひとり持たないような競技成績に重要な影響を及ぼす何らかの身体的特質を発達させているということを示す証拠は見つかっていない。

２０１３年にＩＯＣは新しい規則を発表した。女子選手として競技に参加する選手は、アンドロゲン不応症でない限り、血中のテストステロン値が1リットルあたり10ナノモル以下でなければならない、というものだ。10ナノモル制限を超えているけれども参加を望む場合は、（体内の精巣を除去する）手術を受けるか、抗アンドロゲン薬を摂取して値を基準内に収めるか、男子として参加するか、いずれかを選ばなければならない。自然なテストステロン値が10ナノモルを超える女性は０・０１％しかいないため、この規則の影響を受ける選手はほとんどいないと思われるかもしれない。[15] しかし、トップレベルの女子選手でＩＯＣのテストステロン基準を上回るアスリートは約１・４％いる。これは一般の人々の１４０倍にあたる。このことは、自然なテストステロン値の高さが、アンドロゲン不応症でない女子選手の一部に実際に利点を与えている可能性を示唆する。

近年、この基準により数人のトップ女子アスリートが競技に参加できないという事件があった。たとえば、南アフリカの中距離選手キャスター・セメンヤや、インドの短距離選手デュティ・チャンドのケースだ。チャンドは自分に下された禁止措置に抗議し、スイスのローザンヌにあるスポーツ仲裁裁判所に訴えを起こした。自分は女性として生まれ、女性として育ってきたし、ドーピングも何の不正も行っていないのに、なぜ女性として競技に参加するために手術を受けたり薬を飲んだりさせられなければならないのか、という主張である。

イギリスの女子マラソンチャンピオンで、スポーツ界で公的な立場を持つポーラ・ラドクリフはＩＯＣのテストステロン基準を支持し、テストステロン値の高さは「競技を、シンプルな自然の才能や努力よりもはるかに不公平にしてしまう」と主張し、さらにこう続けた。「彼らの身体が、通常のテストステロン値を持つ女性とは異なるあり方で、トレーニングや競技に強く反応し、そのために競技が根本的に不公正なものになるという懸念はなお残る」。しかし、テストステロンは問題のごく一部にすぎない。オリンピックでメダルを獲得した女子選手がみな自然なテストステロン値が高かったとは思えない。最近の研究によると、女子のトップアスリートではテストステロン値の高さがもたらす有利さは、中距離走で平均2%、ハンマー投げで4%だったという。[16] 実質的な影響があるということではあるが、その違いは男子と女子の違いに比べればずっと小さい。トラック競技や高跳びといった明確に数字で測られる(スキーのモーグルやフィギュアスケートのようにジャッジの評価が入らない)競技においては、男子と女子のトップ選手の成績の差は通常10~12%あるのだ。[17]

チャンドの訴えは認められた。彼女は2016年のリオデジャネイロ・オリンピックに、手術も受けず、抗テストステロン薬も服用せずに参加した。しかし女子100メートル1次予選で敗退となった。キャスター・セメンヤもリオデジャネイロ・オリンピックに出場し、こちらは800メートルで金メダルを獲得した。こうした結果は、女子アスリートの成功にとって自然なテストステロン値の高さが唯一の強力で特別な原因ではないという考え方を裏付ける。スポーツ仲裁裁判所は2015年に下した決定の中で次のように述べている。「証拠は、自然に生じるテストステロンの値が高いほど競技成績がよいことを示しているが、当法廷はその優位性の程度が、各関係者が女子選手の成績に影響すると認めているほかの多くの要素、たとえば栄養、専門的なトレーニング施設やコーチの利用、その他の遺伝的、生物学的多様性などによる優位性を大きく上回るとは確信できない」。[18]

この最後の点はとくに注目に値する。男性であろうと女性であろうとインターセックスであろうと、トップアスリートは遺伝子にその人の競技成績を押し上げるような稀な変異型を持ち合わせていることが多い。平均的な身体能力の水泳選手がマイケル・フェルプスと同じくらい懸命にトレーニングを積んだとしても、あの長い手足と巨大な足がフェルプスに与えている身体的優位性は乗り越えられないだろう。フェルプスに異常なほどの生理学的特徴を与えている遺伝子の型がどのようなものか今のところ確認されていないが、それが彼の成功に大きく寄与していることは間違いのないところだ。

スポーツの好成績と遺伝とが関係づけられた稀な事例も存在する。１９６０年代にノルディックスキーで大活躍したエーロ・マンティランタというフィンランドの選手がいた。彼は冬季オリンピックに３度出場し、７つのメダルを獲得している。数十年後に彼の親族の遺伝子検査がまとめて行われ、この一族の赤血球の受容体をコードする遺伝子に変異があり、赤血球の成長と生存が促されていることが判明した。その結果、エーロを含めこの変異を持つ親族は、血液中の酸素を運ぶヘモグロビンが約50%多くなっていた。これは彼が選んだ種目では明らかに利点となる。

私たちの社会はなぜ、エーロ・マンティランタの遺伝的な優位性を自然な才能としてやすやすと受け入れる一方で、キャスター・セメンヤについては問題視するのだろうか。私たちは、スポーツでの成功は努力によってのみ得られるべきで、遺伝的因子を反映させるべきではないと考えているわけではない。たとえば、バスケットボールでとくに背の高い選手がプレーすることを禁止せよなどと言う者はいない。また、私たちはフェアであるためには誰もが平等に栄養や特別なトレーニングを利用できるようにする必要があると考えているわけでもない。スポーツ大会で貧しい育ちの選手には公平のためにハンディをつけようという提案は聞いたことがない。

スポーツの世界で男女のカテゴリーが異様なほど争いの種になる理由は、そのカテゴリーが存在するまさにその場所で、難解な生物学と、性別と公正さに関する根深い文化的観念とが正面からぶつかり合うからなのである。

オスに強く働く性淘汰

すべての生物が性的に生殖をするわけではない[19]。身体が単純にふたつに分かれる形での無性生殖（二分裂と呼ばれる）は、細菌（バクテリア）やある種の植物、ヒドラ――淡水に漂う小さな生き物でクラゲの遠い親戚にあたる――など一部の無脊椎動物に見られる。しかしなぜ、二分裂で増える動物がもっといないのだろうか[20]。そのほうが手早く簡単に、相手を見つける手間を一切かけずに遺伝子が自分と同じコピーを作れるはずなのに[21]。

有性生殖には主にふたつの利点がある。第一に、両親からそれぞれひとつずつ、ふたつの遺伝子コピーを受け継いでいれば、片方のコピーに機能を失うような突然変異があったとしても、たいていはもう片方の無傷のコピーが補完するため、生物学的な問題に発展する可能性が低くなる。第二に、こちらのほうが重要だが、有性生殖をする動物では世代ごとに親の遺伝子の異なる型が混ざり合うため、自分と遺伝子が正確に同じコピー（クローン）を作る生物よりも、組み換えによる個性が生じやすくなる。別の面から言うと、無性生殖の遺伝的多様性はＤＮＡの突然変異からしか生じないが、有性生殖をする動物は、突然変異と、両親の遺伝子型の組み換えとを通じて多様性を得る。有性生殖は遺伝的にさまざまな多様性を生み、そこで形成される幅広い多様性の基盤の上に選択的進化の圧力が働くのである[22]。

有性生殖をするためには、同じ個体に由来する細胞同士が融合して子孫を作るということがないようにする必要がある。もしそんなことが起これば、有性生殖の利点がすべて失われてしまう。そこで、配偶子と呼ばれる特別な生殖細胞が2種類必要になる。卵子と精子である。しかも、卵子が卵子と、精子が精子と融合することが不可能な作りになっていなければならない。その形を作るために最も一般的に必要とされるのが、精子だけを作るオスと卵子だけを作るメスという2種類の有機体である。[23] それゆえ、オスとメスは卵子や精子を作る特殊な器官、卵巣と精巣を必要とする。精子は小さく活動的な一方、受精卵は大きく、多くの場合メスの体内で発達する。そこでオスとメスはそれに応じて生殖器官を特殊化して子宮、膣、ペニスなどを持たなければならない。また、私たちのような哺乳動物のメスは、子に栄養を与える乳腺も必要になる。

人間のオスとメスの姿を見て明らかなのは、平均してみると、性交、妊娠、育児、哺乳に直接関係しない部分でも多くの違いがあるということだ。成人の男性は概して背が高く（図10）、体重が重く、引き締まった身体をして、筋肉が多く、骨が太く、頭蓋骨が厚く、顔面にひげが生える。成人女性は平均して体毛が少なく、声が高く、体脂肪の多くが乳房や尻や腰回りに配分される。男性と女性のこうした平均的な違いの大半は、化石として残るヒト属の祖先にも見られる。

ここで問題にしているのはあくまでも平均的な違いだということは強調しておきたい。言うまでもなく、平均的な男性よりも筋骨たくましい女性はいるし、平均的な女性よりも声の高い男性もいる。

男女のこうした身体的な違いの由来は、主に性淘汰説により説明される。性淘汰説は、最初はチャールズ・ダーウィンが唱え、その後ロバート・トリヴァースなど多くの研究者が考察を深め、洗練させてきた理論である。性淘汰説によれば、オスとメスは無作為に交尾をするわけではなく、子どもが可能な限り健康でうまく生きていけるようにするために遺伝的に適切と思われる相手と交尾をしようとする。

交尾は親にとり大きな投資である。そして大半の哺乳類では、配偶子、妊娠、出産、育児への投資の大きさは、メスに大きく偏る。メスにとり、この投資のもうひとつの側面として、妊娠中と出産後しばらく（授乳の期間など）は交尾を行えないということがある。オスはこの期間も交尾が可能である。また、人間を含め一部の種では、オスのほうがメスよりも生殖可能年齢の上限が高い。

これらをまとめると、交尾可能な生殖年齢のメスは常に生殖年齢のオスよりも少ないということになる。この数の不釣り合いから生じる結果は主にふたつある。第一に、数少ない繁殖力のあるメスをめぐってオス同士がしばしば争わなければならない。そこでオスは大きく、骨密度が高く、筋肉質になる。第二に、オスはメスを引き

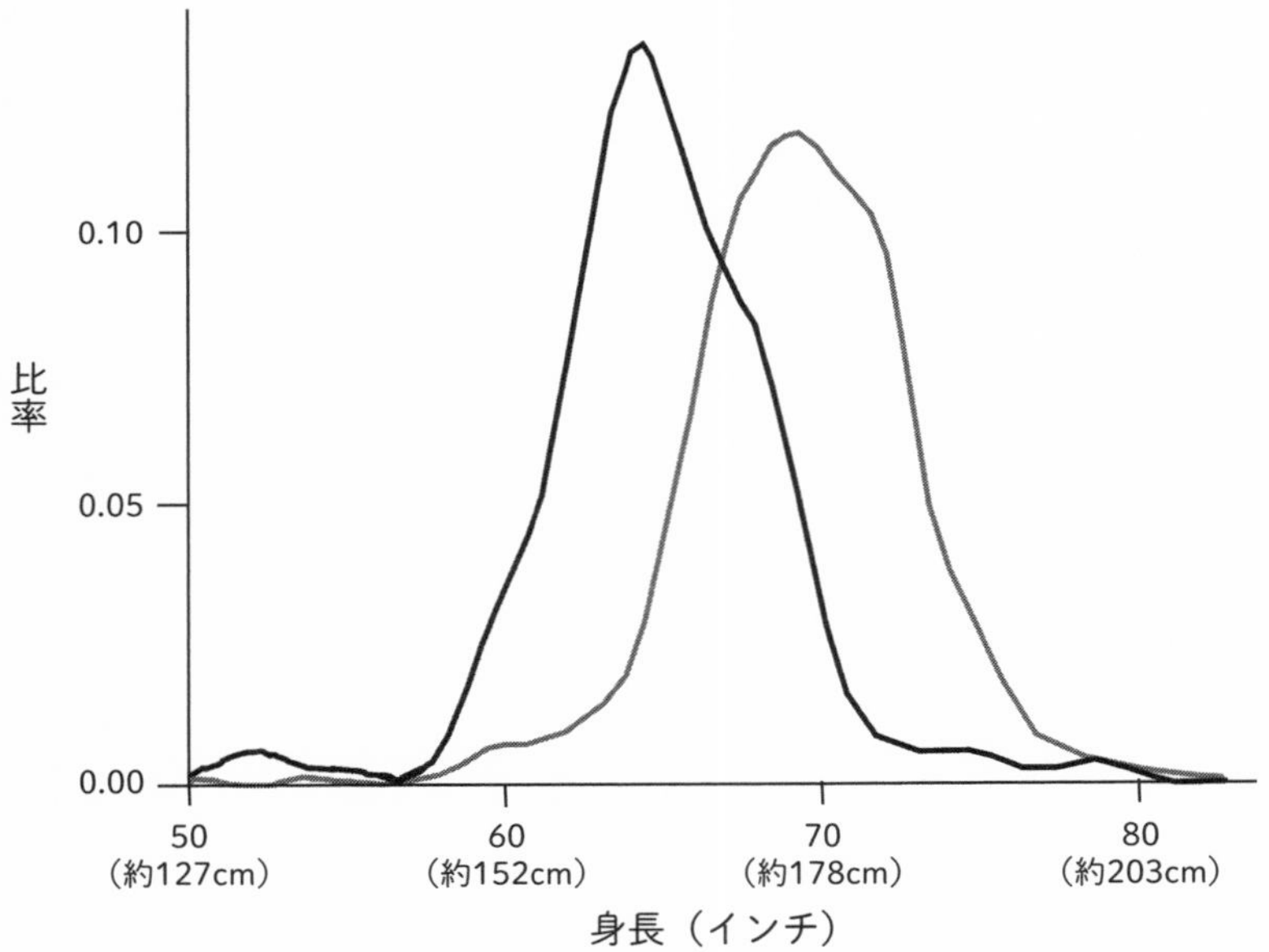

図10　米国の成人の身長分布を表すこのグラフは、男性（グレー）のほうが女性（黒）よりも平均身長が高いことを示している。しかし、重なりも大きい。また、男性の身長分布のほうがやや幅が広いという点にも注目してほしい。極端に背の高い人が女性より多く、平均身長の人は女性より少ない。男女の分布の重なり具合は標準偏差と呼ばれる統計的尺度で計ることができる。身長の性差は標準偏差の約2倍である（$d = 2$）。

つけるため特徴的な外見を示さなければならない。その一部は、ほかのオスと戦って勝ったり威嚇したりするのと同じ特性かもしれない。身体の大きさや声の低さといったものだ。そのほか、メスを引きつけると思われる装飾的な特性を持つ種もたくさんある。こうした特性は、ほかのオスと戦ったり脅したりすることと明らかな関係は持たない。とりわけ有名なのは、ダーウィンが好んで引用した、クジャクのオスを美しく飾る巨大な凝った尾羽である。クジャクのメスはこのような尾羽を持たない。性淘汰に働くオスの信号としてはそのほか、鳴き声、贈り物、ダンス、巣作りなど、複雑な行動がある。[24] 一般にメスはオスよりも相手をめぐる争いに直面する機会が少ないため、こうした装飾や行動を示す可能性はかなり低い。

性淘汰説は男性と女性の身体的な相違だけでなく、性的行動や非性的行動を説明するためにも用いられてきた。たとえば男性が相手を選ばず関係を持ち、リスクを冒し、攻撃的で暴力的になることや、子育てに大きな投資をする女性は性的な相手を選り好みし、協調的で養育的になることは、性淘汰の力に動かされているのだと説明される。

はたしてこれらは真実なのだろうか。それとも昔ながらの男女の社会的役割を強化するためにでっち上げられた作り話にすぎないのだろうか。ある説明が、男性による女性の歴史的な抑圧や現在も続く抑圧を正当化するために使われうるとしたら――そして実際に使われてきたとしたら――私たちはその問題を慎重に精査しなければならない。[25]

性淘汰が機能するためには、交尾や子作りの成功率が高い個体もいれば低い個体もいるという状態が前提となる。もしすべての個体が同じくらい子作りに成功するとしたら、性的な敗者を淘汰する基盤がなくなってしまう。性淘汰説が正しいのなら、オスが限られた交尾相手をめぐり互いに争わなければならないことの反映として、オスの生殖成功率のばらつきはメスのばらつきよりも大きくなるはずである。この仮説の検証を初めて試みたのは遺伝学者のアンガス・ベイトマンだった。ベイトマンは1940年代にショウジョウバエを使って実験を行い、実際にオスのほうがメスよりも生殖成功率（子どもの数）のばらつきが大きいという結論を得た。そうなる理由はふたつある。第一に、オスはメスよりも交尾相手の数の幅が広い。第二に、オスは交尾相手の数が多くなればそれだけ子どもの数が多くなる。メスにとっては交尾相手が増えても子どもはそれほど多くならない。

ベイトマンの実験に対しては、近年、実験設計と統計的分析の両面で問題があるとして、筋の通った批判が向けられている[26]。一部の研究者は、これらの批判だけで性淘汰説のすべてを捨て去るのに十分だと考える。彼らの主張によれば、ベイトマンの実験は性淘汰説の基礎であるから、その妥当性が否定された以上、以後の実験の基盤も崩れ去ったということになるというのだ。しかし、実際そうとは言い切れない。ベイトマン以後の実験やフィールドでの観察は、ダーウィンとベイトマンの説に触発されたものではあってもベイトマンの実験結果に依拠したものではないからだ。それらの実験や観察は、それ自体の当否を問われるべきものである。

ベイトマンの予測はこれまでに、軟体動物、昆虫、魚類、哺乳類に至るまで多くの動物で検証されてきた。62種の動物の調査の結果、すべてではないが大半の種のオスで、繁殖成功率のばらつきはメスより大きく、交尾相手が多いほど繁殖の成果は大きかった[27]。しかしそれよりもさらに有益だったのは、この結果が当てはまらない特殊な場合があることが分かったことである。たとえば、タツノオトシゴやヨウジウオのように主にオスが子育てをする種がある[28]（オスは育児嚢《のう》という特殊な袋の中で抱卵する。ブルックリンの熱心なイクメンパパも顔負けだ）。ナンベイイレンカクという海鳥もそうだ（オスが抱卵し、ヒナを育てる[29]。これらの種ではメスのほうに性淘汰が強く働き、メスがオスより身体が大きく、派手な色をしている傾向がある[30]。つまり、例外が規則を裏付けているという恰好だ。ベイトマンの実験には欠陥があったかもしれないが、ダーウィン／トリヴァース／ベイトマンの仮説は、重大な但し書きがつくとはいえ生き続けているのである。

彼らの仮説と衝突するもうひとつの例外として、メスが複数のオスと交尾をすることで繁殖がうまくいくという種がある[31]。群れの中で1匹または数匹の支配的なメスだけが子孫を残すことができるという種は多い。マーモットやメクラネズミのように、支配的なメスが下位のメスの生殖サイクルを生理学的に抑圧するという例もある。あるいは、ディンゴやミーアキャットに見られるように、下位のメスも交尾は許されるが、生まれた子どもは支配的なメスに殺されてしまうという例もある。ギニアヒヒ、ライオン、ラングール（サルの一種）などでも、メスはたいてい複数のオスと交尾をする。ラングールのこの種の行動を最初に記録した人類学者のサラ・ブラファー・ハーディは、支配的なオスが自分の子ではないと考える赤ん坊を殺すことがあるため、メスは複数のオスと交尾をすることで、赤ん坊の父親がどのオスかを分からなくして子どもが殺される可能性を下げているのではないかと示唆した[32]。近年はDNA検査が普及したため、単婚型と考えられていた多くの種で、実はオスもメスも浮気に走っていることが明らかになった。ダーウィンが最初に考えたように、メスは常に選り好みをするというわけではなかったのである。たしかに多くの種ではメスが選り好みをすると言えるが、例外はかなり多い。そして最も重要な点として、ダーウィン／トリヴァース／ベイトマンのモデルが当てはまらないケースはランダムに起こるのではなく、オスの子育て投資やメスの社会構造や子殺しといったいくつかの因子によりうまく説明のつく状況で例外が生じていると言える[33]。

男女差を性淘汰で説明できるか

ここまで、さまざまな動物の例を通じて性淘汰がメスよりもオスに強く働くという説を支持する証拠や否定する証拠を見てきた。下準備としては有用な考察ではあるが、本当に気になるのは人間だ。人間の男性と女性の身体的、行動的な違いを性淘汰で説明できるかどうかを考察するにあたり、哺乳類の中でも人間は性的にかなり特異であるという点は指摘しておく価値があるだろう。両親が共に長期にわたり子育てをすること、社会的に単婚であること、父親が誰かはっきりしていること、排卵期が明白でないことなど、哺乳類としてはかなり珍しい。

人間の赤ん坊の出生時の脳は約400ccある。これは成体のチンパンジーと同じくらいだ。人間の子どもは5歳前後まで猛烈なペースで育ち、その後20歳くらいまでゆっくりと成長して成熟する。成人の脳は1200ccになる。母親なら誰でも知っていることだが、400ccという赤ん坊の頭は人間の産道に適しているとは言い難い。出産が不可能な場合すらある。実際、出産時に母親が死亡するというのは、人間以外の種ではほぼ見られない現象である。巨大な脳を収納し、これだけの知性を確保するために、人間はこの大きな頭を必要とする。ではなぜ人間の産道はこの大きな頭にふさわしく広く進化しなかったのだろうか。いちばんありそうな理由は、そのためには女性の骨盤を、直立が難しくなるほどに変化させる必要があるから、というものだ。直立できないよう進化してもしかたがなかったということである。

人間に特異なもうひとつの点として、赤ん坊がかなり長い期間、無力な状態にある。人間はどんな動物よりも子どもの期間が長い。生後10年経ってもまだ世界の中で独力で生きられない動物などほかにいない。このことは、父親が子どもに与える世話や保護や資源が大きな助けになるということを意味する。対照的に、大半の動物では、オスはまったく子育てに関与せず、子どもの世話を一切しない。それで問題はない。

多くの動物のメスは、自分が受胎可能な状態にあることを身体の部分的膨張や匂いや定型的行動ではっきりと示すが、人間の排卵期は他人にはほぼ（完全にではないが）分からない。香水メーカーの宣伝文句はともかくとして、人間のフェロモンはまだ特定されていないし、まして排卵期をオスに伝える匂いなど見つかっていない（これについては第5章で詳しく見る）。その結果、人間のセックスはほとんどが女性の受胎可能期間外に行われる。つまり、娯楽的であって生殖的ではない。このことは、男性が子どもの父親であると確信を得るためには、その排卵期を通じて女性を性的に独占する必要があることを意味する。結婚に恋愛など無関係だと言うつもりはないが、この独占の問題が、男性と女性の結婚（およびその変種）が世界中の文化に共通する制度になっている理由のひとつであることは間違いない。

この単婚形態（少なくとも同時的複婚ではない）は機能しているように思える。テレビのリアリティ番組でカップルがバトルを繰り広げるのを見ていると信じられないかもしれないが、DNAに基づく調査によると、約98％の子どもの父親は母親の夫か長期的なパートナーと考えて間違いない。この調査結果は多くの文化に共通する。[34] 夫が実は子どもの父親ではなかったという事例もたしかにあるが、けっして多くはない。

これら人間の交配システムに特異な側面（両親による長期的子育て、社会的単婚、父親が母親のパートナーであること、排卵期の秘匿）はすべて、男性への性淘汰圧力を弱める因子であるように思えるという点は心に留めておく価値がある。[35]

家系の記録や調査を利用すれば、祖先のそれぞれに子どもが何人いたかを数えることができる。それにより、生殖成功数（子どもの数）のばらつき（分散）や、それが男女によりどう異なるかを推定できる。世界中の18の集団に関して行われた最近のメタ分析から、男性の生殖成功数のばらつきは平均して女性よりも大きいことが分かった。つまりダーウィン／トリヴァース／ベイトマンのモデルに一致する。[36]しかしデータを少し掘り下げてみると興味深い詳細が見えてくる。第一に、集団間の違いが大きい。女性の生殖成功数の分散に対する男性の生殖成功数の分散の比率は、フィンランド人で０・７０、マリのドゴン族の人々で４・７５だった。第二に、フィンランドやノルウェー、アメリカ、ドミニカなど単婚制度をとる集団では一般に、その比率は1に近かった。これは男性と女性の性淘汰に違いがないことを意味する。しかしドゴン族やパラグアイのアチェ族、ベネズエラのヤノマミ族など一夫多妻制の集団では比率はぐっと高くなる。つまり、男性への性淘汰が大きい。[37]

結論として、こう考えていいだろう。人類の歴史の大半の時期、男性には女性よりも強く性淘汰が作用してきた。その結果、主に互いに争うことにより、男性の身長は高く、筋肉量は多くなり、身体的な攻撃性が高まった。[38]

祖先の社会集団のモデルを現代に求めるとすれば、単婚の社会よりも一夫多妻の社会のほうが適しているかもしれない。しかし、世界中で徐々に単婚が圧倒的になりつつあるため、その違いはなくなっていく可能性が高い。とはいえ、大半の単婚社会でさえ女性よりも男性のほうが子どもの数のばらつきが大きい。離婚した男性のほうが離婚した女性よりも再婚して新たな家庭を持つ率が高いということも理由のひとつである。[39]

アメリカの若者のように、社会的には基本的に単婚だが容易に避妊ができる豊かな人々に目を向けた場合、女性はやはり総じて男性よりも性的パートナーについて選り好みをするのだろうか。この点に関する研究を、心理学者のラッセル・クラークとエレイン・ハットフィールドが行った。(40)

科学論文の「方法」という項目は極端に退屈な書き方をされるのがふつうだが、クラークとハットフィールドのこの論文は私を楽しませてくれた。

大学に5つある中庭のどれかに調査協力者が立ち、面識のない異性にアプローチする。……被験者を選んだら、誘惑者は近づいて「キャンパスの中でずっとあなたに気づいていました。あなたはとても魅力的だと思います」と声をかける。そして調査協力者は以下の3つのうちひとつの質問をする。「今夜デートしませんか?」「今夜私の部屋にいらっしゃいませんか?」「今夜ベッドをともにしませんか?」……誘惑者はこの3つの誘い文句が別々のページに記入されたノートを携帯しており、どの誘いをするかはランダムに決められる。被験者を選んだ後で誘惑者はノートのページをぱっと開いてどの誘いをするかを見るのである。……授業時間の合間、あるいは雨のときは被験者へのアプローチは控えた。(41)被験者には後で調査について説明し、協力に感謝した。

フロリダ州立大学で1978年に行われたこの調査はその後、多くの論文に引用され、1982年にも同じ方法で繰り返されることとなった。2度の調査の結果はほぼ同じだったので、ここでは1978年の結果を紹介しよう。男性の50%、女性の56%がデートへの誘いに応じた。驚くべき結果はベッドへの誘いのほうだ。これに同意した男性は75%、女性は0%だった。そう、そうなのだ。男性は面識のない相手とのセックスに、デート以上に積極的だったのである。この研究以降、ほかのいくつかの国でも主要な結果は再現された。[42]

この研究は非常によく知られるようになったため、1998年にはイギリスのエレクトロポップ・バンド、タッチ・アンド・ゴーが、調査での誘惑者の決まり文句「〜しませんか？（Would You...?）」にインスピレーションを得て「Would You...?」という曲をヒットさせたほどだ。[43]

実験設計の一部の詳細や男女差の程度について疑問を呈することはできるだろうが、全体的な結論は明らかだ。男性は、平均的に言えば、初対面の相手とのセックスにはるかに前向きだということである。クラークとハットフィールドは男女のこのはっきりした違いについて、行きずりのセックスに対する関心は同等だが、女性は暴力や妊娠や社会的非難の恐れを考慮して自制しているのではないかと示唆している。科学史家のコーデリア・ファインは著書『テストステロン・レックス』の中でこの論点を補強し、女性が行きずりのセックスでオーガズムを経験する率は低いため（11％）、見知らぬ男性とのセックスを拒否することは合理的だろうと付け加えている。[44]

ここで、楽観的な思考実験をしてみよう。性暴力を受ける可能性はわずかで、いわゆる「スラット・シェイミング」が消え去り、女性が行きずりのセックスでもっとふつうにオーガズムを感じるという状況を想定する。この状況なら、女性も男性も平均すれば初対面の相手とのセックスに同程度の関心を抱いていることが明らかになるだろうか。本当のところは分からないが、私はそれでも男性のほうが行きずりのセックスに寄せる関心が高いのではないかと思っている。たとえばマスターベーションは男性にとっても女性にとっても安全で、個人的で、確実にオーガズムに至る方法なのだが、匿名での調査でさえ、全年齢層において女性のほうがマスターベーションの頻度が低いという結果が出ている。[45] レズビアン同士のセックスでは望まない妊娠や、オーガズムが得られない可能性は低いのだが、それでも平均すると、行きずりの相手とのセックスへの関心の高さや経験率はストレートの女性と変わらない（ゲイの男性よりもかなり低い）[46]。

私たちが過去も現在も家父長的社会に生きていることに疑問の余地はなく、女性が行きずりのセックスで現実に身体的、社会的リスクを負うことは間違いない。しかし、女性のマスターベーションやレズビアンの性行動の統計結果を見ると、行きずりのセックスに関して男性と女性の間には有意な生物学的差異が存在するのではないかと考えざるをえない。その差異は性淘汰により拡大してきたものであり、女性に対する昔からのリスクが減少したとしても、やはり存続するのではないだろうか。

男女の平均的行動には、性的な面以外でも違いがある。しかしそれらの違いは総じて数が少なく、程度も小さい。パーソナリティ特性、他人との関わり合い、認知に関する大半の尺度の平均値で、男女の間に有意な差異はない[47]。また、テークラ・モルゲンロートらが指摘しているように、このような調査をする際には評価の中に文化的前提が入り込んでいないかに注意を払う必要がある。たとえば、男性はリスクを取りやすいという文化的なステレオタイプがあり、その考えは調査データにより裏付けられている[48]。しかし、リスクを取るかどうかを判定する尺度——賭け事、ドラッグ、危険なスポーツなど——の選択がすでに男性に関連づけられていて、女性に関連づけられるリスク——出産（統計的に言えば危険なXスポーツよりもリスクが高い）や臓器提供（男性より女性のほうが多い）——を尺度から排除しているとしたら、その調査結果にもバイアスがかかっていたと言える[49]。

研究室での観察に基づく研究からしても、パーソナリティの評価から見ても、男性は女性よりも平均して身体的にも言語的にも攻撃的だ。ただし、その効果量は小さく、標準偏差の0・6倍程度しかない[50]。

女性は、聞き取り調査と観察による評価に基づいて言うと、平均して男性よりも共感的に見える（標準偏差の約0・8倍）。平均身長の性差が標準偏差の2倍だったことを思い出してほしい。つまり、こうして測定された攻撃性や共感性の効果量はきわめて小さい。

とはいえ、心理学者たちはこれらの評価に際して、おそらく現実世界の攻撃性の性差を過小に見ている。現実には世界の殺人の96％は男性によるもので、犠牲者の78％は男性だ（戦死は含まない）[51]。これはおそらく男性による社会性の獲得だけの問題ではない。というのは、チンパンジーの18の群れの研究でも、同様の性差が見られるからだ。チンパンジーの仲間殺しの92％はオスによるもので、犠牲になったチンパンジーの73％がオスなのである[52]。

認知面でも、IQの平均スコアに有意な男女差はないが、言語の流暢さのテストで女性の点数はやや高く（標準偏差の0・5倍）、男性は空間知覚と物体の想像回転のテストで点数がやや高い（標準偏差の0・6倍）[53]。

性的な行動を別にすれば、人間の男性と女性の間で何よりも大きく異なるのは子ども時代の遊びだ。子どもは目覚めている時間の大半を遊んで過ごす。平均的な男の子は物のおもちゃ、たとえばトラックなどを好み、女の子は人形のような社会的なおもちゃを好む。男の子は総じて比較的無鉄砲な遊びをする。こうした違いはごく幼い頃に現れ、文化を越えて広く見られる。そして男女の行動に見られる大半の違いとは異なり、差異がはっきりしている。子どもの遊びを複合的な尺度で見ると、性差は標準偏差の約2・8倍に達する。成人の身長の男女差よりも大きいのである。

子どもの遊びに見られるこうした明確な違いはどうして現れるのだろうか。昔からある発達心理学的説明は、社会的学習を通じて性別に典型的な行動パターンを身に付ける、というものだ。実際、研究が示すところによると、子どもは自分の性別に合わせて大人が設計したおもちゃや、同性のほかの子どもが選んだのを見たことがあるおもちゃを手に取る傾向がある。男の子は生まれた直後から青い色や恐竜やトラックに囲まれ、女の子はピンク色や人形に浸って育つ。社会的学習が子どもの遊びに大きな影響を及ぼしていることは間違いない。だが、それですべての説明がつくのだろうか。

子どもの行動の性差に生まれつきの生物学的要素があるという仮説を検証するには、いくつかのやり方がある。ひとつは、まだ社会的学習による影響を受ける機会のない新生児に目を向ける方法である。ジェニファー・コネランらの有名な研究では、102人の赤ん坊（平均年齢は37時間）に本物の人間の顔（コネランの顔）か、またはコネランの顔写真をばらばらにしてその一部を小さなボールに貼り付けてモビールにしたものか、どちらかを見せ、反応を録画した。この録画から赤ん坊の目の部分だけを切り出し、男の子か女の子かを分からなくして別の実験者が分析を行った。その結果、男の子は女の子よりもモビールを多く見つめ、女の子はモビールよりも顔を多く見つめていた[54]。この結果は、行動の平均的な性差が、少なくとも一部については、生物学的な起源を持つことを意味すると考えられる。これは重要な主張であり、慎重な再現実験が求められる[55]。

子どもの遊び行動に見られる性差に生物学的な要素があるとしたら、それは男の子の神経系が胎児期に高レベルのアンドロゲンにさらされた結果である可能性が高い。実際、子ども（思春期以前）というのは性ホルモンがほとんど血中を循環しない時期なので、性差が決定されるとしたらそれ以前ということにならざるをえない。研究のためだけに初期の胎児のホルモンを操作するわけにはいかないため、次善の方法として、胎児のホルモン信号に自然に異常が起きている例が調査された。胎児期に高濃度のアンドロゲンにさらされている先天性副腎皮質過形成（ＣＡＨ）の女の子では、典型的な女の子の遊びが少なく、男の子的な遊びが多い。同様に、母親が妊娠中に医療目的でアンドロゲンを処方されていた女の子は、おもちゃの選択を含めて男の子に典型的な遊び方をすることが多い。胎児がアンドロゲン阻害薬の影響を受けている場合は、予想どおり、遊びに逆の影響が生じた[56]。

　これらの研究結果は、発達初期にアンドロゲンを浴びることが行動の性差の決定に主導的な役割を果たしていることの強力な裏付けとなる。しかしここで、胎児期にＣＡＨや母親によりアンドロゲンの信号を強く受けた女の子は、外性器も部分的に男性化することがよくあるということを思い出す必要がある。この外見のせいで親がこれらの娘を息子のように扱い、社会的学習を通じて遊び

図 11　ベルベットモンキーは人間の子どもを思わせる行動を見せる。メスは人形遊びを好み（左）、オスは自動車のような物のおもちゃを好む（右）。メスは人形の肛門と性器を調べているように見えるが、これはベルベットモンキーの母親が幼い子どもに対してするやり方に似ている。Alexander and Hines (2002) より。Elsevier の許可を得て掲載。

行動にも影響したという可能性も指摘されている。[57] だが、観察研究からは、そうではないことが示されている。実際、親は性器の形がはっきりしない娘に対して、補償機制としてむしろ女性的な行動をいっそう促す傾向がある。[58]

胎児期に通常浴びるホルモンが遊び方に影響するのだとしたら、ほかの哺乳類でも遊び行動に性差が見られるのではないだろうか。実際、ラットでもアカゲザルでもオスのほうが無鉄砲な遊び方をする。交尾相手をめぐる将来の争いの準備だとすると筋が通る。ラットでもアカゲザルでも、胎児期または出生直後のメスにアンドロゲンを与えると、オスのように遊ぶようになる。[59]

意外な話だが、ベルベットモンキーのオスとメスには、人間の子どもと同じようなおもちゃの好みがあることが分かっている。メスは子育て行動の準備をするかのような遊びをする（図11）。ベルベットモンキーにはおもちゃの選好について人間のような社会的伝達がないにもかかわらず、このような好みが観察されるのである。実際、若いサルがこれらのおもちゃを初めて目にして、ほかのサルがそれで遊んでいるところを見た経験がない状態でも、このような性差に基づく好みを示すことは実証されている。[60]

ベルベットモンキーの研究も含め、子どもの遊びに関するこれらの結果に対するひとつの説明は、ごく早い段階でアンドロゲンを浴びると男の子の遊びの好みに向かうよう脳が変化する、というものである。しかし、私たちは男の子がほかの男の子や大人の男性を真似て行動し、女の子はほかの女の子や大人の女性を真似て行動するということを知っている。そこで、アンドロゲンの実際の働きは、脳に影響して男性の行動に注意を向けさせ、真似をさせるということなのかもしれない。ホルモンと社会的経験の相互作用という形である。[61]

神経系の疾患の中には、男女で発症率や重症化率が異なるものがいくつもある。その一部は幼い頃に発症する疾患で、自閉症スペクトラム障害（ＡＳＤ）、早期発症統合失調症、失読症、吃音《きつおん》、ＡＤＨＤ、トゥレット症および関連するチック症などだ。このうちのいくつかは、男女差がかなり大きい。男の子は女の子よりもＡＳＤを5倍以上、トゥレット症を約3倍発症しやすい。思春期以降に発症しやすい神経疾患や精神疾患でも性差が顕著なものがある。たとえば拒食症、多発性硬化症、遅発性統合失調症、パーキンソン病、うつ病などだ。これらについても男女差が大きいものや（拒食症は女性が約14倍）、中程度のものがある（パーキンソン病の発症年齢は女性のほうが平均して2年遅い）。多発性硬化症は女性のほうが4倍ほど発症しやすいが、男性のほうが重症化しやすい、といったように複雑な性差を示す例もある。そのため、多発性硬化症を防ぐ因子がＹ染色体上にコードされている、というような単純な話では説明がつかない。[62]

どんな特性についても言えることだが、神経疾患や精神疾患の男女差も、すべてが生物学的に生じると決めてかかってはいけない。たとえば女性のほうがはるかに拒食症になりやすい原因としては、女性の身体が社会的に対象化されていることがかなり大きい。パーキンソン病など、成人後に発症する神経精神疾患の一部で男性の発症率が高いことは、男性が働くことの多い特定の職場で環境毒素にさらされる率が高いことと関係しているかもしれない。[63]

＊＊＊

同じようなことが、これらの疾患の発症率を計算するもととなる数字についても言える。患者が治療を求めるかどうか、つまり患者が統計に数えられるかに依存している面があるからだ。うつ病の治療を受ける人は女性のほうが多いが、これは女性のほうがうつ病になりやすいせいなのか、女性のほうが平均して男性よりも医師やセラピストに助けを求めようとするせいなのかは判然としない。また、女性（およびインターセックスの人）のほうが抑圧を受ける場面が多いためにうつ病発症率が高いということも大いにありうる。貧困層のほうが中流層よりもうつ病になりやすいことについても同じことが言える。[64]

ＡＳＤの発症率は男の子のほうが５倍高く、また典型的には幼児期に発症する。このことから、この障害の主なリスク要因は胎児期にアンドロゲンにさらされたことだと考える人々がいる。最も有名なのは心理学者のサイモン・バロン＝コーエンだ。バロン＝コーエンは、羊水サンプルでテストステロンを測定し、その後の子どもの発達を追跡した調査に基づいて、ＡＳＤは子宮内の異常に高濃度のアンドロゲンにさらされた結果「極端な男性脳」になったときに生じると考えている。[65] しかしこれまでに、この基本的な研究結果が再現できなかったという注目すべき研究が発表されている。[66] バロン＝コーエンの考えが正しい可能性もなお残るが、羊水のテストステロン濃度を１回測定するだけでは、発達中にアンドロゲンにさらされたかどうかを示す指標としては十分ではないだろう。[67] あるいはＹ染色体上のほかの（*SRY*やテストステロンとは無関係な）遺伝子の変異が男の子のＡＳＤを多くしている最も重要な因子なのかもしれない。しかし、現時点でＹ染色体上にはＡＳＤのリスクを高める遺伝子変異の候補はない。

男脳・女脳は存在するか

性的行動、子どもの遊び、神経疾患や精神疾患のかかりやすさと見てきたが、これらの結果をまとめると、疾患や行動の中には、男性と女性の間に平均して有意な差異が認められるものが存在し、その一部には生物学的要素が強く働いているようだ、ということが言える。そうだとするなら、男性と女性の平均的な脳にも機能上、そしておそらく構造的にも重大な差異が見つかるものと予想できる。

生きている人間の脳にメスを入れるような研究はほとんどできない(68)。この点が現在、人間のあらゆる脳研究の制約となっている。私たちにできるのは、頬の内側を拭ってDNAサンプルを採ったり、亡くなった人の脳の細胞を詳しく調べたり、生きている人の脳をスキャンしたりすることでしかない。しかし、こうしたスキャン画像はひどく解像度が低い。ニューロンのひとつひとつを見ることはできないし、個々のニューロンの電気的活動を測定したり、ニューロン同士の結びつきの強さを計ったりすることもできない。そこで、こうした重要な点を探るために実験動物が必要になる。

ラット、マウス、サルについては、脳の多くの領域で神経回路の機能に大きな性差があるという確実な証拠が得られている。たとえばメスではオスに比べて2倍の頻度で発火するニューロンがある。オスでは経験によってメスよりも容易に変化するシナプスもある。メスの発情期にエストロゲンにより電気的性質や化学的性質が変化するニューロンもある。性差について研究すればするほど、こうした事例が見つかってくる(69)。重要なポイントとして、こうした性差が見られる脳領域は、性行動に影響することが分かっている領域に限らないのである。運動制御、記憶、痛み、ストレス、恐怖など、多くの機能に関わる回路にも大きな性差が見つかっている。脳領域のサイズ自体に性差が見られることもある。たとえば性行動に関わる内側視索前野（ＭＰＯＡ）は、平均してメスよりオスのほうが大きい。前腹側脳室周囲核（ＡＶＰＶ）はメスのほうが大きい。この核は近くの分界条床核（ＢＮＳＴ）と呼ばれる領域から電気的抑制を受けているのだが、ＢＮＳＴからＡＶＰＶへの抑制性の神経線維はオスのほうが10倍多い。アルファベットの羅列をお許しいただきたいのだが、それぞれの脳領域の名称はここでは重要ではない。

大切なのは、哺乳類の多くの脳領域で、平均すればオスとメスで機能の差が存在するということだ。しかも、発達中の動物のホルモンを実験操作することで、オスとメスで違う部分を変化させることができる。たとえばオスのアンドロゲンの信号を阻害するとMPOAがメスのように小さくなる。メスのエストロゲン信号を阻害するとAVPVはオスのように小さくなる。

ここで忘れてはいけないのは、このように電気的、化学的、あるいは接続上の性質が平均してオスとメスで異なる脳領域はたくさんあるとはいえ、性差のない領域もやはりたくさんあるという点だ。この種の実験はごく新しい試みであり、脳の微細な機能の性差の研究は、刺激的とはいえ、まだ理解が進み始めたばかりの分野なのである。[70]

現在の技術では、機能している人間の脳を細胞レベルで測定することはできない。しかし、人間の脳もほかの哺乳類と同様であろうと考えてよい十分な理由がある。たとえば人間でMPOAに相当するのは前視床下部第3間質核（INAH3）と呼ばれる領域だが、ここは男性のほうが総じて女性より大きい（といっても、男女とも解剖組織で測定しなければならないほどの大きさしかない）。また、2838人の成人を対象とした最近の脳画像研究から、扁桃体（感情処理中枢）の灰白質と海馬（事実や出来事の記憶、とくに空間的記憶の中枢）が男性でやや大きく、前頭前皮質（自己制御と遂行機能に関わる）と島後部が女性でやや大きいことが分かった。[71]こうした研究には重要な但し書きがつく。脳には可塑性があり、ある種の経験によって脳領域はわずかに縮んだり膨らんだりするということである（この点については第3章で見た）。つまり、成人の脳の男女差は、生まれつきの差に加えて、男女が人生の中で異なる経験をしてきたことによる可塑的な影響がからんでいる。だからこそ、文化の広汎な影響をまだ受けていない胎児の研究が役に立つ。妊娠後期（妊娠26〜39週）の胎児118人の脳をスキャンした新しい研究では、男の子と女の子の安静状態の接続性に有意な相違があることが分かった。[72] この興味深い結果については再現研究が待たれる。

神経学者ダフナ・ジョエルらは最近、次のような問いを立てた。男女の脳に本当に違いがあるとしたら、脳画像を見るだけで男性か女性かを正確に判別できるのではないか？　何にせよ、少数のインターセックスの人々を別にすれば、私たちは外性器を見るだけで容易に男女を識別できるのだから。

この疑問に取り組むため、ジョエルらは成人男女の脳画像の膨大なデータをもとに、脳内の各領域のサイズを測定し、それらの間の接続を調べた。すると、これらの測定値について男性と女性の分布はかなりの程度まで重なることが分かった。また、大半の人の脳は、さまざまな特徴について、それぞれが独特な組み合わせになっていることも分かった。特徴の中には女性のほうが男性より多いものもあれば、男性のほうが女性より多いものもあり、男女とも同程度の特徴もある。結論として彼らは、「人間の脳は、男脳／女脳というふたつのはっきりしたカテゴリーに分かれるようなものではない」とした。[73]

私の見るところ、この結論にはいくつか問題がある。第一に、このような解像度の低い画像化技術に基づいて脳について決定的なことを言うのは間違っている。彼らは「今日の脳スキャンが提供できる限定的な画像を見る限りでは、人間の脳を男性か女性かに正確に分類することはできない」と結論づけるべきだったが、彼らはそうせずに、その基盤となる生物学的根拠について決定的な言明を行った。

第二に、ほかの研究者も指摘しているが、ジョエルらが脳画像から男女の脳を判別できなかったのは、さまざまな脳の測定値の比較を十分行わない統計的な設計の弱さに原因があった。アダム・チェクラウトらは同じ脳画像のデータセットに挑み、適切な多変量解析を行ったところ、男女の脳画像を93％の精度で判別することができた。[74] ケヴィン・ミッチェルは、この問題は顔認識の問題に似ていると指摘する。[75]

顔面の特定の特徴、たとえば鼻の大きさや形、眉毛の濃さといった要素を取り上げても、それだけで男女の顔を判別することはできない。測定値をいくつか組み合わせても正確な区別はできないだろう。しかし、私たちが人の顔を見るとき、多くの特性を考慮に入れて、かなり正確に男女を言い当てることができる。チェクラウトらと同じ93％程度には分かる。パンツの中を覗くほどの精度ではないにせよ、十分に正確に判別できるのである。

第三に、そしておそらくこの点が最も重要だが、この問いの立て方そのものが無意味だと私は考える。個人の脳画像から性別をそこそこ正確に判別できることは判明した（いずれ高解像度のスキャンができるようになればさらに正確にできることは間違いない）。しかし、仮にそれができなかったとして、どうだと言うのか。重要なのは、男性と女性の行動と脳機能には、平均してある程度の違いが現実に存在していて、その一部は生物学的な影響を受けている可能性が高く、それゆえそこに進化の力が働く、という点なのである。現在または将来の画像化技術でスキャンした個人の脳画像で性別をどの程度正確に判定できるかという問題は、人間の脳の平均的な性差という大きな問題に比べれば、さほど重要ではない。

生物学的な性別とジェンダー

ここまで、性染色体やホルモン信号のバリエーションや発達上のランダムな性質により決まってくる生物学的な性、すなわち女性、男性、インターセックスについて見てきた。ここで、話をジェンダーの問題に切り替えよう。世界保健機関（ＷＨＯ）によれば、「ジェンダーとは、ある社会が男性、女性にふさわしいと考える社会的に作られた役割、行動、活動、属性を指す」。ジェンダーのアイデンティティは社会的に作られているため、文化や時代により異なる。つまり、現代の日本と中世のスペインでは男らしさの意味合いが違うのである。性別は生物学的な現象だが、それでも男性か女性かの区別は必ずしも容易ではない。ところがジェンダーは、それにも増して変化に満ちているのだ[76]。

大半の人はシスジェンダーである。つまり、生物学的な性別とジェンダー・アイデンティティが一致している。男女の平均身長の差が標準偏差の約2倍であることを思い出してほしい。これに対して男女のジェンダー・アイデンティティの差は標準偏差の約12倍にも達する。これは、大半の人のアイデンティティが生まれついての性別と同じだということを別の形で表現したものだ。

しかし、アメリカの成人の0・6％（約167人にひとり）[77]の人々にとり、ことはそう単純ではない。生物学的な性別とジェンダー・アイデンティティが一致しないトランスジェンダーと呼ばれる状態の人々だ。トランスジェンダーの中には、生まれつきの性別とは逆の性であると感じている人ばかりでなく、自分を男性であるとも女性であるとも感じなかったり、どちらかと感じることがあってもその状態が続かなかったりする人々もいる。こうした人々は、ノンバイナリー、エイジェンダー、ジェンダーフルーイドなど、さまざまに自称する（フェイスブックの登録ページのジェンダー欄には、これらを含めて現在70ほどの名称がある）。

ジェンダー・アイデンティティが生物学的な性別と一致しないと、必ずとまでは言えないが多くの場合、性的違和の感覚が生じる。トランスジェンダーの人はたいてい、子ども時代のある時点で性的違和を感じたと報告する。ただし、中には思春期や成人後に違和感を抱き始める人もいるし、まったく感じない人もいる。性的違和の程度も軽度から強度までさまざまだ（強度の場合はうつ病や自傷念慮を伴うことも多い）。性的違和に苦しんでいる人が性別適合手術やホルモン療法を求めるかどうかは、個人の性向や、機会が得られるかどうか、また文化的慣習によるだろう(78)。

神経科学者のベン・バレスは1990年代中頃に私を含め多くの仲間たちに書いてきた手紙の中で、自身の性的違和の経験をこのように記していた(79)。

3、4歳の頃から、自分が間違った性に生まれたという気持ちを心の底に抱いていた。子どもの頃は男の子のおもちゃで、ほとんど男の子とだけ遊んでいた。ティーンエイジャーになると、ドレスを着たり、むだ毛を剃ったり、アクセサリーを身につけたり、メイクをしたり、ともかく少しでも女性的なことをするととても嫌な気分になったものだ。姉や妹がそうしたことを気楽にしているのを意外な気持ちで眺めていた。私がしたかったのは、男ものの服を着たり、ボーイスカウトに入ったり、工作をしたり、男たちとスポーツをしたり、車の修理をしたり、といったことだ……。男性になりたいと願っていたというのではない。むしろ、すでに自分は男性だと感じていたのだ。

このような言い方は混乱を招くかもしれないが、大切な点だと思うのではっきりさせておこう。インターセックスの人は全人口の約0・03%、そしてトランスジェンダーのアイデンティティを持つ成人は約0・6%。これは、トランスジェンダーのアイデンティティを持つ人の約95%は、内性器も外性器もノーマルな状態だということを意味する。しかしこの人々は、自分の生殖器が自分の生まれつきのジェンダー・アイデンティティに合致している(あるいは常に合致している)とは感じていない。大半のトランスジェンダーの人が性別に典型的な生殖器を持っているのだとしたら、性的違和はどうして生じるのだろうか。

その手がかりは、統計を逆から見てみることで得られる。トランスジェンダーのうちインターセックスの人は5%ほどしかいないが、インターセックスの人は人生のある時点でジェンダー・アイデンティティを変える率が非常に高い。5α還元酵素欠損症を思い出してほしい。この疾患の人はXY染色体を持っているが、胎児の男性化に重要な信号となるジヒドロテストステロンを生産できないために外性器が女性的になり、女の子として育てられるが、思春期には男性的な二次性徴が現れてくる。注目すべきは、この症状で女の子として育てられた人の大半が（ある研究によると18人中17人が）男性的な二次性徴が現れた後は男性として生きることを選択する。

しかし、これは絶対的なことではない。同じ遺伝子変異を持ち、それゆえ同じ酵素欠損症のきょうだいの片方が男性として生き、片方が女性として生きることを選択したという例もある。[80]

インターセックスは大半が性ホルモンなどのステロイドホルモンの信号の変化から生じたものだ。だとすると、性的違和も、少なくとも部分的には脳内の信号プロセスにおける変化から生じていると考えられる。ひとつの可能性としては、胎児の全身をめぐるステロイドホルモン信号の変化が、内性器や外性器の変化を引き起こす閾値には達していないが、ジェンダー・アイデンティティに影響する脳の回路を変えるには十分なレベルだったとも考えられる。もうひとつの可能性は、ステロイドホルモンが胎児や新生児の脳内で生産され、局所的に影響をもたらしたとするものだ。実際、エストラジオール（エストロゲンの一種）は一部の脳領域で合成され、局所的に作用するが、脳に由来するエストラジオールは身体のほかの部分にはほとんど、あるいはまったく影響を及ぼさない。[81]

双子やきょうだいの研究から、性的違和には遺伝的要素があるという証拠がいくつか見つかっている。ある推定によると、その分散の62%が遺伝子に帰せられるという。[82] しかし、性的違和の事例の多さに比べてサンプルサイズが小さいため、この推定値はかなり粗い近似と考えるべきである。現在のところ、どれかの遺伝子の変異が性的違和と関わっているという確定的な証拠は見つかっていない。大半の行動特性と同じく、性的違和の遺伝的要素も、多くの遺伝子変異が一緒にあるいは特定の組み合わせで作用した結果である可能性が高い。

性的違和の神経的基盤の可能性を追究するのは困難な仕事だ。この問題は動物実験では扱えない。性的違和を持つ人が研究に参加してくれたとしても、すでにホルモン治療や外科的処置を受けていることが多く、脳画像の違いがこうした治療の結果なのかそれ以前からのものなのかは判然としない。

性的違和が脳の分界条床核（ＢＮＳＴ）領域の大きさと関係している可能性を示唆する研究がある。男性では成人する頃にはＢＮＳＴが大きくなっている。だが少数の解剖組織を調べたところ、男性から女性に変わったトランスジェンダーの人ではシスジェンダーの人よりもＢＮＳＴが小さかったというのである。[83] しかし、この説には問題がひとつある。ＢＮＳＴの大きさの男女差は成人してから現れてくるが、たいていのトランスジェンダーは子どもの頃から性的違和を感じていると報告するのだ。[84] しかも、この興味深い研究結果はまだほかの研究で再現されていない。

トランスジェンダーの成人の脳をスキャンする研究は数多く行われているが、それらの結果は一貫せず、多くの場合被験者の数が少ない。[85] 私の見るところ、性的違和につながる脳機能の型というものは、それだけで性的違和の発症を説明するわけではないとはいえ、存在する可能性が高い。しかし現時点では、それがどのような型なのかは分かっていない。

＊　＊　＊

ジェンダーは文化的に圧倒的な力を振るい、人が生まれてから死ぬまでの人生のあらゆる側面に関わってくる。第2章と第3章で見たように、私たちは経験によって変化するようにできているため、私たちの身体と脳は、文化的にジェンダーの染みついた世の中の影響から逃れることはできない。

平等主義を掲げる現代社会においてさえ、女性やインターセックス、トランスジェンダーの人々がしばしば物扱いされ、平等な機会を奪われていることは誰もが承知している。男性と女性では生まれつき脳と心に違いがあるという主張に基づいて女性から機会の平等性が奪われてきたことについては、長い歴史がある。この主張はヴィクトリア朝の産物だが、現在もなお存続している。そこで、脳白紙説を想定し、男性と女性の行動の差異は完全に父家長制的文化により刻み込まれたものであると主張することは、政治的装置として魅力的だった。長年フェミニズム運動に関わってきた身としては、それが真実であったならどれほどよかっただろうと思う。だが、それは真実ではないのだ。

性差に関する多くの主張、たとえば男性は火星人、女性は金星人、といった言説は、根拠のない戯言だ。認知とパーソナリティに関する大半の測定値において、男女は区別できない。しかしここまで見てきたように、男性と女性の脳と行動には、平均して言えば生物学的に有意に異なる面が現実に存在し、その一部は生まれつきのものである。人間の脳の生来の性差についてはなお知るべきことが多いし、そうした研究は批判と議論を通じて可能な限り厳密にしておかなければならないが、傾向はすでに明白だ。研究を細胞レベル、生化学レベル、電気信号レベルへと精緻化していけばいくほど、脳の機能における平均的な性差がますます明らかになっていくはずである。

ここで重要なのは、神経的な差異であれ行動上の差異であれ、それは集団においての話だという点である。暴力的性向や自閉症の発症率など、ある種の特性に大きな男女差があるとしても、個人個人に対しては何の予測もできない。暴力的な女性もいれば、自閉症の少女も、自閉症の少年ほど多くはないにせよ、やはりいる。多発性硬化症の男性もいる。私たちは（動物も含めて）性別に関してステレオタイプ化を行い、予断を持つようにできている（人間に内在するバイアスについての実験から、そのことは明らかだ）。しかし、個人に対するこうした予断は、頭の中から極力排除するよう努めなければならない。

私が心の底から信じていることを語ろう。インターセックスの人々やさまざまなジェンダー・アイデンティティのスペクトラム上にいる人々を含め、性別とジェンダーの平等性を支持する議論とは、もののあるべき姿を問題にする倫理的議論であるべきで、人間やその他の生物の現実のあり方についての生物学的な議論であってはならない。もし明日、女性やインターセックスの人やトランスジェンダーの人の脳に何らかの生まれつきの平均的特異性が存在するという決定的な証拠が見つかったとしても、それをもって平等な機会を否定する制度を主張する根拠にはできない。万人に対する機会の平等を訴える道徳的議論は、性淘汰説や、男女やインターセックスの人の脳と行動の間にある生まれつきの差異の存在に対応できるし、対応させなければならない。実際これは非常に重要な目標で、これほど重要な課題を、結局は維持できないことが分かっている白紙説に負わせることなど、とてもできないのである。

第5章

誰を好きになるかということ

私が高校生だった1970年代の話だ。仲間内の人気者の女性について、こんなジョークが流行った。

質問：ジェーンはどうしてバイセクシュアルなんだと思う？

答え：この世にはふたつの性しかないから。

解説するまでもないだろうが、ジェーンは愛情において平等主義で、もし仮に性が3つあったら彼女はトライセクシュアルになっていただろう、という意味合いのジョークだ。[1] 今さらこんな古いジョークを引っ張り出してきたのは、私たちがその後、性的指向と呼ぶようになった分類――ゲイ、ストレート、バイ[*]――がいかに粗雑な分け方であるかをはっきりさせるためだ。

若い頃に1回だけ男性との性的経験があり、その後は女性としか恋愛せず、性的にも女性としか関係していない男性を、私たちはストレート、バイ、どちらで呼ぶだろうか。彼自身は自分をどう分類する

（＊）英語のゲイ（gay）は、男性の同性愛者だけを指す場合と、男女の同性愛者全体を指す場合がある。この3分類では、ゲイは女性の同性愛者（レズビアン）を含む。

だろうか。もし分類するとしてだが。1997年に、それまでは男性としか恋愛をしてこなかった女優のアン・ヘッシュが、レズビアンであることを公にしていたコメディアンのエレン・デジェネレスと関係するようになった。この件はメディアで広く取り上げられた。ふたりの関係は2年後に終わりを迎え、ヘッシュは男性と結婚した。彼女は今、ストレートなのだろうか、バイなのだろうか。性的に男性としか関係してこなかったけれどもレズビアン・ポルノを見るのが好きという女性はどうなのだろう。ゲイ、ストレート、バイというカテゴリーには、そもそも意味があるのだろうか。

トランスジェンダーの男性が女性に想いを寄せているとしたら、彼のジェンダー・アイデンティティに即してストレートと言うべきか、それとも生まれたときの性別に即してゲイと言うべきだろうか。私ならストレートと言う。けれども異論のある人もいるだろう。この問題を回避するために、アンドロフィリック（男性愛）、ガイネフィリック（女性愛）、アンビフィリック（両性愛）という用語を採用する研究者もいる。これらは求愛側の生物学的性別やジェンダー・アイデンティティを問題にせず、愛情を注ぐ対象だけを指す表現である。この表現が強調しているのは以下のことだ。人は「自分とジェンダー・アイデンティティを共有する人」に惹かれたり「自分とジェンダー・アイデンティティを共有しない人」に惹かれたりするのではない。人は男性か、女性か、両方かに惹かれるのである。ジェンダー・アイデンティティを変えた人が、それと同時に惹かれる相手を変えるということはほとんどない。こうして、ゲイであれストレートであれ、性的指向は安定して維持される。

たいていの人は、恋愛対象と性的関心の対象は一致している。しかし誰もが常にそうであるわけではない。たとえば刑務所内の男性は心理的な救いを求めてほかの男性とのセックスに頼るが、恋愛感情は一切ないと否定するだろう。性的な空想をしても、実際に行動に移す意図も欲望さえもないと言う人は多い。その空想の中でどれほどの喜びがあろうともである。恋愛感情も性的誘惑も感じない、あるいはそのどちらか一方しか経験しないという人もいる。

そうなると、このような問いを立てることは間違っていないはずだ――性的指向を表す用語には、空想や欲望や目に見える行動やそれらの組み合わせを反映させるべきなのか。その答えは、明白でも単純でもない。これについては多くの議論が戦わされてきた。

＊　＊　＊

パプアニューギニア南部の低地や近隣の島々に見られる伝統的な考え方に、人間には母乳と精液という基本的なふたつの体液がある、とするものがある。ここに暮らす人々は、すべての幼児の成長には母乳が必要だが、少年が男性になるには成人男性の精液を取り入れる必要があると考えている。少年たちは10歳前後になると母親のもとから引き離され、村から離れた「少年の家」に連れて来られ、そこで数カ月から数年を過ごす。この隔離生活の間、成人男性、とりわけ少年の母方のおじには、少年の思春期の成長を助けるべく自分の精液を提供することが義務付けられている。集団によるが、男性が少年とオーラルセックスをしたり、少年の身体に精液を塗りつけたり、アナルセックスをしたりする。この性的イニシエーションは義務であり、常に少年が成人男性から精液を受ける形になる（その逆は少年の成長と成熟を妨げるとされる）。

成人になるイニシエーションの儀式を終えた少年は移行期間に入り、両性との性的関係を持つことになる。しかし数年後には女性と結婚し、以後はその相手とだけセックスをするよう促される。[2] これは、文化的観念がいかに深く性的行動に影響しうるかを如実に示す事例である。このような性的習慣を維持している村人たちは、ゲイやストレート、バイにあたる言葉や概念を持たない。この少年たちの成長を、ゲイからバイへ、そしてストレートへの移行と表現することは、彼らの文化に対して外部の者が押し付ける構成概念にすぎない。それは彼らにとって何の意味も持たない。ほとんど役に立たず、妥当性もない。

＊　＊　＊

最近は、性的指向を表すストレート、ゲイ、バイという伝統的な分類が大ざっぱにすぎることに不快感を抱く人々が現れてきた。こうした人々は、パンセクシュアル（生物学的性別、ジェンダー、ジェンダー・アイデンティティに関する性的選択に縛られない）、デミセクシュアル（感情的な絆を結んだ相手にしか性的に惹かれない）、ヘテロフレキシブル（主に異性愛的指向だが、わずかにホモセクシュアル行動をとる）といった新しい用語を使ったり、場合によっては自分の性的感情や恋愛感情に対してひとつの言葉で表現することを一切拒否したりする。心理学者のサリ・ヴァン・アンダーズは性的指向を組み合わせで考える方法を提案した。ひとつの次元に性的アイデンティティ／性的指向／行動状態を置く。ジェンダー／性別／パートナーの数といった次元もある。(3) 有用な試みだし、正確性と、すべてを平等に包含するという意味で賞賛すべき提案ではあるが、日常会話で用いるには少々扱いにくいと個人的には思う。本書では、ストレート、ゲイ、バイという言葉が人間の性的な表れの繊細さや範囲やダイナミズムのすべてを捉えていない不完全な用語であることを踏まえつつ、これらの言葉を使っていく。

性的指向については、アメリカやヨーロッパでランダムなサンプリングを用いた大規模な匿名調査が何度か行われている。それによると、男性の約３％、女性の約１％が一貫したホモセクシュアル、男性の約0・5％、女性の約1％がバイセクシュアル、残りがヘテロセクシュアルであると回答する。これらの調査はかなり安定した結果を示すが、回答者が常に正直に答えているとは限らないし、調査結果にはシステム的なエラーが含まれる可能性もあるという点には留意が必要である。また、これらの調査は大半がキリスト教徒が多い富裕国で行われているため、ほかの社会集団ではある程度異なる結果が得られる可能性もある。(4)

性的指向は何で決まるか

ストレートの男性に「あなたはいつストレートになることを決めましたか」と質問したとしよう。答えはおそらく、そんなふうに決めた覚えはなく、ストレートであることは思春期の頃かそれ以前にすでに明らかになっていた深い衝動のようなものだ、といったものになるだろう。ゲイやバイの男性でも答えは同じだ。アメリカで行われたある調査によると、ゲイとバイの男性のうち、自分で性的指向を意識的に選んだと答えたのはわずか4％ほどだった。残りは「生まれつきこうだ」と感じていた。(5)

2019年に大統領候補に名乗りを上げたピート・ブティジェッジは、その点を明確に語って見せた。「私がゲイであることが選択だとしたら、それは私の力の及ばないはるか上のかたがなした選択です。マイク・ペンスのようにお考えのみなさんには、このことをご理解いただきたい(*)――私が何者であるかがあなたにとって問題になるのなら、それは私の問題ではありません。あなたが言い争うべき相手は、私の創造主なのです」。(6)

「性的指向は変えられないのか」という科学的な問題が政治問題化したのは不思議ではない。政治的に右寄りの人の多くは、同性愛は自由意思に基づいた有害で不道徳な選択であり、それゆえこれらの人々の市民的権利は守るに値しないと考えている。一方、大半の左派は、性的指向は変えることのできない生まれつきの特性だとして、ゲイやバイの人々の権利を擁護してきた。同性婚を憲法に認められた権利として確定させたオーバーグフェル対ホッジス裁判での歴史的な米最高裁判決は、判事の多数派意見として次のように記している。「精神科医らは性的指向が人間のセクシュアリティーの正常な表れであり、かつ変えられないものであると認めた」。最高裁はさらに、性的指向は固定的であるため、ゲイの人々は同性との献身的関係を結ばざるをえないと続けた。「これらの人々の不変の性質の命じるところにより、同性婚は彼らにとってこの深い献身的関係に至る唯一の現実的な道である」[7]。

男性はほぼ全員が、自分の性的指向は幼い頃に決まり、成人後まで一貫していると感じているようだ。しかし女性の場合、事態はそこまで明確ではない。多くのレズビアンは若い頃から常に女性だけに惹かれてきたと言うが、少数ながら無視できない数のレズビアンが、性的、恋愛的な対象が変動する経験をしたと報告している（エレン・デジェネレスと恋愛関係になったアン・ヘッシュもそうだった）。心理学者のリサ・ダイアモンドは、レズビアンとバイセクシュアルの女性79人を対象に10年にわたりインタビューを行った。その結果、約3分の2が自分の性的指向について以前とは違う申告をした。しかも3分の1は2回以上指向を変えていた。重要なのは、文化的に広く考えられているようにバイセクシュアルがストレートからレズビアンへの過渡期であるということはほとんどないということだ。ダイアモンドによると、多くの場合、男性にしか惹かれたことのなかった女性が突然、女性に恋をして性的に惹かれていることを自覚する。逆も同じである[8]。この変則的な恋愛感情は、たいてい特定の相手にしか向けられない。たとえば、レズビアンの自意識を持つ女性が特定の男性に惹かれたとしても、男性一般に魅力を感じるようになるとは限らない。ダイアモンドはこの融通性のある惹かれ方を「女性の性的流動性」と呼ぶ。[9]

性的流動性という現象があるということは、ゲイやレズビアンの市民的権利のためにこれまでなされてきた主張にとって厄介な問題を引き起こす。これは明らかに、同性婚についてのオーバーグフェル裁判の最高裁判決の柱であった性的指向の不変性という議論に疑問を投げかけるものとなる。しかし、リサ・ダイアモンドと法学者のクリフォード・ロスキーが主張するように、私も、レズビアンとゲイの市民的権利を支持する議論はそもそも性的指向の不変性を軸にするべきではなかったと考えている。性的指向が固定している人――ゲイであれストレートであれバイであれ――のほうが性的指向が流動的な人よりも市民的権利で優遇されるということがあってはならない。ゲイやレズビアンの市民的権利を支持する根本的な倫理の主張は、不変性ではなく個人の自由を問題にするべきなのである。

別の例を挙げるなら、アメリカには宗教的差別から市民を守る法律がすでにある。特定の宗教を信じることは明らかに、不変の特性ではないにもかかわらずだ。ほかの宗教に改宗した人の権利も守られる。性的指向は、とくに女性で、ときに流動的になる。しかし、その流動性は性的マイノリティーの市民的権利を認めない理由としては妥当性を持たない。

（＊）２０１９年４月７日、当時インディアナ州サウスベンド市長だったブティジェッジが２０２０年のアメリカ大統領選挙民主党予備選挙への立候補を表明する直前にＬＧＢＴＱ支援団体の講演で語った言葉。共和党トランプ政権の副大統領だったマイク・ペンスは以前インディアナ州知事を務め、両者には交流があった。ふたりとも敬虔なキリスト教徒だが、ペンスはＬＧＢＴＱに不寛容な姿勢をとっており、ブティジェッジは自分の立場を鮮明にするためにここで副大統領のペンスを引き合いに出している。

身体は嘘をつかない——広く信じられている考え方である。ストレスを感じたとき、外面的には平静を装っても、わきには汗がにじみ、心臓が早鐘のように鳴って、緊張を知られてしまうというわけだ。男性の勃起についても似たようなことが言える。ストレートの私は、テレビでオリンピックの女子ビーチバレー競技を見ているときに、性的な興奮などしていないと言い張ろうとするのだが、妻は私の股間の膨らみを指さして「現行犯！」と言うのだ。私はしゅんとして認めるしかない。

この恥ずかしい事態を、研究室ではもう少し厳密に測定することができる。シスジェンダーの男性の勃起を、ペニス外周プレチスモグラフと呼ばれる装置で測定する。名前は大層だが、ひずみ計の付いた幅広のゴムバンドである。ペニスが勃起して太くなるとひずみ計が作動して記録装置に信号を送る仕組みだ。ボランティアの被験者に、この装置を装着してビデオを見てもらい、コンピューターのマウスを使って性的な興奮の程度を自己申告させる。エロティックな刺激は各種のポルノビデオである。対照のため、自然やスポーツのビデオも見せる。

男性の異性愛度を最もうまく測定できるのは、男女のカップルが登場するポルノだと思われるかもしれない。しかし問題は、こうしたビデオは必然的に男性と女性両方の性的活動を捉えてしまうことにある。実験によると、純粋にゲイの男性も純粋にストレートの男性も男女のポルノで勃起する。これに対して、ゲイの男性だけのポルノビデオを見たストレートの男性は、ほとんどの場合、自己報告でも興奮しないし勃起もしない。同様に、女性同士のセックスを撮影したポルノを見たゲイの男性は、ほとんどの場合、興奮の報告も勃起もしない。比較的新しい研究で、少なくとも一部のバイセクシュアルの男性は、男性同士のビデオにも女性同士のビデオにも、勃起と自己報告の興奮の両方で反応を示した。[10]

これらの結果から一般的に言えることは、男性では、バイであれゲイであれストレートであれ、自己報告と勃起との間に強い整合性が見られるということである。一般に、男性が性的に興奮したと報告するときには、その刺激に反応して勃起する。興奮しないと言うときには勃起もしない。[11]

これに対して、シスジェンダーの女性では状況が異なる。女性器の性的反応を測定する方法はいくつかある。ひとつは膣フォトプレチスモグラフィと呼ばれる方法で、最も広く用いられてきた方法である。これには光源と光電セルを内蔵したタンポンサイズのプローブを使う。この光電セルで膣壁に反射する光の色を測定する。女性の性的興奮には、血漿から自然に膣液を作り、分泌するというプロセスが含まれる。膣液の生産に先立ち、膣壁の血流が増加して色の変化が起こる。それをプローブで検出するのである。女性が性的に興奮すると外性器への血流も増加する。こちらは外陰部レーザースペックル画像や、外陰部熱画像といった技法で測定できる。

女性でも、自己報告で興奮を引き起こす刺激が膣の反応も引き出すという、男性と同様の現象が見られる。異なるのは、大半の女性で、自己報告では興奮していないというビデオの少なくとも一部に対して膣が反応するという点である。ストレートの女性はたいてい、男性同士、女性同士、男性と女性、いずれのセックスのビデオでも膣が反応を示す。自己報告ではこれらの刺激の一部にしか興奮しないと言っているにもかかわらずである。ある研究では、2頭のボノボ（ピグミーチンパンジー）が交尾をしているビデオでさえ、大半の女性は、興奮しないと報告したにもかかわらず膣が反応していた。

総じて言うと、女性の生殖器の反応は、男性ほどには自己報告の興奮と一致しない。しかし、細かい点で興味深い問題がふたつある。第一に、ゲイやバイの女性はストレートの女性よりもこれらが一致する率が高い。つまり、男性同士や男女のセックスのビデオを見て興奮を報告しないゲイやバイの女性は、膣が反応する率も低かった。[12] 第二に、すべての女性で外陰部の血流の測定値のほうが膣の血流よりも自己報告の興奮と一致していた。興奮しないと報告される刺激に対する血流は外陰部のほうが少ないのである。[13]

なぜ多くの女性で、興奮しないと自己報告される刺激に対して膣壁の血流が反応するのだろうか。ひとつの可能性として、この自己報告は信頼が置けないとも考えられる。実際には性的刺激で気持ちのうえでも興奮しているのだが、報告では興奮していないと言っているという可能性である。[14] 私の見るところ、その可能性は低い。この実験の被験者たちは、膣にプローブを挿入して性的なビデオを見るという実験内容を知ったうえで参加したボランティアで、自らセックスに対して肯定的な姿勢をとっている人々だということを念頭に置く必要がある。そうした女性は、実際に興奮した刺激に興奮していないと答えるような内気な性格とは考えにくい。

より可能性の高そうな説明として、膣壁の血流増加で膣液が分泌されるため、いきなり、あるいは合意なく膣への挿入がある状況への適応的反応であるとも考えられる（このような状況に陥ることは、人類の過去の進化の歴史の中では現代よりもいくぶん多かったかもしれない）。性科学者のメレディス・チヴァーズは、幅広い性的刺激により反射的な膣液が分泌されることは、痛みや傷害や感染症の可能性を抑えるだろうと示唆する。[15] この説明は、膣の反応のほうが外性器の反応よりも報告される興奮との解離が大きいこととも整合する。外性器への血流は保護の役には立ちにくいからである。

女性の性的流動性と女性と膣反応の不整合性。この両者はつなげて考えたくなるかもしれない。どちらの現象も、総じて女性は自認する性的指向とは異なる性的経験にオープンであると示唆している。とはいえ、そう考えたくなるのは、「これは真、あれも真、でも両者は無関係」（因果の誤謬）の一例なのかもしれない。あるいは女性、とくにストレートの自意識を持つ女性で意識的反応と膣の反応があまり一致しないこと、そして女性の性的指向が男性よりも流動的であること、このふたつの現象には共通する神経的起源があるのかもしれない。つまり進化による適応なのかもしれない。しかし、現時点ではこの仮説を支持する証拠も否定する証拠も見つかっていない。

＊　＊　＊

性的指向が、意識的な性的感覚が生じる前、幼少期の対人経験により決まる——そんなことがあるのだろうか。[16]

シングルマザーに育てられた子どもが、ストレートの夫婦に育てられた子どもよりもストレートになりやすいとか、なりにくいといったことはない。同様に、レズビアンのカップルに育てられた子どもがストレートになりやすいとか、なりにくいといったこともない。[17] アメリカ心理学会が科学文献の大規模なメタ分析を行ったが、宗教やしつけや教育を含めた子育てのあり方がどうであれ、成人後の性的指向に影響するという明確な証拠は見つからなかった。[18]

このように、性的指向も大半のパーソナリティ特性と同じで、子ども時代の行動にはある程度子育てが影響するが（共有環境の統計に表れる）、成人する頃にはその影響は消えている。同性愛を非難する家庭やコミュニティで育てば、ゲイやバイだとカミングアウトする人は減るかもしれない。けれどもそれは、同性に惹かれる感覚がなくなるという意味ではない。

男性でも女性でも、同性愛は子ども時代の情緒的、性的虐待に起因することがあると主張する研究者がいる。この問題に関して議論となった研究文献を読んだ私の考えを言わせていただくと、虐待と同性愛が関係するという主張の根拠は薄弱だと思う。第一に、事実に関して疑問がある。情緒的、性的虐待と後の同性愛との間に正の相関を見出した調査はある。しかし、いかなる統計的相関もないとする研究もあるし、女性にはあるが男性にはないとする研究や、性的虐待にはあるが情緒的虐待にはないとするものもある。[19] 関連性が認められても、たいていは統計的に弱い。たとえば、過去に性的虐待を受けた経験があると成人後に同性のパートナーを持つ率が上がるとした研究があるが、その上昇はわずか1・4%だった。

　第二に、子ども時代の虐待と成人後の同性愛の間にわずかな統計的関連が認められるとしても、それは虐待が同性愛の原因であることを意味しない。児童虐待の経験の報告に差があるのは、実際に虐待率が高かったのではなく、ゲイやレズビアンのほうが虐待を思い出す率が高いことによる、という可能性もある。このわずかな関連性について私が最もありそうだと考えている説明は、性別に典型的な子どもの行動とは少し違う行動という形で現れるごく初期段階の同性愛性が、児童虐待の可能性を少し高めた、というものである。

　ジークムント・フロイトが、男性の同性愛は父親の不在と母親との強い絆に原因があるとしたことはよく知られている（フロイトは女性の同性愛に関しては多くを述べていない）。この結論に対する批判として、フロイトの患者はゲイの男性を代表するサンプルではなかったと指摘することができる。彼らはゲイ全体のサンプルではなく、精神療法を求めるほどの問題を抱えたゲイの男性たちだったのである。フロイトに対するこの批判自体は正しいが、比較的大規模な調査でも、ゲイの男性は平均してストレートの男性よりも母親との絆が強く、父親との絆が弱いことを示す証拠は得られている。[20] しかし、子ども時代の性的虐待との関連性を言う場合と同じく、問題は細部に宿る。おそらく、子育てが性的指向に強く影響したのではない。脳回路のバリエーションは性別に典型的な行動に影響する。そうした行動は子どもも時代にはっきりしてくるため、それが子どもに対する親や周囲の大人たちの対応に影響したのである。どうしてそうなるかを検討してみよう。

ゲイの兄弟がいる男性がゲイである率は約22％（一般集団では3％）。レズビアンの姉妹がいる女性がレズビアンである率は約16％だ（一般集団では1％）[21]。しかし、姉と弟、兄と妹の組み合わせには、このような統計的な相関が見られない。ゲイの兄弟がいることは、女性がレズビアンである可能性と統計的に関連しない。レズビアンの姉妹がいる男性でも同じである。家族の中で兄弟と姉妹が共に同性愛あるいは異性愛になりやすいということはない。なりやすい特性があるとすれば、それは「自分と同性の相手に惹かれる」や「自分と違う性の相手に惹かれる」ではなく、「女性に惹かれる」「男性に惹かれる」だ。

これらの統計から、性的指向は家族の中で偏る傾向があるということは分かるが、その理由は分からない。というのは、きょうだいは平均して50％の遺伝子の型を共有するが、育ち方も共有しやすいからである。そのため、もしフロイトが正しく、母親との絆の強さが男の子をゲイにしているとしても、その場合もやはりほかの兄や弟に影響が見られてもおかしくない。前にも見たように、遺伝と育ちを切り分けるひとつの方法として、同性の双子の分析がある。性的指向に遺伝的要素がないとしたら、ふたりともゲイという双子の割合は、一卵性双生児でも二卵性双生児でも同じになると予想できる。逆に、性的指向が完全に遺伝的に決まるとしたら、一卵性双生児の片方がゲイならもう片方もゲイになるだろう。

スウェーデンで３８２６組の双子を無作為に選び出した調査が行われた。現在までに行われた調査ではこれが最良の推定なのだが、これによると、女性の性的指向の分散の約20%、男性では約40%が遺伝に左右される[22]。過去の双子研究では、性的指向についてもっと高い遺伝率——男女とも約50%——を推定するものもあったが、これらは無作為に選ばれた双子ではなく、自分から進んで参加したボランティアを調査対象にしていた（レズビアンやゲイ向けの媒体の広告や、ゲイのイベントを通じて応募した人もいた）。

結論として、遺伝子のバリエーションは性的指向の決定因子のひとつであるが、それですべてが決まるとはとうてい言えない。また、男性のほうが女性より遺伝の影響がやや強い。

繰り返しになるが、このような遺伝率の推定は集団に対するものであって、個人について語っているのではないという点に留意することが大切である。性的指向を完全に遺伝的に決めてしまうような遺伝子の型を持っている人もいるかもしれないし、性的指向が遺伝とはまるで関係しない人もいるかもしれない。ほかのすべての行動特性と同じく、人の性的指向を決定する単一の遺伝子は存在しない。性的指向にごくわずかに寄与すると思われる多くの遺伝子があるが、現時点ではそうした遺伝子についての意味のあるリストは作られていない[23]。逆に、人の性的指向を決める単一の遺伝子が存在しないからといって、この特性のバリエーションに遺伝が関係しないということではない。身長の例を思い出してほしい。身長は非常に遺伝性の強い特性だが、その遺伝性は何百という遺伝子の小さな変異により決まっているのである。

胎児期・新生児期の環境はどう影響するか

性的指向に子育てがほとんどあるいはまったく影響せず、遺伝子も部分的にしか影響しないとすると、なぜある人はストレートになり、別の人はバイやゲイになるのだろうか。この失われた部分を説明する要素は何なのか。

シスジェンダーの男性にとり、生まれ順はひとつの因子になっているようだ。兄のいる男性は成人後に男性に惹かれるようになる可能性が高い。この効果は、小さいけれども多くのさまざまな文化や地域で共通して見られる。姉妹や弟がいても、この効果は見られない。これは子育ての問題ではない。生物学的な兄がいれば、兄と違う家庭で育っても同性愛の可能性が高まるからである。同様に、養子の兄がいても影響はない(24)。

興味深いことに、弟は兄よりも出生時の体重が軽いことが知られている。これは、生まれ順の影響が生まれる前に働いていることを示唆する。生まれ順が性的指向や体重に影響を及ぼしていることについて生物学的に考えられるひとつの説明は、男の胎児が生産するタンパク質(おそらくはY染色体にコードされている)に対して母親が示す免疫反応の反映、というものだ。男の胎児のタンパク質(あるいは細胞そのもの)が母体に入って全身を循環すると異物と認識され、抗体が生産される。この母親が次に男児を妊娠したときに、その抗体が胎盤を通じて胎児の身体と脳の発達に影響する、というシナリオである。最近、ゲイの息子を持つ母親は、とくにその息子に兄がいる場合は、ニューロリギン4(Y連鎖)というタンパク質に対する抗体のレベルが、異性愛者の息子を持つ母親を含む対照群よりも有意に高いとする興味深い研究が発表された[25]。これはきわめて刺激的な発見となりうる研究で、再現が待たれる。

性的指向を説明できるもうひとつの有望な要素は、胎児期ないし新生児期に浴びるホルモンである。ホルモンについて見ると、女の胎児や赤ん坊が高レベルのテストステロンにさらされると脳が部分的に男性化し、後に性的に女性に惹かれる可能性が高くなる。同様に、男の胎児や赤ん坊が浴びるテストステロンのレベルが低いと脳が部分的に女性化し、後に性的に男性に惹かれる可能性が高くなる。ステロイドホルモン信号の変化が引き起こす病気の中に、この考え方を裏付ける証拠がある。たとえば、すでに見たように先天性副腎皮質過形成（CAH）の女性は、胎児期にテストステロンレベルが高くなる。出生時にテストステロン阻害薬で治療しても、この女児の脳は部分的に男性化しているように見える。CAHの女性の約21％は、性的に常に女性に惹かれると回答する（女性全体では1・5％）[26]。

この結果はある種の動物実験とも一致する。モルモットやラットやヒツジのメスの胎児にテストステロン信号を強める処置を施すと、成長後にオスに典型的な性行動を示すのである。たとえば、ほかのメスにマウントし、オスのマウントを促すロードーシスという姿勢を見せない。同様に、ラットやヒツジの発達中のオスにテストステロン信号を弱める処置を施すと、成長後、オスに典型的な行動が減る。

こうした観察について注意すべきは、これらの行動の意味を私たちは必ずしも知らないということである。メスのヒツジがほかのメスにマウントした場合、それはメスに対する性的関心を表しているのか、社会的な攻撃性の表れなのか、その両方なのか。オスのラットがロードーシスを見せた場合、それはオスに対する性的関心のサインなのか、社会的な服従のサインなのか、その両方なのか。それとも、これらの行動には人間には思いも寄らない意味があるのだろうか。

ゲイの男性の脳は一部女性化し、レズビアンの女性の脳は一部男性化している可能性が高いという仮説を検証するために、ストレートの男性とストレートの女性の脳の構造の平均的な違いを利用することはできるだろうか。この比較に用いることのできる脳領域として、ＩＮＡＨ３と呼ばれる海馬の一部がある。この部分は（ストレートの）男性のほうが大きい。また、前交連と呼ばれる左右の脳半球を結ぶ線維の束は（ストレートの）女性のほうが太い。ゲイの男性では、前交連とＩＮＡＨ３の大きさが女性に近いことを示唆する報告があることはよく知られている。[27]ただし、これらの結果については今なお明確に再現できたとする独立した研究はない。[28]

ストレートとゲイの脳に大きな違いがないというのではないが、性別の違いのところで見たように、脳の変化の大半は脳領域の大きさ、つまり脳画像や解剖組織で測定できる側面に現れてくるものではない。仮定的な例で説明すると、レズビアンとストレートの女性の脳を比較するとして、レズビアンでは女性に対する性的行動の指令に関わるニューロンの電位センサーとなるカリウムチャンネルを暗号化している遺伝子の発現が少ないのかもしれない。その場合、これらのニューロンは興奮しやすくなるが、このニューロンを含む脳領域の形や大きさは変わらない。[29]

男の子と女の子は、平均的に言えば、かなり早い時期から行動にある程度の違いが現れてくる。すでに見たように、男の子は無鉄砲な遊びをしやすく、物のおもちゃで遊びたがり、女の子は総じてあまり荒々しくない遊びをしやすく、人形や動物のおもちゃを選びがちである。[30]そこで、多くの男の子と女の子について性別に典型的なこうした行動を評価した後、成人になるまで追跡調査を行ったところ、驚くべき結果が得られた。子ども時代に女の子に典型的な行動を強く示した男の子は、成人後に男性に性的に惹かれるようになる率が非常に高く（75％。一般集団では３・５％）、男の子に典型的な行動を示していた女の子は成人後に女性に性的に惹かれるようになる率がかなり高かったのだ（24％。一般集団では

1・5%)[31]。しかし、すべての人がそうだというわけではない。お転婆娘《てんば》がみな女性に性的に惹かれるようになるわけではないし、女の子のような男の子がみな男性に性的に惹かれるようになるわけでもない。それに、言うまでもなく、すべてのレズビアンが男性的ということはなく、すべてのゲイが女性的ということもない。それでも、こうした調査結果は非常に興味深いものであり、次のような一般論を示唆すると言えよう――性的指向は、一群の行動(この場合、ある程度性別に典型的な行動)を生み出す脳機能のバリエーションの一側面にすぎない。

たとえば、性別に典型的でない女の子は無鉄砲な遊びに加わりやすく、人と協調するような遊びにはそれほど加わらず、成長後に女性に性的に惹かれやすくなるわけだが、これについて最も可能性の高い説明は以下のようなものだ。性別に典型的な行動に関係する脳回路には、対人経験、遺伝子、胎児の体内をめぐるホルモンや免疫系分子などの化学信号、さらにおそらく私たちがまだ知らない生物学的なその他の因子の何らかの組み合わせが影響を及ぼしており、そのパッケージのごく一部として性的指向がある。

見つからないヒト・フェロモン

ジェンダー・アイデンティティと性的指向の先には、さらなる難問が待ち構えている。私たちはなぜ、ほかの人ではない、その人に惹かれるのかという問題である。

マッチングサイトから得られる膨大なデータからひとつ明らかになることは、私たちが男性、女性、トランスジェンダー、ノンバイナリー、ゲイ、ストレート、バイの何であれ、相手に求める必要条件だと口で言っていることは、現実にはそれほど重要ではないということだ。ストレートの女性が、相手は背が高く、オペラ好きの男性でなければと言っていたとしても、背がそれほど高くなく、オペラ嫌いでデスメタルのライブに行きたがる相手と付き合って満足しているということはある。陽気な赤毛を探していたゲイの男性が、内気なブロンドと恋に落ちるということも大いにありうる。これだけは絶対に受け入れられないということは実際にあるが——最近の状況からすると、支持政党は超えられない壁だと言う人は多いだろう——一般的に言うと、自分が将来誰に惹かれるかというのは、思ったほど予想できないものである。

これについて香水業界の人なら、人に惹かれるかどうかはフェロモンの問題だと言うだろう。そして、あなたが選んだ恋愛相手を夢中にさせるよう調合されたという高価な液体をまんまと売りつけるわけだ。フェロモンというのは1959年に作られた言葉で、本来は、ある動物種（あるいは、その種のたとえばメスだけ）に特徴的な信号分子で、同じ種の標的集団（繁殖年齢のオスなど）の定型的な行動を引き起こす物質を指す。[32] 最初に発見されたフェロモンは、カイコ蛾（*Bombyx mori*）のメスが作る性的誘引物質ボンビコールだった。この誘引物質はごく少量でも、何キロも離れたところにいるオスのカイコ蛾の性的注意を引きつける。重要なのは、このボンビコールを（性的に興奮したメスが自然に分泌するのと同じ濃度で）わずかに小枝に塗りつけるだけで、あたりにメスのカイコ蛾が一匹もいなくても、やはりオスが引き寄せられ、しかも、ほかの昆虫や動物には何の影響も及ぼさないという点だ。[33] それがフェロモンというものなのである。その種に属する個体はすべてこの物質を分泌し、その種の標的集団の個体のすべてに作用する。フェロモンは性行動に重要な意味を持つが、社会階級、個体や集団のなわばり、食物や危険の存在などを知らせる信号にもなりうる。[34] いちばんのポイントは、フェロモンは個体の匂いではないということだ。その種のすべての個体がこれを利用し、すべての個体がそれに反応する。[35]

フェロモンは、昆虫から魚、哺乳類に至るまで多くの動物に利用されている。空中や水中を遠くまで漂うものもあれば、受け手に直接付着するようなねばねばした物体であることもある。[36]最初に見つかったボンビコールは単一の化学物質だが、いくつかの化学物質が混じり合ったフェロモンもある。ある種のフェロモン、たとえばオスのハツカネズミ（*Mus musculus domesticus*）の尿に含まれるフェロモンは、ほかのオスの攻撃行動とメスの性的誘引行動という二種類の定型的行動を即座に引き起こす一方で、若いメスのハツカネズミの性的成熟の開始を促すなど、発達上の遅効的な効果も持つ。[37]

ヤギやネズミやウサギといった哺乳類の仲間たちもフェロモンを使う。ということは、私たち人間がフェロモンを使えないと考えるべき理由はないということだ。私たちは鼻の中に、素晴らしく繊細な匂い探知器を備えている。匂いはフェロモンを受け取るいちばんの方法だ。加えて私たちは、多くの化学物質からなるさまざまな種類の匂い分子を分泌する。その物質は皮膚に生息する菌の助けを借りて代謝により生み出されることも多い。これらの匂い分子の生産は男性と女性で異なるし、中学校に通った人なら誰でも証言できるように、思春期の始まりと共に変化する。

人間のフェロモンの存在を示す有力な手がかりのひとつが１９７１年に発表され、注目を集めた。アメリカのウェルズリー大学の女子寮に暮らす学生たちの生理の周期にまつわる研究だった。[38]女性たちが一緒に生活していると、互いにフェロモンで信号を発し、生理の周期がそろってくるというのである（なぜそのことが役に立つのかは明らかではない）。１９９８年に追加の実験が行われ、その報告によると、妊娠可能期（卵胞期後期）に女性の腋窩《えきか》から分泌される汗は、別の女性の鼻の下に塗りつけても意識的には何の匂いも知覚しないが、その女性の生理周期を早め（排卵前の黄体形成ホルモンレベル上昇を進めることによる）、生理周期の同期を促すとのことだった[39]。しかし残念ながら、腋窩の汗に含まれ、同期を促す化学物質はまだ特定されておらず、それ以上に重大なことに、生理周期の同期という現象そのものが、以後何度か研究が繰り返されたにもかかわらず再現できていないのだ[40]。フェロモンにより生理周期がそろうという話は今でも一般によく語られることではあるが、生物学者の間では、証明されていない説であるという認識が現在では広まっている。

人間のフェロモン研究ではもうひとつ、ブタの繁殖に触発された分野がある。オスのブタの唾液の中にはアンドロステノンというホルモンが含まれている。発情期のメスがこのホルモンを検知すると反射的に交尾姿勢を取る。このホルモンはデュポンから「ボアメイト」という商品として畜産農家に販売され、メスの交尾期、つまり繁殖期をコントロールするために使われている。人間の腋窩からもアンドロステノンおよび関連するいくつかの化合物――男性ではアンドロステネジオン、女性ではエストラテトラエノール――が分泌されていることが判明すると、いくつかの研究グループが、これらがフェロモンかどうかを評価する研究に着手した。ただしこれらの研究は検定力も対照も不十分だった。ある研究は、待合室の椅子にこれらの化合物をスプレーし、女性と男性がどの椅子を選ぶかを観察した。こうした研究のいちばんの問題は、人間の腋窩に存在するほかの数百の化合物ではなく、この化合物を調べる確固とした理由が存在しないことだ。これらの化学物質については数多くの研究が行われたにもかかわらず、人間のフェロモンとして作用するという十分な証拠は得られなかった。

リバプール大学のジェーン・ハーストが最近、オスのマウスの尿に含まれるフェロモンについて報告しているが、ここから人間のフェロモンの発見につながるヒントを得ることができる。オスのマウスの尿はメスのマウスに対する性的誘引物質であり、この尿から抽出されたあるタンパク質がメスに対する効果を完全に再現できることが分かったのである。このタンパク質は、ジェーン・オースティンの『高慢と偏見』に登場する気難しい二枚目のダーシーから、ダーシンと名づけられた。ダーシンはマウスのフェロモンと考えられる。

この解釈に対しては、メスのマウスは本能的にダーシンに反応しているのではなく、ダーシンと魅力的なオスとの関連を学習しただけではないかと疑問を呈することができるだろう。この疑問に答えるためハーストらは、いわばマウスの女子寄宿学校を作り、オスとの接触を一切許さずにメスを育てた。すると、こうして育った無垢なメスでさえ、性的に成熟すると純粋なダーシンにもオスの尿にも性的に反応することが分かった。(41)

こうした実験を人間でも行えばいいと思う人もいるかもしれないが、それは現実的ではない。人間において学習効果と定型的行動とを分離する最良の方法は、まだ学習の機会を持たない新生児の本能的行動を観察することだろう。母親が赤ん坊に授乳をするときは、乳輪が膨らみ、乳首の周囲のモントゴメリー腺と呼ばれる突起から母乳ではない滴《しずく》を分泌する。この分泌物を生後3日の新生児の鼻の下に付けてやると、赤ん坊は唇をすぼめ、舌を突き出し、乳首を探し求める（**図12**）。決定的な点として、授乳中の母親が乳輪から分泌するこの液は、まったく無関係な赤ん坊からもこうした飲乳反応を引き出す。(42)この現象は、真のフェロモン効果と同じく、母親個人の匂いと母乳との関連づけ学習とは無関係なのである。

授乳時の母親が乳輪から分泌するものの中に本当に飲乳反応を引き起こすフェロモンがあるかどうかを確かめるためには、一種ないし数種の化学物質を分離し、自然な濃度で赤ん坊の飲乳行動を完全に再現できることを示す必要がある。その後、できることなら、乳輪からの分泌物からこれらの化学物資を除去した場合に赤ん坊の飲乳反応が消えることを示すとよい。

これらすべてが意味することは、香水業界や多くの大衆誌の努力にもかかわらず、現時点では人間のフェロモンであると証明された物質は存在しないということだ。最有力候補は上述の授乳時に赤ん坊の飲乳反応を引き出す分泌物で、あまりセクシーではない。マウスや蛾やヤギと違って私たち人間には性的行動を引き起こすフェロモンは存在しないということだろうか。存在しないと結論づけた科学者もいる。一部の哺乳類の鼻でフェロモンの検知に働く鋤鼻《じょび》器官が人間（大型霊長類）では退化しており、脳とつながっていないという理由からだ。しかし、この議論は無意味だと私には思える。ウサギやマウスはある種のフェロモンを鋤鼻

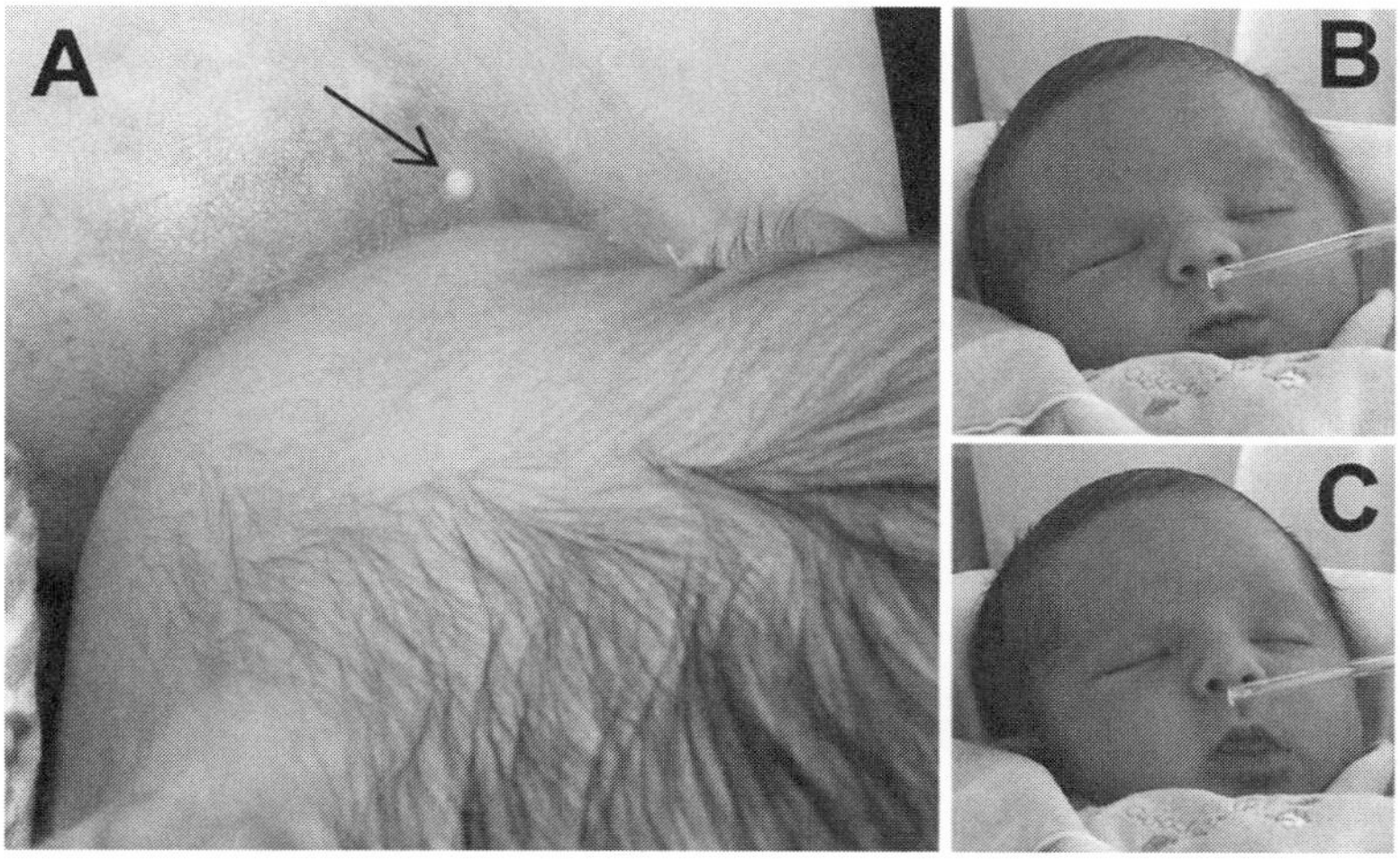

図 12　乳輪にあるモントゴメリー腺からの分泌物は新生児の定型的な飲乳反応を引き出す。A：生後 3 日の赤ん坊に授乳中の女性の乳輪のモントゴメリー腺から分泌された滴（矢印）。B、C：この分泌物をガラス棒で赤ん坊の鼻の下に持っていくと、唇をすぼめる反応と舌を突き出す反応を見せる。
Doucet, S., Soussignan, R., Sagot, P., & Schall, B. (2009). The secretion of areolar (Montgomery's) glands from lactating women elicits selective unconditional responses in neonates. *PLoS One, 4*, e7579. より。Creative Commons Attribution License の下で使用。

器官ではなく、人間を含むほかの哺乳類と同じ主要な嗅覚で検知することができるからである。[43] それゆえ、鋤鼻器官を理由に人間のフェロモンの可能性を除外する必要はないと私は考える。この点については第6章でさらに詳しく扱う。

オックスフォード大学のフェロモン研究者トリストラム・ワイアットは、人間の性フェロモンを探すのなら、戦略としては、男女の思春期の開始前と開始後に放出される分子を比較し、開始後にだけ見られるものに焦点を当てるのがよいだろうと指摘している。[44] ワイアットはまた、私たちが身体の間違った場所に目を向けてきたかもしれないと言う。第1章で、アジア北東部によく見られる*ABCC11*遺伝子の乾型耳あか変異型を持つ人はアポクリン腺の分泌が少なく、わきの下があまり臭わないという話に触れたが、ワイアットは、この人々でも配偶者探しに苦労するわけではないという事実を指摘する。つまり、性ホルモンはアポクリン腺からではなく、全身、とくに頭皮、顔、胸、股間に分布する皮脂腺からの分泌物に由来する可能性がある。人間の性ホルモン探しをするには、わきの下は最良の場所ではなく、大胆な研究者はもっと恥ずかしい場所を綿棒で拭わなければならないかもしれないのである。

自分と違う相手を選ぶ

人間にフェロモンが存在する確たる証拠が今もって存在しないからといって、性的誘引において匂いが重要な役割を果たしていないということにはならない。近年、相手に惹かれるかどうかに、MHC（主要組織適合性複合体）と呼ばれる分子群が影響している可能性が指摘されている。人間の場合、MHCはHLA（ヒト白血球型抗原）としても知られている。ゲノムの中でMHCの領域は6番染色体上にあり、免疫における抗原の認識に重要な役割を果たすタンパク質群を発現させる。これらのタンパク質は外界から入ってきたタンパク質の断片と結合し、細胞表面上で、T細胞という重要な免疫細胞に対してその断片を提示する。ゲノムのこの部分は人によりとりわけ変化の大きな部分で、数千ヵ所の変異を含む。それゆえ、可能な組み合わせの数は膨大になる。

6番染色体は2本ある。したがって、MHC領域にコードされるすべてのタンパク質についても、両親からどんな型を受け継いでいるかにより、同じふたつか、異なるふたつの種類を持つ。

多くの動物（魚、鳥、マウス）から十分に想定できることだが、私たちも嗅覚を通じて相手が放出するMHC分子を識別することができ、その分子の型が自分と異なる相手を選ぶ傾向があると考えられる。その理由として指摘されているのは、MHC分子の型が異なる両親から生まれる子どもはある種のハイブリッドの免疫系に恵まれ、感染症に対する抵抗力が増す、ということだ。MHCが多様なほうが、さまざまな病原体に対する免疫反応が改善するからである。

この仮説的な仕組みを働かせるには、人間が嗅覚を通じてMHC分子を嗅ぎ分けられなければならない。これを検証するため、嗅覚研究者のエイヴリー・ギルバートらは生理心理学的に興味深い実験を行った。遺伝子操作によりMHC遺伝子だけを変化させた2種類のマウスを使い、人間の被験者に両者の嗅ぎ分けをさせたのだ。(45) ギルバート自身の言葉から引用しよう。

両側に穴を開けたタッパーに生きたマウスを入れ、目隠しをした人に嗅いでもらった。ときおりマウスの尻尾が判定者の鼻をつくことがあったが、これにひどくいらだつ人もいればそれほど気にしない人もいた。(*) また、判定者にはマウスの尿や乾いた糞をたっぷりと詰めた小さな試験管も嗅いでもらった。……いずれの場合も結果は明白だった。人間は何のトレーニングもせずに匂いだけでマウスの種類を識別できたのである。[46]

その後の研究では、マウスのほうもお返しに人間のＭＨＣ型の嗅ぎ分けを行い、これが可能であることが確認された。これらの結果に基づいて、１９９５年にはクラウス・ヴェーデキントらが、以後「Ｔシャツ実験」として有名になる調査を行った。男子学生たちに２晩続けて同じＴシャツを着てもらい、翌日、女子学生たちに６枚のＴシャツの匂いを評価させたのである。女子学生は、自分とは異なるＭＨＣ型を持つ男性の匂いを、より快いと評価した。[47]

このＴシャツ実験はその後何度か再現され、拡張されている。男性も、自分とは異なるＭＨＣ型の女性の体臭を好むことを確認した研究者もいるし[48]、匂いの好みにこのような差異を確認できなかったとする研究もある。[49]この分野では、再現の失敗は、わきの毛を剃っていたからだとか、Ｔシャツを冷凍保存したせいだといった活発な議論が今も進行中だ。私の知る限り、こうした実験はすべてストレートのシスジェンダーの男女を対象に行われており、ゲイやバイやトランスジェンダーの人々にこれがどう働くかについては不明なままである。

さしあたりＴシャツ実験の結果が正しかったとしよう。ストレートの男性、ストレートの女性は自分と異なるＭＨＣ型の相手の体臭を好む、と。しかしそれでも、そのふたりが子どもを持つとは限らない。それを確かめるためには、子どものいるカップルの染色体を分析し、ＭＨＣの組み合わせがランダムか、それともＭＨＣ型が自分と違う相手を選んでいるのかを確認すればよい。この種の調査で今日までに行われているものの中で最も大規模で優れているのは、オランダ・ゲノムプロジェクトのデータを基に２

39組の子どものいるオランダ人カップルについて行われた研究である。結論は明確だった。MHC型の分布は、相手選びがMHCとは無関係であることを表していた。選ぶ相手のMHCは当人のMHCと似ているとも異なっているとも言えなかった。その結果は、ランダムにふたりを組み合わせた場合と統計的には変わらなかったのである。[50] この結果が再現されるか、またほかの集団にも当てはまるかを確認することは有益だろう。

「人間はMHC型が自分と異なる相手と子孫を残そうとする傾向があるが、それは病原体の圧力が強い場合に限られる」という可能性は考慮に値する。多くの文化の調査から、病原体が蔓延している地域の人のほうが、病原体がそれほど負担ではない地域の人よりも、相手の身体的魅力を重視する、との主張がある。[51] 同じことがMHC型にも言えるのではないだろうか。オランダのような気候が穏やかで公衆衛生も良好できれい好きで知られる国で暮らす人々は、匂いで検知されるMHCの違いで相手を選ぶかどうかを調べるには適切ではなかったというだけのことかもしれない。

＊　＊　＊

セックス・コラムニストのダン・サヴェージはこんなことを書いている。「人間のセクシュアリティーでは、変則こそが標準である」。人間の性的行動には、性的指向を超え、性的パートナー選びさえも超えて、まったく別のレベルの個人的バリエーションがある。人がなぜ特定のセックスのあり方を好む

（＊）　get up someone's nose この英語表現は「人をいらだたせる」という慣用句で、マウスの尻尾が、タッパーの穴から匂いを嗅いでいる人の鼻を突つくようすをからめたジョークである。

のか――スピード、激しさ、どの開口部か――についてはほとんど分かっていない。各種のフェチや下着の好みは、ほぼ間違いなく学習と、ある程度の偶然のなせるわざと言える。足フェチや、革の下着、ＢＤＳＭ、覗きなどに喜びを感じることについて遺伝の影響があるという証拠は見つかっていない。しかし、遺伝が特定の性的行動への好みに直接影響しないとしても、目新しいものを求めたり、リスクを取ったり、ものごとにこだわったりというパーソナリティ特性には遺伝の影響があるわけで、こういった特性が性的行動の面にも表れてもおかしくない。

特定の性的行動に対する個人的好みの一端は、触覚における遺伝的バリエーションに基づいて説明できるかもしれない。生殖器その他の性感帯からの神経接続のパターンは、細かく言えばひとりひとり異なる。[52] 実際、（特定のタイプの）神経末端が膣には平均より多く、小陰唇とクリトリスには比較的少ない、というようなシスジェンダーの女性はいるだろう。シスジェンダーの男性の中にも、神経末端がペニスの幹には多く亀頭や肛門には少ないという人がいるかもしれない。しかし、こうした解剖学的な違いが性的感覚のバリエーションや性的行動の好みをもたらしているかどうかは分からない。

性的感覚の基盤として、神経や脳領域に構造面以外で生まれつきの違いが存在する可能性もある。こうした違いは各種医療スキャン装置でも、あるいは顕微鏡を使ってさえ分からない。それは性的感覚を伝達し、処理している個々のニューロンの電気的、化学的信号を測定しなければ分からないだろう。特定の性的行為に対する私たち個々の好みに関係する生物学的要素は、脳の中だけでなく、皮膚や内臓諸器官を結ぶ神経の中にも存在しているのである。

第6章 味の好み、匂いの好み

小さな子どもの親で何よりよかったと思うのは、ときおり彼らが親の存在を忘れてくれることだ。車の後部座席は彼らにとってプライベート空間で、親に聞かれていることなどまるで気にせずに友だちとおしゃべりをしている（ナタリーとジェイコブは8歳の双子のきょうだい。サラはナタリーの友だち）。

ナタリー　好きな食べ物は何？　私はピクルスが大好き。大大大好き！
ジェイコブ　ピクルスなんて気持ち悪いよ。僕はフレンチトーストだな。
ナタリー　フレンチトーストは私も好き。でもピクルスほどじゃないわね。ピクルスがいちばん！
サラ　フレンチトースト、うえっ。たまご臭いおならみたいな臭いがするじゃん。あたしはマンゴーだな。
ジェイコブ　げっ。マンゴーなんてぬるぬるで気持ち悪！
ナタリー　気持ち悪くないよ。あんたほんと馬鹿ね。
ジェイコブ　違うよ。馬鹿はおまえだよ。あんな馬鹿みたいなしょっぱいピクルスが好きなんて。

ご想像のとおり、こんな会話が延々と続くわけだ。詰まるところ、ここには何の教訓もない。食べ物の好みは人それぞれ、というだけだ。それに、人の食べ物の好き嫌いはいくら議論しようが侮辱しようが変えられるものではない。ともかく、後部座席の食べ物の好みの話は家から学校まで、ときおりわめき声をはさみながらたっぷり30分は続く。

それから何年も後、マッチングサイト「OKキューピッド」で相手探しをしていたときに驚いたことがあった。プロフィールを掲載している女性のほぼ全員が、他人とは違う自分の性格を伝えるために、食べ物の好みにずいぶんと言葉を費やしていることに気づいたのだ。[1] 自分を描写しようとするときに食べ物の話題に頼ろうとする理由は理解できる。食べ物の好き嫌いは誰にでもあるし、何と言っても説明しやすい。けれど、私はこんなふうに思ったのを覚えている。「なあ、チャームシティスウィーティ、君はスパイシーな食べ物とホップの利いたビールが好きで、マヨネーズとマスタードと半熟卵が嫌いだ。うん、分かった。でも、だからどうなんだ？　君がスティルトンチーズが好きで僕がチェダーチーズが好きだったとして、僕たちがカップルになるのは本当に無理なのかな」。

そしていつものことだが、私の心はほかの生き物へと漂い始める。

ホットジャイアントパンダ4U　僕は竹の新芽が好き。ほかには何もいらない。竹の新芽さえあればね。

四川パンダモニアムギャル　わたしも同じ。一緒に竹の新芽食べて、のんびりしましょ。

こと食べ物に関しては、人間はパンダと真逆だ。ジャイアントパンダは生態学的に小さなニッチ――中国南西部の雲霧林――に生息し、竹類だけを食べている。人間は極地から熱帯まで地球上あらゆる場所に広がり、それゆえ植物から動物まで幅広く食べることのできる動物種になった。人類は食べ物の何でも屋になることに成功したのだ。人類の場合、食べられる物が種としてあらかじめ限定されすぎていて困るということはありえない。ただ、その土地で手に入るものには、学習を通じて適応しなければならない。その結果、個人個人のバリエーションが大きくなった。食べ物の好みが人の個性のしるしとされるいちばんの理由がここにある。

そのことは、日常の言葉の中にも見て取れる。「よい趣味《グッドテイスト》を持つ」という言い方は、けっして口の中に入ることのない服や音楽や本やその他あらゆるものも含めて、好き嫌いの基準が優れていることを意味する。テイスト（味）という言葉が、食べ物だけでなく個人の一般的な好みを指しているわけだ。これは英語に限った話ではない。たとえばスペイン語で「好む」を意味するgustarという動詞は、ラテン語で「味わう」を意味するgustareに由来する。このラテン語は英語のgustatory（味覚）やgusto（嗜好）の語源でもある。

人の食べ物の好みはどうしてこれほど多様なのだろうか。それを理解するためには、味覚の神経生物学的基盤を探究する必要がある。私たちがふだん、ものが美味《おい》しいと言うとき、その表現で意味しているのは舌のセンサーが検出する5つの基本的味覚（甘味、塩味、酸味、苦味、旨《うま》味）のことだけではない。美味しさとは、香りと味と食感が混じり合った統合的な風味の感覚、口全体に対する感覚なのである。実際、英語では、「テイスト（味）」という言葉を「フレーバー（風味、味わい）」の意味で使うことがよくある[2]。本書では混乱を避けるため、「味」という語は5つの基本的な味だけを指す狭い意味で用い、食べ物を口に入れたときの複数の感覚が混じり合った体験を指すときには「風味」を使う。

味覚は、頭の怪我や薬の副作用や感染症などにより失われることがある。しかし、味が感じられないと訴えて医師のところにやってくる人の大半は、実は匂いが失われている。(3) そのような患者の舌に塩や酸や砂糖の水溶液を直接垂らしてみると、正常に知覚され、味覚に問題はないことが分かる。考えてみると、これはとんでもないことだ。耳鼻科に行って耳が聞こえませんと言ったら、あなたは目が見えないんですと告げられるようなものではないか。脚の感覚がありませんと訴えたときに、あなたは耳が聞こえなくなっていて、その感覚を別の感覚と取り違えているだけですよと言われる、などということはありえない。だが、嗅覚の障害は味覚の問題と取り違えられることがよくあるのだ。この事実は、このふたつの感覚が私たちの体験の中でとてつもなく強く結びついていることを明確に示している。

言わずもがなだということは分かっているが、それでも以下の点については取り上げておく価値がある。あなたは何かを味わうときに、おそらく口に入れる前の段階ですでに匂いをチェックして、口に入れるかどうかの判断をしている。そして舌の上の味覚センサーは、さらに「飲み込むべきか、吐き出すべきか」という判断の材料を提供する。これはときに生死を分ける判断となる。当然のことだが、ほぼすべての動物はこのような判断をする必要がある。そのため、味覚センサーは非常に古くから進化してきた。その起源は5億年ほど前にあると考えられる。

現生生物のイソギンチャクは、ニューロンの面では非常に古い生物に似たところがある。ものを話す口も脳もないが、袋状の単純な消化器官に入ってきた苦い物質を検知し、原始的な神経系を使って適切な筋肉を収縮させる信号を送り、その物質を吐き出す。現代の私たちも食べたくないものを口に入れると「げーっ」と言って吐き出すが、どんな文化にも見られる舌を突き出すこの表情は、古代生物の行動に進化上の起源を持つのだ(4)。

人間の場合、味を感知する細胞は味蕾《みらい》という器官を形成している。味蕾は約1万個ある。舌の表面には全体に乳頭と呼ばれる突起がたくさん見えるが、これらの乳頭は味蕾の集まりだ。味蕾は舌以外にも軟口蓋や気道上部の咽頭にも分布する。ただし、これらの組織表面では乳頭は形成していない。ひとつの味蕾には50個から100個の細胞が集まり、先端に小さな穴の開いたつぼみのような形状をしている。[5]味蕾を構成する個々の細胞は、5つの基本的な味のいずれかの専用の検出器になっている。酸味専用の味蕾とか、苦味専用の味蕾といったものはなく、各味蕾が5つの基本的な味を検出するそれぞれのセンサーを持っている。ここで重要なのは、各センサー細胞が食べ物や飲み物で活性化したときに発する電気信号は、脳に届くまでほぼ分離したままと思われることだ。[6]

細胞表面で味分子と結合するセンサーはタンパク質、つまり遺伝子により直接発現する物質だ。現在までに生物学者たちは人間の苦味のセンサーを25種類、甘味センサーを2種類、塩味と酸味のセンサーをひとつずつ、旨味センサーを2種類確認している。[7]

これらのセンサーにはそれぞれの役目がある。食べ物を評価し、飲み込むか吐き出すかの判断をすることに関わる役目である。苦味のある化学物質はたいてい植物由来で、コーヒー豆のカフェインやブロッコリーのイソチオシアネートのように毒性を持つものも多い。この毒性は、植物を細菌や真菌類や捕食動物（たいていは昆虫）から守るためにある。つまり、私たちは植物由来の苦味を感じるとき、植物と昆虫との間で続く化学戦争の傍観者として、人間にはほとんど関係のない会話を立ち聞きしているようなものなのだ。

細菌が生み出す苦味物質もある。その結果、大半の動物にとり苦味は植物由来の毒か細菌感染を示すもので、それゆえ拒絶反応を起こす。[8]これは生まれつきの特性だ。新生児は生まれて初めて出会う苦味に対して、舌を突き出す「げーっ」という表情を示す。学習は必要ない。酸味もほぼ嫌悪的な反応を引き起こす。わずかな酸味は悪くないが、強い酸味は、サワーミルクなど発酵したものか、熟していない果物など消化できないものを表すことが多い。赤ん坊は、苦味と同様に酸味に対する嫌悪も生まれたときから持ち合わせている。

甘味は反対で、私たちは甘さを快いものと見なすように生まれついている。赤ん坊は、吸い口に砂糖を塗りつけた哺乳瓶を与えると、吸い口に水を塗りつけた瓶よりも長時間、強く吸い続ける。甘味は天然の糖類にも含まれるが、炭水化物を含む食物を噛んでいるあいだに唾液中の酵素で部分的に分解されて口の中でできる糖からも、ある程度得られる。甘く、炭水化物を多く含む高カロリーの食物、たとえば母乳のようなものを喜んで摂取することは、進化の過程を通じ、人類にとって基本的に適応的なことだった。それゆえ、甘味は快感として身体に組み込まれていて当然なのだ。

旨味は主としてアミノ酸のL‐グルタミン酸の風味である。L‐グルタミン酸は「肉っぽい」味がする多くの食品中に存在する。肉のスープ、魚(種類による)、マッシュルーム、パルメザンチーズ、トマトといった食品や、味噌、醤油、魚醤など多くの発酵製品に豊富に含まれる。母乳にも牛肉のスープと同じくらいの旨味成分がある。これが、私たちが生まれつき旨味を好むようにできている理由の少なくとも一部である可能性は高い。

塩味についてはやや複雑だ。私たちは塩味の食品を好むよう生まれついているが、ある程度の濃さまでに限られる。赤ん坊も成人も塩辛い食べ物を喜んで食べるが、塩味があまりにもきついと不快になる。これには生物学的な意味がある。身体はナトリウム濃度をごく狭い範囲に保つ必要があるからだ。摂取する塩分が不十分でも過剰でも、神経系などの器官に障害が生じる。塩分摂取量を最適化するという問題は、部分的には、どうやら2種類のセンサーを持つことで解決されているようだ。ひとつは低濃度の塩分にのみ反応するセンサーで、快感を引き起こす脳回路につながっている。もうひとつは高濃度の塩分でのみ活性化し、嫌悪を引き起こす脳回路に接続する。これまでに低濃度の塩分センサーとしてENaCが確認されているが、高濃度のセンサーの分子がどのようなものかはいまだ不明である。[9]

ここでひとつの疑問が頭に浮かぶ。なぜ人間には苦味専用のセンサーが25種類以上あるのに、酸味にはひとつしかないのか。自然はこの数字を通して私たちに何ごとかを伝えようとしているようにも思える。

酸味のセンサーがひとつしかない理由は、あらゆる酸味のもととなるのは単純なひとつの化学物質、水素イオン（H^+）だけだからだ。レモンの風味は酢の風味とは異なるかもしれないが、それはそれぞれに含まれるほかの化学物質のせいだ。それらの物質の大半は嗅覚で検出される。しかし、レモンでも酢でも酸っぱさのもとは水素イオンなのである（ほかの物質に水素イオンを与える分子を酸と呼ぶ）。水素イオンだけを検出するように作られている酸味センサーに、多くの種類は必要ない。[10]

塩味も同様にナトリウムイオンだけに由来する。旨味もほぼ必ずL-グルタミン酸による（構造的に似たL-アスパラギン酸などの分子による場合もある）。甘味は類似した化学構造を持つ少数の糖分子（果糖、ブドウ糖、蔗糖《しょとう》）に由来する。そのため、甘味、塩味、旨味はそれぞれひとつかふたつの受容体で十分用が足りている。

これに対して苦味は、構造がばらばらな何千もの化学物質から生じる。その結果、たとえばT2R38というセンサーは、どうやら特定の種類の細菌が生み出す苦い化学物質と、ブロッコリーや芽キャベツなどの十字花植物に含まれるグルコシノレートという苦い化学物質だけを限定的に検出する、というような形になっている。[11]別の苦味センサーT2R1は、ホップの毬花《きゅうか》に苦味を与えているイソフムロンという物質だけを検出するようにできている。世界中のＩＰＡビールの愛好家（チャームシティスウィーティもそのひとりだった）は、このセンサーの恩恵を被っているわけだ。

苦味センサーにはさまざまな化学物質に反応するものもあれば、ひとつの化合物だけに反応するものもある。しかし全体像は明白だ。私たちが避けるべき多様な苦味化学物質を検出するためには、多くの苦味センサーが必要になるということである。

ひとつの動物種の食性が変化して特定の味覚センサーが不要になると、そのセンサーをコードしていた遺伝子には変異が蓄積するようになる。最終的にはそうした変異により遺伝子が完全に崩壊し、タンパク質を生産する機能を失う。こうした壊れた遺伝子は「偽遺伝子」と呼ばれる。ネコやライオン、トラ、チスイコウモリ、ネッタイツメガエルなどの肉食動物は、甘味を感じることができない。甘味センサー遺伝子の*T1R2*が変異で穴だらけの偽遺伝子となっているためだ。逆に、ジャイアントパンダのように竹ばかりを食べるために旨味に出合わなくなり、旨味を感じる能力を失った草食動物もいる。ジャイアントパンダの旨味センサー遺伝子*T1R1*はゲノムの中で、野ざらしにされて錆びた自動車のように偽遺伝子となって横たわっている。

味覚が失われた事例の中でおそらく最も奇妙なのはクジラとイルカだろう。どちらも５０００万年ほど前に陸上の草食動物から海中の肉食動物へと進化した。この海棲哺乳類は、甘味だけでなく、酸味、苦味、旨味の感覚も失っている。[12] これは一見奇妙に思える。クジラやイルカもやはり毒を避け、肉を味わうためには苦味と旨味のセンサーが必要と思われるからだ。これを説明するひとつの仮説として、イルカやクジラは獲物を丸呑みするため、飲み込むか吐き出すかという判断をする必要がないとも考えられる。何でも飲み込んでしまうとしたら、味覚センサーが判断材料を提供する必要などない。

興味深いことに、海棲哺乳類がみな味覚を失っているわけではない。植物を食べるマナティは甘味と苦味のセンサーを機能させている。このことも、どんな種であれ基本的な味覚は食性により維持されるという考え方を裏付けている。

味覚の違いはどこから生じるか

生まれたばかりの赤ん坊が甘い味に快を感じ、苦い味に不快を感じるためには、神経が特定のパターンで配線されていなければならない。甘味と苦味のセンサー細胞はそれぞれ、味覚神経節の専用のニューロンに電気信号を送る。この神経節から脳へは3カ所の処理ステーションを経由し、味覚を識別する脳領域である島皮質《とうひしつ》に至る。[13] 舌から島皮質までの全経路を通じて苦味の信号と甘味の信号がほとんど混じらないという点は重要である。マウスの実験から、苦味の情報を伝える軸索がシナプスを作り活性化させるのは島皮質の中のある一部のニューロンで、甘味の信号が活性化させるのは、島皮質の中でも隣接する別の一部であることが分かっている。このように、種類の異なる感覚情報が厳密に分離して伝わるパターンを「色分け電線」方式という。

マウスの甘味の皮質を電気的に刺激すると、まるで甘味を感じているかのように水の吸い口を何度も繰り返し舐める。同様に、苦味の皮質を電気的に刺激すると、苦味を感じているかのように吸い口を舐めなくなる。

しかし、味の快や不快は、島皮質自体の中で生み出されているのではない。この反応には色分け電線をもう少し伸ばす必要がある。甘味の皮質から伸びる軸索は、扁桃体の前基底外側部のニューロンを活性化させ、苦味の皮質から伸びる軸索のほとんどは、やはり扁桃体の中心核に向かう。マウスの実験では、扁桃体前基底外側部にある甘味皮質神経末端を人為的に活性化すると、果たせるかな快感が生じ、扁桃体中心核にある苦味皮質神経末端を活性化すると不快感が生じた。扁桃体全体のニューロンの発火を阻害すると、マウスは甘味と苦味を区別することはできるが（これには島皮質が必要）、その味はもはや快不快の反応を引き起こさなかった――甘味も苦味も感情的にニュートラルになったのである。[14] ここで分子レベルの遺伝子操作を行い、マウスの味覚系の神経配線を変更して、苦味細胞からの情報が甘味の経路に送られるようにしたり、その逆にしたりすると、甘味が苦く不快に感じられたり、苦味が甘く快く感じられたりする。[15] つまり、味覚系は組み立て式に作られていて、味の識別と味への感情的反応の中枢はそれぞれ別に存在する。一般に、脳科学者が新生児の「神経に組み込まれた行動反応」について語るとき、それはたいてい比喩的な表現で、その生得の行動を説明する神経接続が実際に存在するわけではないことがほとんどなのだが、味覚については行動そのままの神経接続が存在するのである。

＊　＊　＊

味に対する人間の感覚がこのように神経線維で身体的に配線されているのだとしたら、なぜ好き嫌いがみな同じにならないのだろうか。理由のひとつは、誰もが味覚センサーをコードする遺伝子にそれぞれのバリエーションを持つからだ。味覚が一切ないという人はほとんどいないが、研究室で慎重に調べてみると、個人個人の反応にはかなりのばらつきがあることが分かる。調べ方としては、味覚を刺激する純粋な物質を舌の上に直接付けてみる（嗅覚の働きを極力抑えるため）。一例を挙げると、L‐グルタミン酸を少量、フランス人やアメリカ人の成人の舌に付けると、10％ほどの人は旨味をわずかしか感じられず、約3％はまったく感じない[16]。DNAを調べてみると確かに旨味センサーの遺伝子（*T1R1*と*T1R3*）にちょっとした型の違いがあり、L-グルタミン酸の感受性が強かったり弱かったりするのだ。旨味に対するひとりひとりの感受性の違いは、おそらくこれがもとになっている[17]。甘味センサーをコードするふたつの遺伝子の片方にもバリエーションがあり、同じような現象が確認されている[18]。

少なくとも25種類見つかっている苦味センサーの場合、どれかひとつの苦味受容体の遺伝子に変異があったとしても、その受容体に作用する特定の化学物質への感受性に違いが生じるだけで、苦味のある物質すべてに影響はしない。たとえば、カフェインの苦味で活性化するセンサーを敏感にする変異型を持っている場合、同じ受容体を活性化するニガキ（苦木）の樹皮の抽出物にも敏感になるが、クロガラシの種子に含まれる苦味物質シニゲリンに敏感になるとは限らない。シニゲリンはほかの受容体を活性化させるからだ[19]。

ここまでは、5つの基本的味覚のうちのひとつに特化したセンサーの遺伝的多様性についての話だった。だが、もっと一般的な遺伝的多様性もある。舌の表面にあって味蕾を持つ茸状《じじょう》乳頭の数の違いである。舌の上に乳頭をたくさん持つ人は苦味への感受性が高くなる。PROPという人工的な化学物質による苦味にはとくに敏感になる[20]。このような人を、味覚研究者のリンダ・バートシャックはスーパーテイスターと呼んだ。人口の約25％がスーパーテイスターだという。逆にPROPの味をまったく感じない人も25％ほどいて、こちらはノンテイスターとされた。ノンテイスターはほかの苦味物質は感じられるが、さまざまな苦味物質への全体的な感受性は低い。残りの50％は、PROPは苦く感じるが極端に苦いわけでもない中間の人々で、単にテイスターと呼ばれる[21]。スーパーテイスターは甘味や塩味や旨味への感受性もいくぶん高い。また、味覚以外の、トウガラシやアルコールによる口の中の焼けるような刺激に対しても感受性が高い。一方、ノンテイスターではこうしたさまざまな口中感覚の感受性も低い。[22]

個人的にはスーパーテイスターだのノンテイスターだのといった言葉遣いは好きではない。よい連想や悪い連想があまりにも働きすぎる。スーパーテイスターになりたくない人がいるだろうか。音の響きからしてクールだ。スーパーマンのようではないか。逆に、ノンテイスターというレッテルを貼られるのは侮辱されたような感じがする――ひどくつまらない、影の薄い人間だと。

実際には、スーパーテイスターは食べ物の選り好みが激しい傾向があり、過剰な刺激を受けないよう風味の強いものを避ける。とくに野菜を嫌うことが多い。野菜には多くの苦味物質があるからだ。強い風味を好み、さまざまな食べ物を喜んで味わうのはテイスターやノンテイスターの人のほうが多い。しかし、これも必ずそうだというわけではない。性格との関係があるからだ。数は少ないが、スーパーテイスターの中には生活のあらゆる面に対して好奇心が強く、リスクを取りがちな人もいて、そういう人は味の濃い食べ物を、刺激が強すぎると思いながらも楽しむのである。

ここまで、味受容細胞に発現する遺伝子について見てきたが、おそらくこれが味覚のすべてでない。味覚の処理経路の後半部分に表れる遺伝的多様性も、味覚体験に影響する可能性は高いのだ。その意味でも、味の識別と味に対する感情的反応とが別々に処理されている点は、あらためて強調しておく価値がある。まだ証明されていないとはいえ、味覚で活性化する扁桃体ニューロンの遺伝的多様性が、特定の味覚への感受性やその識別力には影響しないとしても、その味覚に対する快不快に影響することは想像に難くない。

味覚には、遺伝的な多様性に加えて年齢による変化もある。たとえば、こんな実験がある。３５０ccの水を入れたグラスをたくさん用意して並べ、砂糖を加え、端から濃度をだんだん濃くしていく。そして被験者に、どの甘さが理想的かを尋ねる（最適の濃さはブリスポイント＝至福の点＝というチャーミングな名前で呼ばれる）。大半の成人は小さじ10杯のグラスを選ぶ。奇妙なことに、この濃さは一般のソフトドリンクよりもやや甘い。これに対して、子どもはもっと甘いほうを好む——小さじ11杯だ。[23] 赤ん坊となると、甘すぎる砂糖水というものは実際には作れないほどだ。赤ん坊は、8歳児でさえ甘すぎて飲もうとしないシロップを喜んで舐める。

年齢によるこのような甘さの知覚の変化が、甘味感受性の変化だけなのか、甘味に対する快の知覚が関係しているのかは、今のところ分かっていない。舌の変化かもしれないし、脳の変化かもしれないし、両方かもしれない。

苦味については年齢が上がるにつれ逆の傾向が表れる。苦味にいちばん耐えられないのは赤ん坊で、子どもがそれに続き、成人だと耐性が上がる。5つの味のすべてで、歳をとると感受性は徐々に下がっていく。

女性のほうが平均して男性よりも苦味に強い。そして女性は妊娠すると、3カ月まで一時的に苦味の感受性が増す。[24] この一過性の苦味嫌悪は、妊娠初期の重要な時期に母親が毒物を摂取する可能性を下げる役に立っているとの説がある。考えられることではあるが、推測にすぎない。

私たちは甘味と、旨味と、適度な塩味を好み、苦味と酸味を嫌うよう生まれついている。しかし多くの大人や一部の子どもは、ブロッコリー、コーヒー、サワーキャンディ、ヨーグルトなど、苦いものや酸っぱいものを好んで食べる。個人の食べ物の好みに遺伝的多様性や年齢による変化が影響していることは確かだが、それだけでは説明がつかないことがある。離れて育った一卵性や二卵性の双子に食べ物について尋ねてみると、成人後の食べ物の好みのバリエーションに対する遺伝の寄与は30％程度という結果が得られる。そして驚くべきことに、残りのバリエーションに対しては、共有環境の寄与率がほとんどないのである。つまり、成人するまでの食べ物の好みの学習は、ほとんどが家庭外で起こっている。[25] 実際、一緒に育った一卵性双生児でさえ、成人する頃にはある程度の好みの違いが表れてくることを示した研究もある。[26]

個人の食べ物の好みについては、遺伝と年齢のほかに以下のふたつの要因が大きく関係する。ひとつは先ほど触れた学習である。少しずつ新しい食べ物を試すうちに、よい面や悪い面との関連づけができていく。コーヒーは苦いけれど、飲むと少し元気が出る。そうしてしだいにコーヒーの風味を楽しめるようになっていく。ヨーグルトは少々酸っぱいけれど、食感が好ましい。食べられるもののリストに加えてもいいか、といった具合である。私たちがその中で生きている社会集団には、食べ物と食事について複雑な観念が備わっている。何でも食べる雑食性の個体として、社会的文脈の中で何を好み何を好まずにいるかということは、一生を通じて答えを出し続けていかなければならないことなのである。

個人の食べ物の好みに影響するもうひとつの大きな要因は、全体的な風味感覚を構成する味以外の側面の働きである。主に嗅覚だが、視覚や聴覚や触覚も関係する。たとえば、被験者にポテトチップスを食べてもらい、噛んだときの口あたりや音も考慮に入れて新鮮さと魅力を評価してもらうという実験がある。この種の多感覚の影響が生じるもとは、食品そのものとは限らない。オックスフォード大学のチャールズ・スペンスの研究チームは、食品の風味に対する私たちの感覚がさまざまな種類の因子に影響されることを示す多くの実験を行っている。たとえばレストランで聞こえる音、皿やボウルの色やサイズ、カトラリーの重さなどだ。ポテトチップスの研究では、袋の中でカサカサと鳴る乾いた音も、チップス自体のサクサク感の知覚に寄与していることが判明した。別の研究によると、白いヨーグルトを食べるときは、黒いスプーンよりも白いスプーンで食べるほうがやや甘く感じられる[27]。これらの効果は比較的小さく、15%ほどにすぎないが、十分に意味のある数字である。この結果は、風味というものが実は多感覚の経験であり、個人の食べ物の好みが、潜在的に聴覚や視覚や触覚のさまざまなあり方の影響を受けることを裏付けている。

嗅覚の生物学

風味の大半は匂いによるものだ。コーラやセブンアップに香りがあるということにお気づきではないかもしれないが、実は香りを消してしまうと、どちらも甘い炭酸水と変わりがなくなってしまう。匂いがなければ、ステーキは少しばかり旨味が混じった塩辛くて嚙み応えのある物体になる。レモネードはただ甘くて酸っぱい水になる。嗅覚を喪失した無嗅覚症の人は食べる楽しみを失い、ただ健康な体重を維持するのに必要な量を無理して食べていることが多いのだが、それも当然だろう。無嗅覚症の人は、それればかりでなく睡眠障害や認知的混乱、意欲や社会的なつながりの感覚の喪失などに悩まされると訴えることも多い。何より重大なのは、無嗅覚症になると、うつ病と自殺念慮のリスクが有意に高まるという点だ。これは命に関わる深刻な病気であり、ただ食べ物が分からなくなって食べる楽しみが失われるというだけの問題ではない。私たちは社会的、性的手がかりとして匂いに頼って生きている。危険を察知し、学習をし、移動方向を決めるときでさえ匂いが手がかりとなる。

食べ物に関連したことだけで言うと、嗅覚は3つの大きな判断を支えている。第一に、食料をどこで見つけられるか。第二は、この食べ物を口に入れるべきか。第三は、味覚ともつながるが、口の中にあるものを飲み込むべきか吐き出すべきか、である。人間の嗅覚を理解し、それが人によりどのように異なるかを知るためには、これらの判断について考える必要がある。第一と第二の判断は、身体の外から来る匂い分子の評価に関わる。これらの匂いのもとは鼻の穴から吸い込まれ、鼻腔の上面にある約２０００万個の嗅覚受容ニューロンが密集している部分を通過する。鼻孔から入って匂いを感じさせるこのルートの嗅覚を、鼻腔嗅覚と呼ぶ（**図13**）。

しかし、食べ物がいったん口に入ると、匂い分子は呼気により口蓋の後ろにある鼻咽頭を通り、この裏口から嗅覚受容ニューロンの密集部分に到達する。呼気によるこのルートの嗅覚を後鼻嗅覚と呼ぶ。これは霊長類やイヌなど、一部の哺乳類にしか見られない嗅覚ルートだ。ここで重要なのは、鼻孔から入る匂い物質と口の中から出てくる匂い物質は嗅覚受容ニューロンの塊の部分に完全に同じパターンと濃度で届くのではないということだ。つまり、何かの匂いを鼻で嗅ぐときと、それを口の中に入れて匂いを感じるときとでは、違う経験をしているということになる。熟成チーズの中に、嗅いだときはひどい匂いだが口に入れると素晴らしい風味（主に匂いによる）に感じられるものがあるのは、おそらくそのためだ[28]。

熟したトマトの匂いを考えてみよう。トマトは何千種類もの分子からできている。この中で、十分に小さく空気中に拡散する揮発性分子は４５０種類ほどにすぎない。こうした分子は、ガスクロマトグラフという装置で測定し、種類を特定できる。その４５０の分子の中でも16種類だけが、嗅覚ニューロン上の専用の受容体としっかりと結合して人間に知覚される。これらの知覚が混じり合った匂いを、私たちは「トマトの匂い」と呼ぶ[29]。そのうえ、このトマト感覚を引き起こすために、16の匂い分子すべてが必要なわけではなさそうなのである。これらの化学物質の一部だけを使って本物らしい人工的なトマト

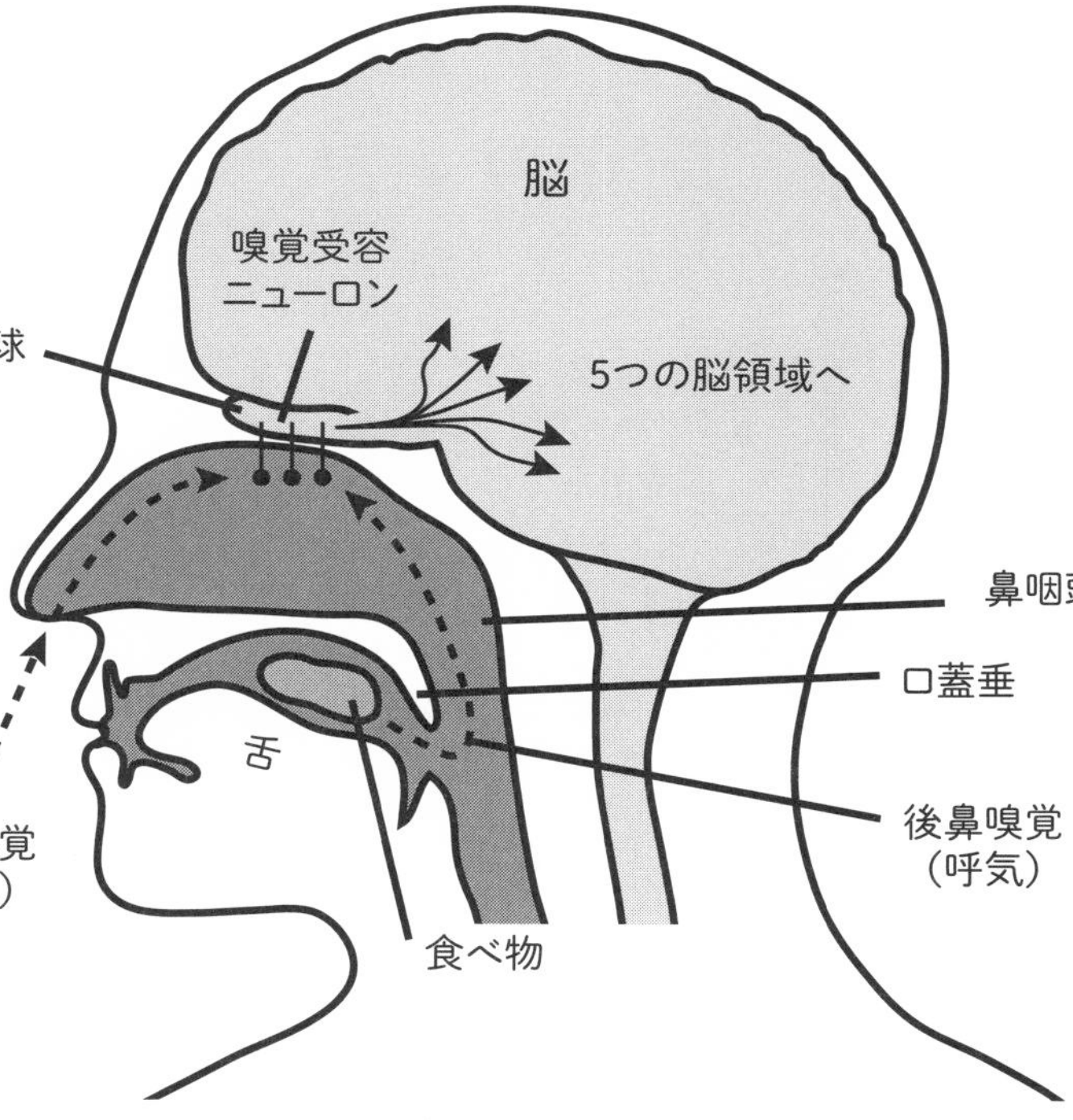

図 13　匂いはふたつの異なる経路で嗅覚受容ニューロンに届く。鼻腔ルートは鼻孔から吸い入れ、分子を調べる。後鼻ルートは口の中の食べ物の匂いを吐く息とともに鼻咽頭（口蓋の奥にある空気の通り道）経由で嗅覚受容ニューロンに届ける。嗅覚受容ニューロンからは電気信号が嗅球の回路を経由して脳の５つの領域に枝分かれしていく。これら５つの領域はそれぞれ、匂いの処理の別々の側面を担っている。図は Shephaerd, G. M. and Rowe, T. B.（2015）. Role of ortho-retronasal olfaction in mammalian cortical evolution. *Journal of Comparative Neurology, 524*, 471–495 より。出版社 John Wiley and Sons の許可を得て掲載。© 2019 Joan M. K. Tycko.

の匂いを作り出すことはおそらく可能だ。実際、化学企業は日常的にそのようなことを行っている。たとえばバラは何百という揮発性の分子を放出しているが、その中のひとつ、フェニルエチルアルコールを嗅ぐだけで、誰もがバラの香りと思う。実際、自然なバラのエッセンスを入れた瓶とフェニルエチルアルコールだけを入れた瓶を嗅がせると、この現代社会に生まれ、ずっと人工的なバラの香りのハンドソープなどの製品に囲まれてきた人はたいてい、純粋な化学物質を自然な香りと間違える。

嗅覚受容ニューロンは、鼻腔の上面で粘液に覆われた黄色みがかった組織に集まっている。このニューロンは約2000万個あり、それぞれのニューロンは、400種ほどある嗅覚受容体のどれかひとつだけを発現している。先述のバラの香りのフェニルエチルアルコールのようなひとつの特定の化学物質は、多くの種類の嗅覚受容体を活性化する。おそらく400種の嗅覚受容体のうち10~40種類ほどだ。また、クローブの香りのオイゲノールなど、ほかの種類の純粋な匂い分子も別の一群の嗅覚受容体を活性化するが、その一部は先のフェニルエチルアルコールで活性化した受容体と重なっている可能性がある。それればかりか、刈り取ったばかりの草の匂いや木が燃える匂いなど自然の匂いは、多くの匂い分子がさまざまな濃度で混じり合ったものである。こうして、嗅覚受容体の活性化パターンはますます複雑になる。

ここでのポイントは、たとえ匂いの元となる単一の純粋な化学物質であっても、その単一の匂いに単一の受容体が対応するというようなことはほとんどない、ということである。ある嗅覚受容体に変異があったとしても、ふつう、ひとつの匂いにとくに敏感になったり鈍感になったりすることはなく、さまざまな匂いの知覚に複雑な影響が及ぶ可能性のほうが高い。

味覚の受容体は、たとえば甘味など単一の味覚に対するものが舌の全面に分布していたが、同じように、特定の匂いに対する受容体を発現している嗅覚受容ニューロンは一カ所に固まらず、分散して分布する。しかし、ひとつの匂いに対してこのように分散して存在する受容ニューロンも、そこから情報を伝える軸索はすべて、次の処理段階である嗅球——嗅覚専門の脳の一領域——では一カ所に集まる。つまり嗅球の中では、各種の嗅覚受容体ごとに軸索が収斂する場所があるということだ（これを糸球体という）[30]。また、少なくともマウスやラットでは、嗅球の背側部で、腐肉やキツネの尿の匂いのように本能的な回避反応につながったり、マウスの性的フェロモン、ダーシンのように本能的な誘引反応につながったりする信号が処理されているものと思われる。

嗅球からは5つの別々の脳領域に情報を送る軸索が分かれて出て、それぞれに匂いの情報が伝わる（**図13**）。行き先は、匂いの識別に関わる梨状皮質や、惹かれる匂いや嫌な匂いによい悪いの感情的な意味を付け加える扁桃体皮質核などだ。

神経解剖学的な詳細に立ち入って話を難しくすることは本意ではないが、以下のちょっとした点だけは私たちの嗅覚体験の理解にとって非常に重要なので付け加えておく。嗅球の背側部から扁桃体皮質核に至る軸索は種類ごとに束になっている。つまり、一種類の嗅覚受容体が、嗅球内でひとつに固まったニューロン群と、扁桃体皮質核内でひとつに固まったニューロン群とを共に活性化する。このような色分け電線方式は、本能的に惹かれたり嫌ったりする匂いについて当然予想されるあり方だ。しかし一方、嗅球のほかの部分から出て梨状皮質に向かう軸索群は、末端で固まりにならない。梨状皮質全体に広く信号を伝えるのである[31]。これは、梨状皮質で匂いの信号を受けるひとつのニューロンが多くのさまざまな嗅覚受容体からの情報を受け取るということで、巨大な配電盤のような形になっている。

一見したところ、このような配線は無駄が多く思える。なぜ、嗅覚受容ニューロンの情報をいったん嗅球に集め、その後で梨状皮質でばらばらにするなどという面倒なことをするのだろうか。可能性の高い答えは、梨状皮質は嗅覚の学習器官だというものだ。梨状皮質のニューロンは、環境の匂いの経験から受け取った入力パターンにより調整される。扁桃体皮質核は、そこに向かう匂い信号が常に同じ反応を生むよう配線されているのに対し、梨状皮質はいわば白紙の状態で、経験により形作られるのを待っているのである。

＊　＊　＊

匂いに関しては、人間はほとんどの哺乳類より劣ると思っている人が多いが、それは真実ではない。動物種の嗅覚能力を測るにはいくつかの尺度がある。たとえば嗅覚受容ニューロンの数（人間では約2000万個だが、ブラッドハウンド犬では約2億2000万個）や、嗅覚受容体のタンパク質の種類（人間では約400種、イヌは1000種、マウスは900種）などが考えられる。

人間にはまるで分からない匂いを嗅ぎ取れる動物もいるとはいえ、人間は植物や細菌、菌類から生じる大半の匂いをかなりよく嗅ぎ取れる。スウェーデンのリンショーピン大学のマティアス・ラスカは、多くの動物の嗅覚感受性を比較した。さまざまな純粋な匂い分子を使って調べたところ、人間は総じて、ウサギ、ブタ、マウス、ラットなど繊細な嗅覚を持つと考えられてきた多くの種よりも匂いに敏感であることが分かった。ただしイヌは人間をはるかにしのぎ、私たちが嗅ぎ取れる濃度の100万分の1の匂いを嗅げることも多い。ふたつの匂いの嗅ぎ分け能力の検査では、人間は動物の中位に位置し、イヌ、マウス、アジアゾウよりは劣るがリスザルやオットセイとは同等だった[32]。

微かな匂いを感じ取り、嗅ぎ分ける卓越した能力を持つブラッドハウンドは、匂いで動物を追うことにかけては人間の比ではない。また、イヌには地面の匂いを嗅ぎやすい鼻の位置という利点もある。数年前、なんとも大胆な嗅覚研究者ノーム・ソベルらが非常に面白い実験を報告した。運動場の芝生の上にチョコレートのエキスで線を引き、学生たちに目隠しと耳栓と厚い手袋を着けさせて、その匂いを追跡させたのだ。学生たちはこの課題をますますの成績でやってのけた。彼らに必要だったのは、プライドを封印し、四つんばいになって地面を嗅ぐことだけだった。成績は最初からかなり良好で、練習を繰り返すにつれ、より速く、正確に匂いを追跡できるようになっていった。[33]

＊　＊　＊

動物種による嗅覚の違いについて考えるには、まず、その動物が嗅覚を使ってどんな問題を解決しているか、そしてそれが進化と共にどう変化してきたかに目を向けるとよいだろう。

イルカは嗅覚をひとかけらも持ち合わせていないようだ。[34]しかしこれは、水中で暮らしているからではない。たとえばサケは産卵期になると匂いを頼りに生まれ故郷の川に帰ってくる。[35]サケはおそらく動物の中で最も敏感な嗅覚を持っている。マウスは人間には感じ取れない自分たちの尿の匂いを嗅ぎ取るが、そこにはマウスにとっての社会的情報が込められている。

まったく同じ匂い物質が動物により異なる意味を持つこともある。捕食動物が持つ2-フェニルエチルアミンという匂いは、マウスにとっては当然嫌悪すべき匂いだが、トラでは性的フェロモンとなる。プトレシンやカダベリンといったいかにもそれらしい名前[*]を持つ腐肉の匂い物質もやはりマウスには嫌な匂いだが、ハゲワシなど腐食動物にとっては魅力的に感じられる。動物は、嗅覚情報に基づいてそれぞれ異なる判断をする。鼻から脳まで含めた嗅覚系は、こうした判断を支えるよう進化しているのである。

人間には機能している嗅覚受容体をコードする遺伝子が約400個あるが、機能していない嗅覚受容体の偽遺伝子がさらに約600個ある。おそらくこれらの偽遺伝子の受容体が検出した匂いは、私たちの祖先の生活においては重要な意味を持っていたけれども今日の私たちにはもはや意味のない匂いなのだろう。嗅覚受容体の遺伝子と偽遺伝子の数に基づいて、種による比較をしてみよう。人間は偽遺伝子が約60%という計算になる。チンパンジー、ゴリラ、アカゲザルなど人間と同じ3色型色覚を持つ霊長類の仲間では偽遺伝子は約30%。霊長類でも2色型色覚のリスザルやマーモットでは偽遺伝子は約18%にすぎない。この事実から、進化生物学者のヨアフ・ギラドらは、3色型色覚の獲得により嗅覚に対する淘汰の圧力が弱まり、嗅覚受容体遺伝子が失われていったのではないかと推測した[36]。たとえば、3色型色覚の発達により、それまでは幅広い嗅覚受容体で嗅ぎ分ける必要があった熟した果実を視覚で見つけやすくなった、といったシナリオが想像できる。

匂いは学習される

人間は、動物の中では全体として微かな匂いをよく嗅ぎ取れるほうだし、匂いの嗅ぎ分けでもまずまずの能力を有している。しかし、馴染みのある匂いでさえ、これと特定することに関してはまだ改善の余地がある。私があなたの家に忍び込み、冷蔵庫や洗面所からあなたがよく知る食べ物や飲み物、化粧品、薬など匂いのあるものをこっそりと持ち出して、目隠しをしたあなたの鼻先にそれらを差し出して匂いを十分に嗅げるようにしたとしよう。あなたはその物が何であるか、どのくらい正確に当てられるだろうか。実験室での結果からすると、正解率は20〜50%だ。若者のほうが正解率が高く、年齢と共に成績は徐々に悪化する。よく知る匂いに限らない実験では、年齢による正解率の低下が大きくなる。[37] 同じ実験を視覚で行ったらどうだろう。おそらく正解率はほぼ100%だ。視覚は物の名前の記憶を確実に引き出せる。だが嗅覚にはそれほどの力がない。[38]

人間は匂いを特定する能力がそれほど高くない。そのことが、人間が匂いを表現する能力に乏しいことと関係していると思われる。大半の言語では、さまざまな匂いの形容に、その匂いを持つ物に由来する表現しか用いない。たとえばウイスキーの香りではスモーキー（煙でいぶしたような）やピーティ（ピート＝泥炭＝でいぶしたような）が用いられる。ワインの芳香なら、梨、トロピカルフルーツ、タバコ、バーンヤード（納屋の前庭）の香り、などだろう。ポイントは、これらの匂いの表現はすべて、その匂いを持つ、あるいは出す、特定のものごとを指しているということだ。英語もたいていの言語と同様、色名のような、抽象的な匂いの名称を持たない。トマトも消防車も止まれの信号もみな赤だが、赤という名称は何らかの特性を共有する物体を指しているわけではない。「赤」は抽象的な記述語であり、「バナナのような香り」は物に由来する表現である。[39] もし色を匂いのような方式で表現すると、たとえばアメリカの国旗は、雲の色とチェリーの色の縞に、薄暗い空の長方形に雲の色の星が散っている、というようなことになるだろう。

こうしてみると、人間は脳の構造からして、匂いを識別して名づける能力に限界があるのだと考えた

（＊）プトレシン（putrescine）、カダベリン（cadaverine）の名称は、それぞれ「腐敗の（putrescent）」、「死骸（cadaver）」に由来する。

くなるが、民族誌家たちはこの考えに疑問を投げかける事例を発見している。[40] セネガルのセレール＝ンドゥット族の人々は、匂いを記述する5つの抽象語を持つ。「ピリク」は豆の莢《さや》、トマト、さまざまな霊的な存在の匂いであり、「ヘン」は生のタマネギ、ピーナッツ、ライム、そしてセレール＝ンドゥットの人々自身の匂いである。[41] マレー半島に住む狩猟採集民が話すマニク語やジャハイ語には15個ほど匂いの抽象語がある。たとえばジャハイ語の「イトプィト」は石けん、ビントロング（ジャコウネコの一種）、ドリアン、ある種の花などのようにはっきりとした匂いを記述するときに使われる。[42] マニク語の「ミッ」は動物の骨、マッシュルーム、ヘビ、人間の汗を表す際に用いられる。[43]

ジャハイ語の話者は英語話者よりも、よく知る匂いでも馴染みのない匂いでも匂いの特定に優れているが、これも驚くにはあたらないだろう。[44] 私の知る限りでは、嗅覚で物を特定することと視覚で物を特定することは、脳の中ではまったく別のプロセスと考えてよいと思う。それでも、匂いの同定システムの制約内で、狩猟採集民に見られるような集中的な匂いの評価体験をしていれば、匂いを記述する能力が向上する可能性はある。

私たち自身は訓練によってジャハイ語を話す人々に近づけるだろうか。ニューヨークに暮らす大胆な技術系ライター、ビアンカ・ボスカーがその課題に挑んだ。ボスカーはワインや食べ物について、とりたてて興味も知識もなかったが、難関として知られるマスター・ソムリエ認定試験に1年半以内に合格するという挑戦に乗り出したのだ。ボスカーは見事にやってのけた。短期間でワインの専門家になるための苦闘については、彼女が書いた面白くてためになる読み物『熱狂のソムリエを追え！』に記されている。

ワインは、チベットの人形劇や理論素粒子物理学と同じような意味で好きだった。つまり、何がどうなっているか分からないけれども、とりあえずにっこりと頷いておけばそれで十分、という意味だ。理解するためにはたいへんな努力が必要で、それだけの努力をしても得られる価値に見合わないように思えた。……感覚を研ぎ澄ませてきたこの人々に私はすっかり魅了された。これまで、その種の感覚は爆弾を探知するジャーマンシェパードにしかありえないと思い込んでいたのだが。

ワインの素人だったボスカーは、ソムリエの資格を得るために多くのことを学ばなければならなかった。ワイナリーについて、ぶどうについて、料理との相性について、そしていかに冷静にワインを薦め、供するかといったことについてだ。試験に通るためのいちばんの鍵は、銘柄の伏せられた赤白2種類のワインを特定する技を身に付けることだった。そのためにボスカーは1000リットルものワインを飲み、さまざまな香り、味、口あたり、見た目といった要素をひとつひとつ感じることに懸命に集中した。グラスに注いだときのワインの色、アルコールの燃えるような感覚の強弱、オレゴン・ピノノワールから放たれているであろう微かなスミレの香り、といったさまざまな感覚に注意を向けるべきことを彼女は学んだ。とくに重要なのは、ワインを飲んだときの自分の体験を言葉にするすべを学ぶ必要があったことだ。ボスカーは英語話者で、ジャハイ語を話すわけではなかったため、「トロピカルフルーツとグリーングラスの香り」といった、基本的に物に由来する記述語を使うことになった[45]。ある意味、ボスカーはジャハイの人々なら12歳までに習得している嗅覚語をある程度流暢に操れるようになるために、トレーニングに1年半を費やす必要があったということである。

ワインや香水の専門家など訓練を積んだ匂いのプロなら、馴染みの匂いの嗅ぎ分けでふつうの人よりもよい成績を収められる。このことは予想どおりだ。しかし、馴染みの匂いを混ぜてしまうと、世界最高の鼻を訓練してきた人でさえ、その中から嗅ぎ分けられるのはせいぜい3つか4つの成分だ。素人とさほど変わりがない。[46] 混じりあった匂いのそれぞれ成分の同定においては、どれほど集中的な訓練を積んでも乗り越えられない限界があるようなのだ。では、ワインの専門家たちがテイスティングノートに10以上の香りを書きつけるとき、彼らは何をしているのだろうか。

専門家がワインを評価するときは、利用できる感覚を総動員している。こうした評価の際に視覚がどれほど味覚や嗅覚を覆い隠すかを知れば、驚くしかない。ワインの専門家たちを集めてふたつのワインを評価してもらう実験が行われた。ひとつは白ワイン（ソービニョンブランとセミヨンのぶどうを含む1996年のボルドー）、もうひとつは、このまったく同じ白ワインに無味無臭の有機食紅を加えて赤くしたものだ。白ワインの風味の説明を求められた被験者たちは、グレープフルーツ、梨、フローラルブルームといった、白ワインによく使われる言葉を多く使った。ところが赤く染めた白ワインについて評価する段になると、今度はタバコ、チェリー、ペッパーといった赤ワインに典型的な言葉ばかりが並んだのだ。[47] ここでのポイントは、専門家をおとしめることではなく、嗅覚のひとつの重要な面を取り出して見せることにある。現実の世界では嗅覚はほぼ常にほかの感覚との組み合わせで働いており、それらほかの感覚が匂いの知覚に大きく影響する、ということである。

嗅覚にはまた、想像力をかき立てる側面がある。それゆえ、人を騙すこともできる。1899年にワイオミング大学のE・E・スロッソンが報告した常識外れな実験を見てみよう。[48]

まず下準備として、瓶に蒸留水を詰め、綿で慎重に包んで箱に入れておいた。（会場で）いくつかほかの実験を行った後、匂いが空気中にどのくらい迅速に拡散するかを調べたいので、匂いを感じたらすぐに手を挙げてほしいと（聴衆に）告げた。そして会場の前のほうで瓶を開け、水を綿に浸み込ませていった。作業中、顔は瓶から遠ざけるようにした。そしてストップウォッチをスタートさせた。結果を待つ間、聴衆の中には今注いだこの化学化合物の匂いを嗅いだことのある人は絶対にいないだろうと説明し、きつく風変わりな匂いだと思う人もいるかもしれないが、不快すぎると感じる人がいないことを願っている、と話した。15秒で最前列の大半の人が手を挙げ、40秒で「匂い」はホールのいちばん後ろにまで広がった。広がり方はごくふつうの「波面」の進み方だ。聴衆の4分の3が匂いを感じたと主張した。頑固に手を挙げなかった少数派は、男性の割合が比較的高かった。もっと多くの聴衆が私の示唆に屈する可能性はあったが、1分経ったところで実験を止めざるをえなかった。最前列の数人が不快を訴えて部屋を出て行こうとしたからである。

1899年の実験の聴衆は嗅覚の示唆にとくに弱かったのではないかという疑念を抱かれるかもしれないので、心理学者のマイケル・オマホニーが行った比較的新しい実験（1977年）を紹介しよう。オマホニーはイギリスのマンチェスターとその周辺で放送されたテレビ番組で、視聴者に嗅覚的幻覚を引き起こす実験を行った[49]。味覚と嗅覚をテーマにした番組の最後に、匂いは音で送ることもできると告げたのである。画面には高さ60センチほどの円錐形の「テイスト・トラップ」という装置が映り、ここに23時間前から誰もがよく知る匂いのする物が入っていると紹介された。装置には、それらしいケーブルの束やランプが点滅する電子機器もつながっていた。そして視聴者には、匂いには物体の分子の震動周波数という特徴があり、テイスト・トラップの中では匂いの原因であるこの分子の震動がセンサーで捉えられている、という偽の説明が語られた。匂いと完全に同じ周波数の音を出して放送すると、視聴者の脳がその周波数を匂いの周波数と認識して匂いが経験される、というのである。番組は視聴者に、何かの匂いを感じたか感じなかったか、感じたなら何の匂いだったかをテレビ局に電話か手紙で知らせてほしいと呼びかけた。もし何の匂いも感じなかったら是非連絡をと、強く念を押した。

それは夜遅くの番組で、放送される匂いはふつう家の中では感じない、アウトドアの田舎の匂いであると番組が説明すると、スタジオの観覧者から笑いが起きた。肥やしの匂いだろうと推測したのだ。けれど、肥やしではなく、田舎の心地よい匂いであると重ねて説明が加えられた。

番組後、130人の視聴者からテレビ局に、匂いを感じたという報告が寄せられた。いちばん多かったのは干し草や牧草の匂いだが、この幻覚の匂いリストの中にはタマネギ、キャベツ、ジャガイモなどもあった(50)。

想像上の匂い以外にも、知覚が歪められる場面がある。私たちは暗示や文脈や個人的な過去の経験、そしてもちろん邪悪な広告の力によってかなりの影響を受ける。アメリカやヨーロッパに住んでいる人なら、健康企業や、いわゆるアロマセラピストたちが、ラベンダーの香りは気持ちを楽にし、ネロリ（ビターオレンジの花の抽出物）の香りは元気を回復させる、といった説明をするのを見たり聞いたりしたことがあるだろう。たしかにそうした作用はある。ただし、それは使う人がすでにそう信じている場合に限られる。ネロリやラベンダー自体に活性化作用やリラックス作用があるわけではない。

C・エステル・カンペニらは、大学生にラベンダーかネロリのどちらかのエッセンスを嗅がせる実験を行った。何の香りかは告げず、一部の学生には元気の出る香りと言われていると説明し、別の学生には気持ちを楽にする香りと言われていると説明した。予想どおり、元気の出る香りだとしてラベンダーを嗅いだ学生は元気が出たと報告し、心拍数が上がった。気持ちを楽にすると言われてラベンダーを嗅いだ学生では逆の効果が見られた。もちろん、ネロリを嗅いだ学生たちでも同じだった。香りそのものは無関係で、暗示だけが作用していたのである。(51)

嗅覚経験に言葉による暗示が影響することについては、心理学者のレイチェル・ハーツとジュリア・フォン・クレフも検証を行っている。ふたりは、よいイメージと悪いイメージのどちらかのラベルを付けた正体の分からないものの匂いを被験者に嗅がせる実験を行った。匂いのひとつはイソ吉草《きっそう》酸と酪酸の混合物で、そこに「パルメザンチーズ」か「吐瀉物」のどちらかのラベルを付けた。当然のことだが、まったく同じ物質を嗅いでいるにもかかわらず、パルメザンチーズの匂いは吐瀉物の匂いよりも快さの評価が有意に高かった。実際、被験者の83%が、ふたつの匂いは違うものであると確信していた。(52)

人間の感覚はおしなべて学習や期待や文脈により変化を被るものだが、嗅覚はとくに影響されやすいようである。

＊＊＊

人間はマウスと違い、匂いに対する生まれつきの感情反応をほとんど持たない。これは、きわめて雑食性が強く、さまざまな匂いのある物を食べ物として学習しなければならない動物として、有効な戦略だ。新生児は、最初から腐った魚の匂いのトリメチルアミンや傷んだ肉の匂いのプトレシンやカダベリンに対する嫌悪反応を示すし、(53)授乳する母親の胸のモントゴメリー腺から出る分泌物には引き寄せられる。これらの匂いはおそらく嗅球の背側部から扁桃体皮質核に至る経路を活性化するものと考えられる。しかし人間ではこのような生まれつきの嗅覚反応は一般的ではなく、例外にすぎない。これらわずかな例を除けば、匂いに対する人間の好悪はほぼ、社会的文脈の中で学習されていく。

糞便の匂いは本能的に不快に感じると思われるかもしれない。実際、世界中のほぼすべての人が糞の匂いを嫌う。けれども赤ん坊は自分のうんちで嬉々として遊ぶ。糞の匂いが不快であるということは教えられなければならないのだ。この種の教育は文化に依存する。注目すべきはアフリカ、ケニアのマサイ族やアンゴラのムウィラ族の人々で、ウシの糞とバターなどを混ぜたもので髪を整える。ウシが草食で、システインの少ない食べ物を食べていることも関係しているだろう。システインは消化の過程で分解され、本能的に嫌われる物質、硫化水素を生じる。肉食動物はシステインの多い餌を食べるため、おならや糞から硫化水素が強く感じられる。おそらくそのため、世界中を見渡してもネコの糞を自分になすりつける民族はいないのだ。

しかし、トウガラシスプレーや生のタマネギやアンモニアの気付け薬などはどうなのだろう。これらの物質は世界中で誰もが、生まれたばかりの赤ん坊でさえ嫌がるのではないだろうか。そのとおりだ。だが、その理由は匂いではなく、これらに含まれる揮発性の化学物質のせいなのだ。これらの物質が刺激するのは、特殊な触覚の一部なのである。

鼻腔には嗅覚受容器官以外にも、ある種の刺激物質を検出することに特化した自由神経終末がある。たとえばカプサイシン（トウガラシに含まれる熱さを感じさせる化学物質。TRPV1《トリップ》と呼ばれる受容体に結合する）、メントール（ミントに含まれる冷たさを感じさせる物質。TRPM8と結合する）、ホースラディッシュやタマネギ、ニンニク、ショウガに含まれる温感物質（TRPA1に結合する）などだ。[54] 気付け薬や硫化水素、腐った卵や肉食動物の糞に含まれるアンモニアもTRPA1受容体を活性化させる。

これらの化学物質を検出する神経終末は、鼻腔の中だけでなく、口の中、皮膚、眼、気道表面の細胞にも見られる。そのため、トウガラシの抽出物やドライミントを腕などの皮膚にこすりつけるだけで温かさや冷たさを感じるのだ。匂いの情報は嗅神経を通じて脳に伝えられるが、化学物質に対する鼻や口からの触覚情報は三叉神経というまったく別の経路で伝わり、最終的に脳の別の領域で処理される。触覚に対するこのような強烈な化学的刺激は本能的に嫌悪される。そのため新生児は、学習しなくても、トウガラシや生のタマネギやアンモニアの気付け薬を嫌うのである。

＊　＊　＊

ロックフェラー大学のレスリー・ヴォスホールがニューヨーク市に住む成人391人を対象に匂いを知覚させる実験を実施したところ、いくつか興味深い傾向が見て取れた。[55]嗅覚の正確性は年齢と共に低下した。女性は平均して男性よりも微かな匂いを嗅ぎ取れた。[56]驚くことではないが、喫煙者は嗅覚の正確性も落ちる傾向があった。目の不自由な人はほかの感覚で視覚を補うために嗅覚も鋭敏と思われるかもしれないが、そのようなことはなさそうだった。[57]全体として、嗅覚の正確性に関しては個人差があるというのが基本的な結論だ。鼻のよい人もいれば悪い人もいる。匂いの感覚が完全に失われている人もいる。しかし、これまでの人生を振り返って自分の嗅覚はどのくらいかと尋ねると、たいていの人は平均以上だと答える。[58]

感覚全般の正確性について個人差があるのは当然だが、匂いに対する反応の個人差はとくに大きい。たとえば、地面に生える苔の匂いである2‐エチルフェンコールを感知できる最低限の濃度は、人によ
り100倍も違う。この匂いをまったく嗅ぎ取れない人もいる。個々の匂いに対するこうした感受性の違いは広く見られる。私たちはひとりひとり、それぞれに異なる匂いの世界に生きている。私のイチゴ

はあなたのイチゴとは違う。私のゴーダチーズは、あなたとは違うゴーダチーズなのである。

多くの現代人では４００種ほどの嗅覚受容体が機能しているが、これらの受容体をコードする遺伝子の塩基配列を調べてみると、この部分の遺伝子はゲノムのほかの部分よりも機能的に大きな変化を非常に受けやすいことが分かる。機能を完全に失ったり、丸ごと複製されたりしやすいのだ。また、嗅覚受容体遺伝子には小さな変異を起こす場所が異常なほど多いことも分かっている。嗅覚受容体タンパク質を構成するアミノ酸のひとつが置き換わるようなＤＮＡの変異で、その結果、特定の匂いに対する感受性が高まったり鈍ったりする。ある研究によると、血のつながりのないふたりの人間を比較すると、平均して30％の嗅覚受容体が機能的に異なっていると推定される。これは相当な違いだ。これが、匂いの知覚がひとりひとり異なることのかなりの部分を説明するかもしれない。

人間の遺伝子の多様性と匂いの知覚との関係が最初に示された事例は、テストステロンの代謝物質であるアンドロステノンについてだった。アンドロステノンは、人により嫌な（汗臭い、おしっこのような）匂いと感じられたり、快い（花のような）匂いと感じられたり、まったく匂いが感じられなかったりする。デューク大学の松波宏明教授らは、この物質に対する感受性は、ＯＲ７Ｄ４という嗅覚受容体をコードする遺伝子の中のひとつの塩基の変異から予測できることを発見した[59]。それ以後、ほかの嗅覚受容体をコードする遺伝子の一塩基変異が、次々と個人の匂いの知覚に関連づけられてきた。たとえばイソ吉草酸（チーズや汗）、β-イオノン（花）、シス-３-ヘキセン-１-オール（青葉）、グアイアコール（煙）などの匂いだ[60]。これまでに確認されているものはまだ数えるほどだが、この分野の研究が進めばもっと見つかることだろう。

匂いの知覚の個人差としてよく知られているのが、アスパラガスを食べた後の尿の匂いの感じ方だ。

それが香《かぐわ》しく感じられる人がいる。たとえばマルセル・プルーストは、アスパラガスの芽は「私の粗末な尿瓶《しびん》を香水瓶に変える」と、詩的に言葉を紡いだ。ベンジャミン・フランクリンもアスパラガスを食べた後の尿の匂いに気づいたが、「口にした数本のアスパラガスが尿を不愉快な匂いにする」と書いている。プルーストとフランクリンは、この匂いの快不快で意見が異なるとはいえ、ふたりとも明らかにアスパラガス尿の匂いを嗅いでいる。しかし、この匂いを嗅ぎ取れない人もいる。その匂い物質とは、アスパラガスを食べると尿の中にできる匂い物質、メタンチオールとs-メチルチオエステルだ。

アスパラガス尿の匂いが分からない人の割合は集団により大きく異なることが報告されている。ヨーロッパ系アメリカ人の成人を対象とした最近の調査によると、男性の58%、女性の61%がアスパラガス尿の匂いがしないと答えた。他人の尿を嗅いで回るわけにはいかないので、匂いがしないと答えた人が、代謝上この匂い物質を作らないのか、それを嗅ぎ取ることができないのか、あるいはその両方か、いずれの可能性もある。この点は、自分の尿にアスパラガスの匂いを感じない人が、アスパラガス尿を出すことが分かっている人の尿を嗅いでも分からないかどうかを確かめるという少々不愉快な調査をすれば解明できる。それが確かめられれば、特定の物質だけ匂いを感じないことがあるという特異的無嗅覚症仮説の裏付けとなる。アスパラガス尿の匂いが分からないという人々のゲノムを調べたところ、統計的に見て3カ所の一塩基変異がこの無嗅覚症に関連していた。この特性にも遺伝が影響している可能性があるということだ(61)。

＊　＊　＊

フィラデルフィアにあるモネル化学感覚センターの研究員チャールズ・ワイソッキは、自分はアンドロステノンを嗅げない30%のひとりだと考えていた。彼は研究室でこの物質を量ってはガラス瓶に入れ、人に嗅がせていたが、自分では何の匂いも感じていなかった。ところがこの研究を何カ月か続けるうちに、研究室の中に嗅ぎ慣れない匂いにあることに気づいた。やはりそれはアンドロステノンだった。繰り返し嗅いでいるうちに嗅げなかった匂いを嗅げるようになっていたのだ。

この現象に興味を抱いたワイソッキは、この匂いを嗅げない（けれどもほかの匂いはふつうに感じる）人を20人集め、アンドロステノンを1日3回、6週間にわたって嗅いでもらった。20人のうち10人が1～2週間でこの匂いを嗅げるようになった。嗅げるようにならなかった残りの10人は、おそらくアンドロステノンを嗅ぐのに欠かせない受容体OR7D4が機能しない型になっていて、感受性の改善が不可能だったと考えられる。

重要なのは、嗅げなかったアンドロステノンを嗅げるようになった10人も、匂い全般に対して鋭敏になったわけではないという点だ。[62] 対照のため調べたふたつの別の匂い分子（酢酸アミルとピリジン）を嗅ぎ取る能力に変化はなかった。この実験結果はほかの研究によっても再現されており、アンドロステノンをまったく嗅げなかった人だけでなく、微かにしか嗅げなかった人の感受性も、繰り返し嗅ぐことで高まりうることが確認されている。[63]

この感受性の上昇について考えられるひとつの説明は、間欠的に匂いにさらされることによりその匂いに対する嗅覚受容体ニューロンの反応が強まり、脳の匂い評価領域に向かう電気的信号も強くなる、というものだ。もうひとつ考えられるのは、匂いを検出する回路、とりわけ梨状皮質の回路に可塑性があり、繰り返し匂いにさらされることで、その匂いによって鼻からやってくる電気的信号を抽出しやすいように回路が変化していくという説明だ（ふたつの説明が両方正しい可能性もある）。アンドロステノンを嗅げない人の鼻に小さな電極をセットし、嗅覚受容体ニューロンの電気的活動を記録してみると、アンドロステノンを繰り返し嗅いでいるうちに、嗅げるようになる人では、引き起こされる電気的信号が徐々に増大していく。これは、鼻自体の中での変化を示唆する。[64] なぜそのような変化が生じるかについては、最近のマウスを使った実験からヒントが得られる。特定の匂いに間欠的にさらされると、嗅覚受容ニューロン上のある種の受容体の発現が変化し、以後、その特定の匂い物質に対する鼻の感受性が高まるのである。[65]

これとは別に、アンドロステノンの匂いが分からない人の片方の鼻孔だけにアンドロステノンを嗅がせるという実験も行われた（鼻栓と送風機を使い、鼻腔嗅覚と後鼻嗅覚のどちらも片方の鼻腔だけに匂いが届くよう慎重に準備された）。3週間、片方だけで匂いを嗅いでもらったところ、左右どちらの鼻でもアンドロステノンへの感受性が上がっていた。[66] この結果は、変化が脳で、つまり両方の鼻からの情報が統合される場所で起こったことを示唆する。[67] これは数々の脳画像研究とも整合する。匂いに関連する学習が行われると、脳の関連領域の電気的活動が変化するのである。[68]

ビアンカ・ボスカーがワインをていねいに味わい、経験を積んでいるあいだに、彼女の鼻が微かなワインの香りに敏感になったということはありうるだろうか。ワインの匂いの中には、アンドロステロンのように、繰り返し間欠的に嗅ぐことで感受性が増す匂い物質が含まれているのだろうか。この点については さらに研究が必要だが、予備的研究から得られる予想は芳しくない。ワインの専門家は（香水などほかの匂いの専門家も）よく知る香りに名前を付ける能力は高まるが、微かな香りに対する感受性に関しては、たとえワインによくある香りであっても、並の一般人とさほど変わらないようなのである。[69]

風味は文化に左右される

風味の学習は子宮の中から始まっている。ジュリー・ミネラはこの点についての世界的な権威だ。ミネラの研究によれば、母親が妊娠中に摂取する物質は、食物であれタバコであれ、生まれた赤ん坊の風味の好みに影響する。匂い分子も味分子も母親の胎内から羊水に入り、発達中の胎児により味わわれ、嗅がれる。ミネラらは、妊娠中の女性がニンジン、アニス、ニンニクを食べると、生まれた子どもが乳幼児期にこれらの風味にさらされたときの容認性が高まると報告している。ここで注意が必要なのは、どんな食べ物でも母親が妊娠中に食べれば子どもに影響が出るとは限らないということだ。また、胎児期の風味の経験が生涯の食べ物の好みに影響するかどうかも明らかではない[70]。

人間にとって匂いと風味の学習は生涯続く営みだ。幼い頃に食べたものの影響があるからといって、大人になってから好みが変えられないというわけではない。私たちは常に、特定の匂いと味を関連づける学習を続けている。この共通の体験は、私たちが使う言葉にさえ入り込んでくる。

大半のアメリカ人は、バニラやイチゴやミントの香りを「甘い」と表現する。言葉面で言うなら、これは意味が通らない。物質の匂いが甘いはずがない。まるで音が赤いというようなものだ。しかし掘り下げて考えると、私たちが匂いが甘いと言うとき、それは、自分は経験を通じてその匂いを甘味と関連づけるようになった、ということを表明しているにすぎない。イチゴの匂いで言うなら、この果物は熟せば自然に甘くなる。キャラメル、バニラ、ミントの場合、大半のアメリカ人はその匂いを、クッキー、ガムといった甘い食べ物を食べたり甘い飲み物を飲んだりするときに経験している。匂いそのものに甘さが内在するわけではなく、ただ私たちが甘い味とその匂いとの関連づけを学習しているだけなのである。

逆の例を挙げると、ベトナムではキャラメルやミントを主に料理の香り付けとして用いるため、ベトナムの人々はふつうこれらの匂いを「甘い」とは表現しない。[71]

匂いと味のこうした関連づけ効果は実験室の中で確かめることもできる。リチャード・スティーヴンソンらが砂糖水にバニラやキャラメルの匂いをつけて被験者に甘さの評価をさせたところ、バニラやキャラメル風味のお菓子に慣れている人々（オーストラリアの大学生）は、ただの砂糖水よりも甘いと評価した。同様に、これらの「甘い」匂いをクエン酸溶液に付加したところ、酸っぱさの知覚が和らぐことも分かった。さらに、初めて嗅ぐ匂い（ヒシの実など）と砂糖水を組み合わせて何度も嗅いでいると、砂糖水と組み合わせる前よりも匂いを「甘く」感じるようになった。[72]これらの実験は、私たちが匂いと味との関連づけを常に学習している（そして消去している）という考え方を裏付ける。

私たちはまた、ものを食べてその後で気持ちが悪くなると、強力な関連づけを行う。誰でもそのようなことを一度は経験しているはずだ。私の場合、子どもの頃に家族でイタリアンレストランで食事をしてお腹を痛くして以来20年、ラザニアを食べなかった。食べ物を忌避する学習は、明らかに適応である。何かを食べてそのせいで身体を悪くした可能性が高いのであれば、感染や中毒を避けるため、それをもう一度食べようとはしないはずだ。

人間は、こと食べ物に関しては、ほかの動物に比べて異常なほど適応性が高い。たとえそれがある程度の痛みを引き起こすものであってさえ、食べようとする。学習と根深い文化的影響のもと、トウガラシ、生のタマネギ、サメを発酵させたアンモニア臭のきついアイスランド料理ハカールなど軽い痛みを起こすものまで、さまざまな食べ物を楽しめるようになる。一方、イヌやネコは訓練してもトウガラシを喜んで食べるようにはできない（お宅のペットで試さないでいただきたい）。何でも食べることで知られるラットでさえ、トウガラシやワサビのような軽い痛みを引き起こす食べ物を好むよう訓練することはできない。しかし人間は、地球上のほぼあらゆる場所で暮らし、そこで食べていく究極の万能型雑食動物であり、刺激物を嫌う本能を抑えることを学習できる。酸っぱいもの、苦いもの、さらには危険な細菌感染を示しているかもしれない匂いのもの（匂いのきついチーズ、ビール、味噌、ザワークラウト）でさえ食べられる。

個人個人の食べ物の好みは文化に強く影響される。今日では、広告の影響も大きい。民族誌家たちは、世界中のほとんどの文化で、その文化の一員であることを明示する特別な食べ物があることを明らかにしている。逆にそのような食べ物が、異なる文化を排斥する象徴となるケースも多い。「私らはブタを食べるけど、向こうの谷の連中は魚を食べる。だから奴らは臭くてかなわん」というわけだ。私たちの個性は、食べ物の好みに関する限り、まったく好き勝手にできるわけではなく、味と匂いの学習に影響する文化的観念の型にはめられ、制約されているのである。

こうした文化の影響が及ぶのは食べ物の匂いに限られない。また、きわめて具体的な匂いに表れることもある。アメリカの文化とイギリスの文化には共通点が多いと思われるかもしれないが、匂いに関しては際立って異なる面がいくつかある。そのひとつに、冬緑油《とうりょくゆ》（サリチル酸メチル）の匂いがある。アメリカ人を対象にした1978年の研究によると、24種類の匂いのリストの中で冬緑油が最もよい匂いと評価された(73)。この結果は1966年のイギリスでの調査と正反対だ。イギリスでは冬緑油の匂いはとりわけ不快と評価された(74)。

このように両国間で評価が分かれる例はほかにもいくつかあるが、大半の匂いの評価は似たようなものだった。どちらの人々もジャスミンの香りを好み、ピリジンという腐った魚のような匂いは嫌った。

冬緑油に対する対照的な反応は、アメリカ人とイギリス人の嗅覚受容体の遺伝子に違いがあるために生じたものではなく、関連づけ学習によるものだ。アメリカでは冬緑油はキャンディやガムに使われる。イギリスでは（少なくとも1966年には）痛み止めの軟膏薬にほぼ必ず使われていた。どちらの国の人もこの匂いに対する純粋に感覚的な経験という点では同じなのだが、学習された関連づけが違い、それゆえ感情的な反応がまったく異なったのである。

匂いに対する文化的観念は変化しうる。そのことは流行を追いかける現代社会の専売特許ではない。古代ローマの大プリニウスは紀元1世紀にこんなことを書いている。「コリントス産のアイリスの香水は長い間人気があったが、その後キュジコス産のものにとって代わられた。また、ぶどうの花の香りはキプロス産が好まれていたが、その後アドラミティウムのものに、コス島産のマヨラナの香りは後に同じコス島のマルメロの花の香料に変わった」。ローマ時代も香水の流行に乗るのは容易なことではなかったようだ。

面白いことに、ローマ時代の香水の好みに男女差はなかった。この伝統はヨーロッパの大半の地域で何世紀も変わらなかった。たとえば1820〜30年にイングランドを治めたジョージ6世は、王宮舞踏会に訪れたある王女の香りを、その後自分の好みの香りに採用した。それから50年後には香りのスタイルが変わり、甘い花の香りは女性専用と見なされ、男性はもっとウッディな香りを用いるようになる。[73]香水会社が何と言おうと、花の香りに本来的に女性的な部分などない。花の香りが女性的というのは、今現在の文化が、人間のとんでもなく柔軟な嗅覚の助けを借りて紡ぎ出した観念にすぎないのである。

第7章 睡眠と夢と体内時計

私の両親は熱烈な恋に落ちた。けれどもそれだけでは家庭は築けなかった。
ふたりは1950年代にシカゴで出会った。母は特別支援学校の教師、父は医学生だった。父は小児神経内科の実習中に、常勤の医師に連れられて母の学校を訪れた。教室に入ったとたんに見つめ合ったふたりはその後デートをして、数カ月後には結婚していた。しかし幸せは続かなかった。1年もしないうちにふたりは離婚。母はシカゴからニューヨークに移って出版の仕事に就き、父はロサンゼルスで精神科のレジデントとなった。数年後、父は母に電話をかけ、もう一度やり直してもらえないかと頼み込んだ。父の言葉には説得力があったに違いない。母はロサンゼルスに引っ越し、まもなくふたりは再婚したからだ。そしてまた離婚した。

ふたりのラブストーリーはここで終わり、と読者は思われただろうか。だが、2度の離婚にもかかわらず、父と母は離れていることができなかった。私が12歳のある日、母は私を車に乗せて西ロサンゼルスのセプルヴェダ大通りというほこりっぽくて魅力の薄い商業地区を走っているとき、こんなことを言い出した。「あそこにモーテルが見えるでしょ？　あそこであなたを身ごもったのよ。1961年だったわね。コインを入れるとスイッチが入るマジックフィンガーズがついたベッドで。[1] その後であなたのパパと私と、フェリスおばさんとアランおじさんで食事をしたの」。

そんなわけで、私は離婚した夫婦の間にできた子どもという珍しい存在になった。両親が2度目の離婚をした後で、母は私を身ごもったのだ。そこで、私には子ども時代の両親の離婚というトラウマがない。平日は母と暮らし、週末は父と過ごすという生活が私の知るすべてだった。それで何の問題もなかった。父母はふたりとも私を思いやり、愛してくれた。もっとふつうの家庭だったらよかったのにと願ったことは一度もなかった。

父母が一緒に暮らすところを見たことはなかったが、ふたりの暮らしぶりを見ていると、これほど相性の悪い組み合わせはないように思える。父は散らかし屋で母は几帳面。母は料理好きで父は外食好き。母は周囲の騒音に極端に敏感で、父はテレビやラジオのニュースをつけておくのが好き。母はテレビをずっと持っていなかった。ようやく買ったのは1974年、ニクソン大統領の辞任の映像を見るためだった。ともかく、このふたりがひとつ屋根の下に暮らすようすなど、とても想像できない。

夫婦というのは、たとえほかの面で問題がなくとも、ライフスタイルのちょっとした違いの積み重なりで幸せに一緒に暮らしていけなくなるものだろうかと、よく疑問に思ったものだ。これは私だけの見方かもしれないが、父母のいちばんの違いは時間に対する感覚で、それが不和の最大の原因だった可能性がある。父は宵っ張りだが、母は9時にはベッドに入り、休日でさえ朝5時には起きる。母はどんな約束でも早めに行くし、父は遅刻魔として知られていた。それが母をとことん苛つかせた。ふたりの体内時計がもっとシンクロしていたとしても、よい夫婦でいられなかった理由はいくつもあったはずだ。だが、子どもとしていろいろ思いめぐらすくらいはかまわないだろう。

睡眠時間のタイプ

誰でも知り合いの中に、極端な宵っ張りや極端に早起きの人がいるのではないだろうか。そして、たいていの人はその中間のどこかにいる。しかし睡眠に関して大規模な調査を行うと、いくつか興味深い傾向が見えてくる。

まず、通勤や通学の影響を受けない自然な傾向を見て取るために、調査は金曜日と土曜日の夜の睡眠について行う。就寝と起床の時間を調べ、睡眠時間の中間点の時刻を算出する。これをクロノタイプと呼ぶ。クロノタイプは、活動のリズムが昼夜の周期にどのように関係しているかの指標となる。**図14**は、アメリカの成人5万3689人を対象とした調査の結果だ[2]。睡眠時間の中間点は深夜12時から午前9時半までばらつきがあり、平均は午前3時頃になる。

詳しく見てみると、当然のことだが、学生のクロノタイプが平均で最も遅くなる。総じて見れば40歳までは女性は男性よりもややクロノタイプが早く、40歳を過ぎると女性のほうがやや遅くなる。男女とも、クロノタイプのばらつきは年齢と共に減少する。つまり年寄りになると極端な朝型や極端な夜型は減る。こうした結果になるのは、クロノタイプに影響する何らかの生物学的な因子が年齢によって変化するためかもしれない。また、年齢と共にライフスタイルが変化するせいとも考えられる。たとえば、年齢が上がると子育ての負担は軽くなる。あるいは、これも重要な点だが、極端に早起きする人や極端に夜更かしをする人は早死にする可能性が高いのかもしれない。そのような人は自分のクロノタイプに合う働き方のできる仕事を見つけにくいわけだが、クロノタイプと仕事のスケジュールが合わないと深刻な健康問題を引き起こしうるという研究結果もある。たとえば看護師の大規模調査によると、このような時間的ミスマッチ（夜型の人が日中のシフトで働いたり、朝型の人が夜勤シフトで働いたりする）は2型糖尿病の発症率を有意に高める。[3] クロノタイプと仕事時間とのミスマッチは、がん、心臓血管系疾患、脳卒中の発症率の高さと統計的に相関する。

クロノタイプは文化の影響も受ける。スペインに旅行して午後8時にレストランに足を踏み入れたアメリカ人は、そのことを痛感するだろう。レストランはまだがらがらなのだ。最近行われたスマホのアプリを使った世界規模の調査によると、ベルギーとオーストラリアの人々が最も早く就寝し（10時半頃）、スペイン、ブラジル、シンガポール、イタリアの人々が最も遅い（深夜12時頃）。[4]

クロノタイプや睡眠時間は、電灯や暖房を使うようになったこととの影響があるのではと考える人もいるだろう。スマホやコンピューターといった光を発する画面を持つ近年の気晴らし機器の存在は言うまでもない。

現代のテクノロジーが睡眠を奪ったとはよく言われることだ。だが、その証拠はそれほどはっきりしたものではない。睡眠の乱れが現代生活の悪い面のせいだという主張は、けっして新しいものではないということは知っておく必要がある。ヘンリー・デイヴィッド・ソローがウォールデンの池のほとりの小屋に隠遁したのは1845年のことだ。彼が森の生活を始めたいちばんの理由は、不眠症を改善することだった。彼はそれを鉄道と工場のせいにしていた。

図 14　アメリカの成人を対象に最近行われた睡眠調査の結果。上のグラフは週末の睡眠時間の中間点の時刻として測定されたクロノタイプの分布を示す。中段のグラフは睡眠時間の分布。下のグラフはクロノタイプと睡眠時間を重ね合わせたもので、両因子に相関関係がないことが分かる。Fischer et al. (2017) より。Creative Commons Attribution License (CC BY) により掲載。© 2019 Joan M. K. Tycko.

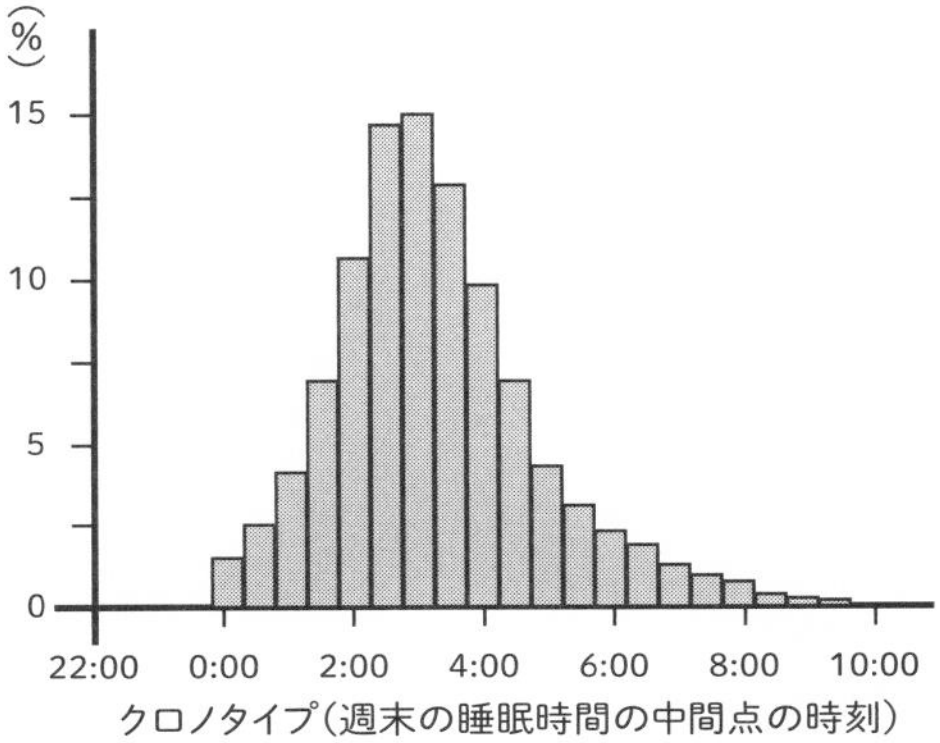
（%）
15
10
5
0
22:00
0:00
2:00
4:00
6:00
8:00
10:00
クロノタイプ（週末の睡眠時間の中間点の時刻）

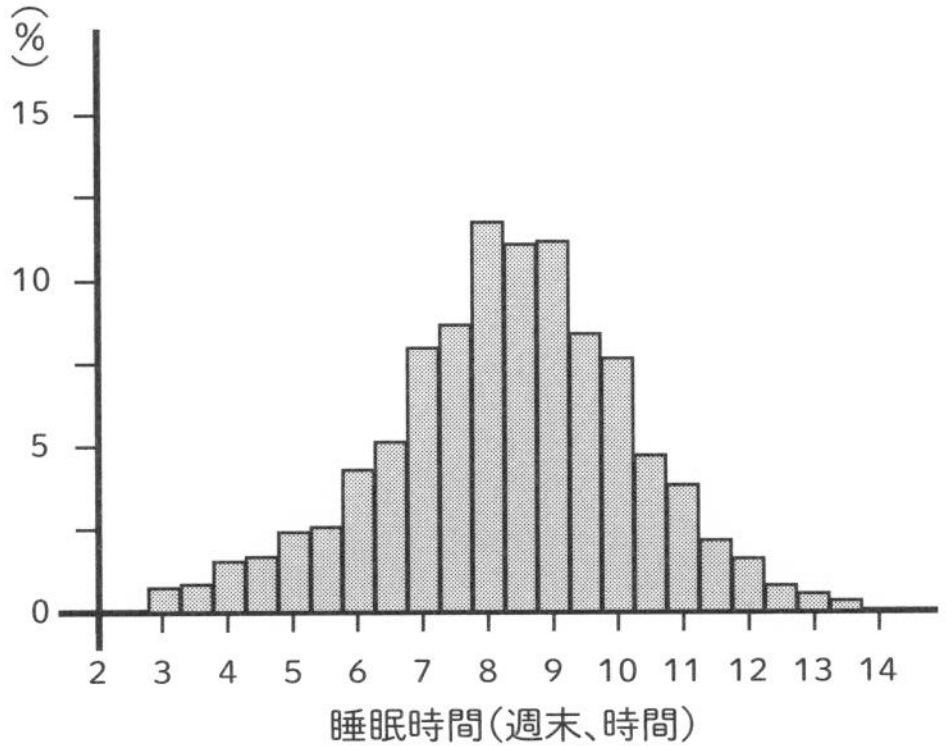
（%）
15
10
5
0
2
3
4
5
6
7
8
9
10
11
12
13
14
睡眠時間（週末、時間）

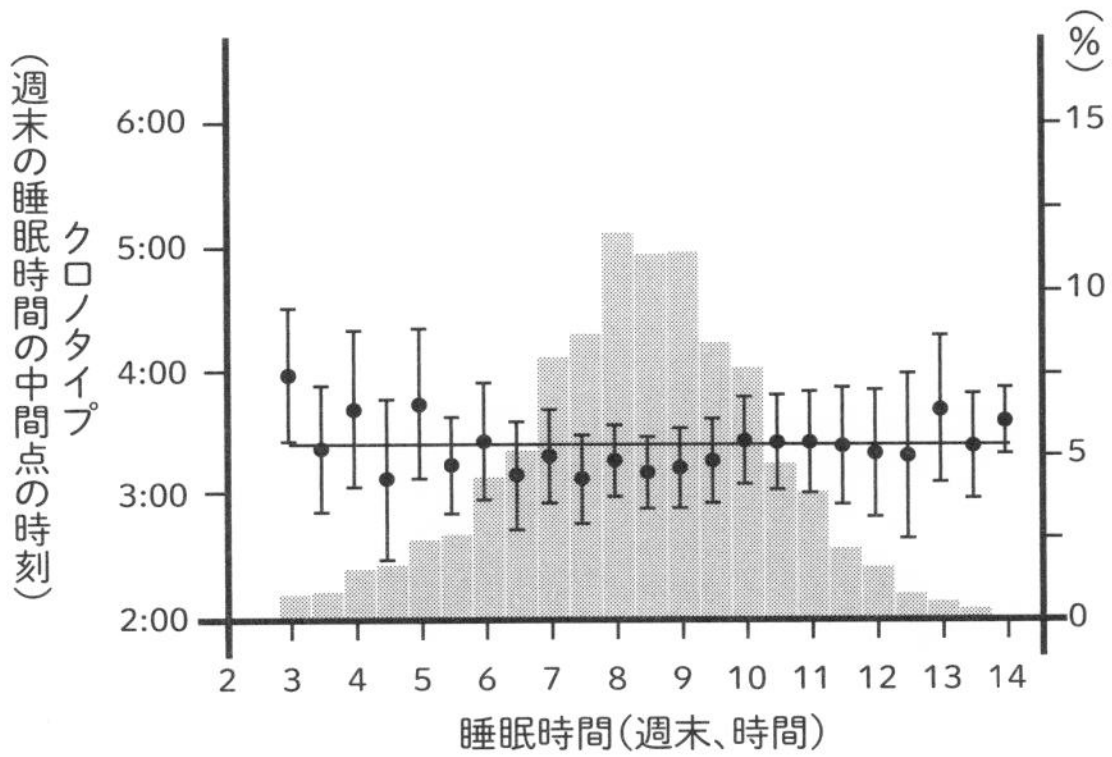
クロノタイプ
（週末の睡眠時間の中間点の時刻）
6:00
5:00
4:00
3:00
2:00
（%）
15
10
5
0
2
3
4
5
6
7
8
9
10
11
12
13
14
睡眠時間（週末、時間）

人工的な光と暖房が広まる前の時代、人々がどのように眠っていたかを調べるため、歴史家のA・ロジャー・イーカーチは産業革命前にヨーロッパで暮らしていた人々の日記や書籍、旅行記などを研究した。人々の記述の中には「第一睡眠」、「第二睡眠」という説明があり、イーカーチはこれに基づいて「近代以前には、西ヨーロッパに暮らす大半の人々の眠りは、夜中に最大1時間ほどの静かな覚醒時間により中断されていた。それは昼寝をする羊飼いや居眠りする木こりに限ったことではない。家族そろって起きて用をたしたり、タバコを吸ったり、ときには隣家を訪ねたりしていた」と主張した。イーカーチによれば、ヨーロッパに限らず産業化以前の社会では全般にこうした「分割睡眠」のほうがふつうであり、現代のように「一括睡眠」を理想の休息の形として強調するのは、比較的新しい、技術化された時代の不自然な副産物なのだという[5]。

イーカーチの主張が正しいとすると、このことは熱帯から温帯で暮らすすべての人々に当てはまるわけで（実際彼はそう主張している）、現代の、主に熱帯地方で産業化されていない暮らしをしている人々も分割睡眠をしているはずである[6]。しかし残念ながら、タンザニアのハヅァ族、ボリビアのチマネ族、ボツワナとナミビアのサン族の人々に腕時計型の活動計を着けてもらった調査からは、そのような結果は得られなかった[7]。アルゼンチンのトバ・クオム族[8]やブラジルの産業化されていないクイロンボーラに暮らす人々も一括睡眠をしていた[9]。私の知る限り、産業化前の社会であれ産業化した社会であれ、分割睡眠が一般的だという集団が見つかったという報告はない。データがない以上、私たちの祖先はふつう分割パターンで睡眠をとっていたとするイーカーチの主張について、私はまだ深く疑っている。

疑わしい分割睡眠の主張は別にして、産業革命前の人々の睡眠には現在と何か違いがあっただろうか。ほとんどの研究者で意見が一致しているのは、昔の人々はクロノタイプが平均1時間ほど早い傾向にあったという点だ。現代のベルギーの人々がイタリアの人々よりも早いようにだ。睡眠時間の長さについてはあまりはっきりした答えは得られていない。産業革命前のほうが1時間ほど長かったとする研究者もいる。[10] 一方、さまざまな集団を調べた結果、有意な違いはなかったとする研究者もいる。[11] ただし、睡眠時間には、電灯や携帯電話や暖房器具以外にも地域的な影響要因が数多くあり（騒音や社会習慣など）、そうしたことがこれらの睡眠時間研究の結果のばらつきに影響している可能性があるという点は留意が必要である。

近年、野心家の政治家やビジネスマンらが、自分は夜、数時間眠れば十分だと豪語するのを耳にする機会が増えてきた。アメリカのドナルド・トランプ前大統領、イギリスのマーガレット・サッチャー元首相、テスラの創業者イーロン・マスクCEO、ファッションデザイナーのトム・フォード氏らは、4時間かそれ以下の睡眠時間で生活していると語っていた。これらの主張はあるいは真実かもしれないが、仮にそうだとしても、きわめてレアケースだ。**図14**を見ると、睡眠時間の個人差は非常に大きいことが分かる。3時間から14時間までばらつきがあり、平均は約8・5時間。4時間以下と回答したアメリカの成人はごくわずかしかいない。

興味深いことに、クロノタイプと睡眠時間の長さとの間に有意な相関関係はない。朝型であろうと夜型であろうと、長時間の睡眠が必要な人の率は変わらない。この相関の欠如は、クロノタイプと睡眠時間が脳ではほぼ別々に支配されていることを示唆する。

体内時計の遺伝子変異

昼と夜の生活リズムがあるのは人間に限ったことではない。動物も細菌も菌類も、すべて1日の太陽の周期に合わせた生物学的なリズムを持っている。植物でさえ、1日の決まった時間に花を開かせ、閉じる。日光は植物にエネルギーを与えて光合成をさせるし、動植物に温かさをもたらし、光を当ててものを見えるようにする。しかし日中に降り注ぐ光子はDNAを傷つける可能性がある。細胞分裂に伴うDNAの複製の際はとりわけ光により傷つきやすいため、細胞分裂と細胞の修復には夜間が適している。

人間の場合、太陽のサイクルに合わせて変化するのは睡眠と覚醒だけではない。体温、摂食、消化、意識の焦点、ホルモン分泌、成長、感情状態など、多くの機能も太陽のサイクルに同期している（**図15**）。人間の最も微妙な情感でさえ太陽のサイクルの影響を受けている――セックスが最もよく行われる時間は午後10時という報告がある。[12]

1日の活動サイクルを維持するには24時間の体内時計が必要なのだろうか。それとも、活動や生理的なリズムは日の光や環境温度など外界からの手がかりだけで刻まれるのだろうか。気温が一定の真っ暗な洞窟に時計を持たずに入ったとしよう（Ｗｉ－Ｆｉもない）。その場合も、就寝・起床や体温などのリズムは維持さ

図15　私たちの体内には、身体を夜と昼のサイクルに合わせる働きをする生物学的な時計がある。地球が24時間で自転していることで昼と夜のサイクルが生じ（A）、生物学的な1日のリズムが生まれる（B）。身体のほぼすべての細胞は概日時計を持つ。これは約24時間の活動リズムで、眼から入る信号により環境と同期される必要がある。この時計は遺伝子発現を調整する抑制性のフィードバックにより動く（C）。視床下部の視交叉上核（SCN）と呼ばれる脳領域がマスタークロックとなり、生物化学的信号を送り出し、身体のほかの時計を同期させている。この図はTakahashi（2017）より、出版社Springer Natureの許可を得て掲載。© 2019 Joan M. K. Tycko.

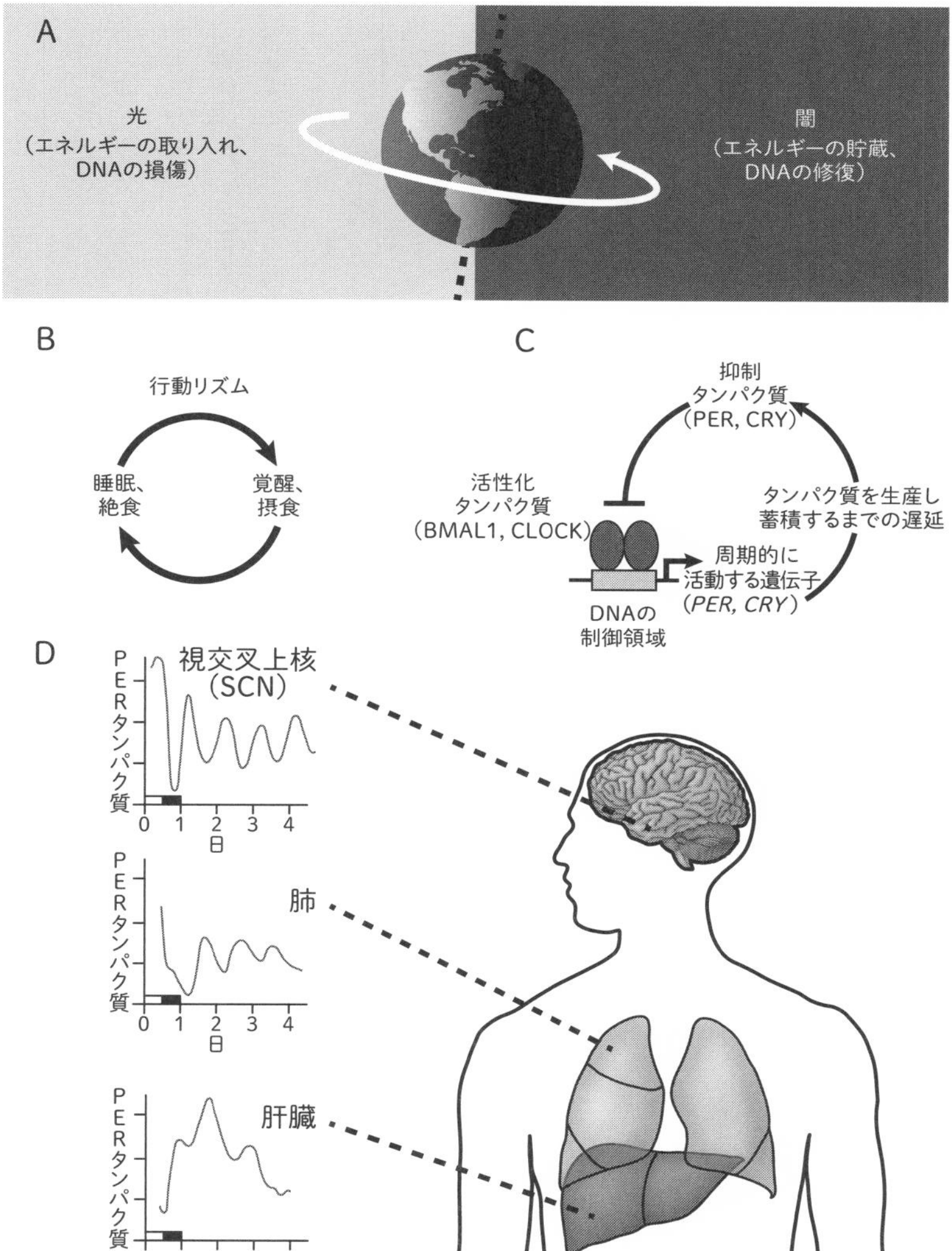
A
光
（エネルギーの取り入れ、
DNAの損傷）
闇
（エネルギーの貯蔵、
DNAの修復）
B
行動リズム
睡眠、
絶食
覚醒、
摂食
C
抑制
タンパク質
（PER, CRY）
活性化
タンパク質
（BMAL1, CLOCK）
タンパク質を生産し
蓄積するまでの遅延
周期的に
活動する遺伝子
（PER, CRY）
DNAの
制御領域
D
視交叉上核
（SCN）
肺
肝臓
PERタンパク質
0 1 2 3 4
日

れる。ただし、そのサイクルはしだいに外界からずれていく。1日ごとに就寝時間が20分ほど遅くなっていくのだ。別の実験で、皮膚や肝臓の細胞を採取して栄養たっぷりの培養皿に入れ、真っ暗闇で培養すると、やはりおよそ1日のリズムで代謝を行い、特定の遺伝子を発現させる。

これらの結果は、身体全体に体内時計が分散して存在すること、しかし太陽の周期に同期するには外界からの情報が必要であることを証明している。体内時計はあまり正確ではなく、24時間前後の周期で動いている。その不正確さゆえに、概日（サーカディアン circadian）時計と呼ばれる（ラテン語で circa は「おおよそ」、dies は「日」を意味する）。

脳の視床下部にある視交叉上核（SCN）という小さな組織が体内時計を司る。視交叉上核を実験的に傷つけたマウスやサルは、通常の睡眠 - 覚醒サイクル（および行動的、生理的なその他のすべての概日リズム）を失う。これらの動物は昼夜を問わず、短い睡眠と覚醒の時間をランダムに繰り返す。

本書の目的からすると、概日リズムを生み出す分子的なメカニズムの詳細に立ち入る必要はないが、ごく簡単に説明すると、以下のようなものだ（**図15C**）。PERやCRYといった名前を持つタンパク質の生産を指示する一群の遺伝子がある。これらの遺伝子は、BMAL1とCLOCKと呼ばれる活性化タンパク質が共に働くことでスイッチが入る。タンパク質のPERとCRYはBMAL1とCLOCKによる遺伝子の活性化を抑制する働きがあり、このフィードバックにより信号のループができあがっている。PERとCRYが細胞内に蓄積するには少し時間がかかり、一定の量が溜まると標的を抑制し始める。その結果、これらのタンパク質の量は増えたり減ったりを繰り返す。そして、このフィードバックシステムのサイクルが約24・3時間であることが分かっている。概日時計についてはさらに細かい部分があるのだが、基本的には、遺伝子発現に対する抑制のフィードバックループの働きにより機能している、と考えておけばよい[13]。

体内の概日時計と外界とのタイミングの調整は光により行われるが、そこには網膜の光感受性ニューロンが働いている。たとえば内因性光感受性網膜神経節細胞（ｉＰＲＧＣ）と呼ばれる大きく細長い細胞群だ。これらのニューロンは軸索を視交叉上核に伸ばし、環境の全体的な明るさの情報を電気信号で伝える。眼からのこの情報の流れが視交叉上核のマスタークロックに微妙な日々の調整を行わせるのだ。そして視交叉上核のニューロンがこの情報を身体のすべての組織に伝える。その際、神経による信号伝達と、循環するホルモンの両方の経路が使われる[14]（**図15**）。こうして、身体の各組織は太陽のサイクルと少なくとも近似的に同期できるのである。完全に同期するわけではない。腎臓の時計は約24・5時間周期で動き、角膜の細胞は約21・5時間周期で変動する。このように大ざっぱな同期でも、身体の健康機能にはどうやら問題なさそうである。

＊＊＊

今から20年以上前のことだ。ソルトレークシティにある睡眠クリニックに、深刻な問題を抱えたひとりの患者がやってきた。この患者は極端な朝型で、夕方には眠くなり始めるという。たいてい7時半にはベッドに入り、朝4時に起きる。この生活リズムでは、社交的な活動はほとんどできなかった。治療を進めていくうちに患者がふと、親戚にも同じ問題で悩んでいる人が何人かいると漏らした。遺伝学者にとっては飛びつきたくなるような情報だ。そこでルイス・プタチェクらはただちに患者の親戚の調査を始めた。すると、3家族29人に極端な朝型行動が見られた。研究者らはこれを家族性睡眠相前進症候群（ＦＡＳＰＳ）と名づけた。この稀な特性は顕性遺伝し、片方の親がこの症候群であるだけで子に受け継がれる。FASPS患者を詳しく調べると、多くの身体的リズム、たとえば夜中に体温が最も低くなる時間や、メラトニンというホルモンが分泌される時間などが3〜4時間、前にずれていることが分かった。[15]

数年後、プタチェクらの研究グループは、イン゠ホイ・フーの研究グループ[16]と共同で、プタチェクのFASPS患者たちの*PER2*遺伝子に一塩基変異があり、それが概日時計の機能を乱していることを確認した。[17] その後、ほかのFASPS家系でも別の遺伝子に変異があることが確認された。*CRY2*、*PER3*、*CK1DELTA*といった、やはり概日時計の一部をコードする遺伝子だ（*CK1DELTA*はPERタンパク質と相互作用する）。検証のため、概日時計遺伝子に見られるこれらの変異を遺伝子操作でマウスに導入すると、変異マウスはFASPS患者と同様に、活動や体温リズムが前方にシフトした。

これらの結果は非常に満足すべきものだが、朝型の人がみな概日時計を構成する中心的な遺伝子の変異からそうなっているという結論に飛びついてはいけない。朝型の人の中には、これらの遺伝子にまったく変異がなさそうな人もいるのである。

家系的に見られるもうひとつの珍しい睡眠特性として、睡眠時間の極端な短さがある。このような特性を持つ人々を、家族性自然ショートスリーパーと呼ぶ。彼らは毎晩6時間程度の睡眠で足り、それで健康に悪影響が及んだりしない。ショートスリーパーの家系2系統を調べたところ、どちらも*DEC2*遺伝子に変異があった。ただし、この遺伝子が概日時計の調整を行っているかははっきりせず（これについては結論が相反する複数の論文がある）、脳の睡眠回路との関係も不明だ。[18]

別のショートスリーパー家系では、*ADRB1*遺伝子の変異も見つかっている。フーとプタチェクがマウスの遺伝子を操作して*ADRB1*に変異を起こさせたところ、そのマウスはやはりショートスリーパーになった。この遺伝子については、脳の回路との具体的な関係が比較的よく分かっている。*ADRB1*はβ-1-アドレナリン受容体と呼ばれる神経伝達物質受容体の生産を指令する。この受容体は、睡眠から覚醒への移行に重要な働きをする脳幹の橋《きょう》という部分の電気的活動の調整に関わっている。[19]

睡眠時間が長いほうに目を移すと、体内時計遺伝子*PER2*の調整に働く*SIK3*遺伝子に変異を起こしたマウスは、極端なロングスリーパーになる。[20] しかし、現時点では*SIK3*遺伝子の変異が人間でも睡眠の長さに影響しているか、明らかではない。

FASPSも家族性自然ショートスリーパーもきわめて稀な症状だ。**図14**のグラフで言うと、クロノタイプや睡眠時間のベル型分布の左端にあたる。では、ふたつのグラフの真ん中のあたりに位置する人々の間でも、個人個人の微妙な違いのもとに、やはり遺伝子の変異が存在するのだろうか。通常の睡眠サイクルの人による違いに遺伝要因があることを示唆する証拠はふたつある。ひとつは一卵性と二卵性の双子に腕時計型の「フィットビット」を着けてもらって活動を記録する予備的研究で、睡眠時間のバリエーションの約50%、睡眠中に身体を動かす回数では約90%が遺伝で説明できることが分かった。[21]

もうひとつの証拠は、朝型から夜型までまたがるクロノタイプ全体と遺伝子変異の型との関連を見出すために最近実施された3つの大規模GWAS（ゲノムワイド関連解析）研究によるものだ。[22] 驚くべきことに、3つの研究のすべてで、4つの遺伝子の変異がクロノタイプに関係するという結果が得られた。4つのうち、すでに述べた*PER2*と、もうひとつ*RGS16*という遺伝子は概日時計の一部であることが分かっている。3番目の遺伝子*FBXL13*は概日時計の調整を行っていると考えられる（この点について科学文献はまだ結論を出していない）。最後の*AK5*は、概日時計との関係が一切知られていない。

このＡＫ５やその他の時計関連でない遺伝子（いくつかのＧＷＡＳ研究で見つかっている）を考える際には、概日時計が網膜からの光信号でリセットされるという件を思い出す必要がある。このリセットのプロセスに関わる遺伝子、おそらくは網膜から視交叉上核に明るさの信号を送る内因性光感受性網膜神経核細胞に発現する遺伝子だが、この遺伝子の変異がクロノタイプの違いにつながっていると考えられる。

レム睡眠――脳は覚醒、身体は麻痺

1950年頃、シカゴ大学のナサニエル・クレイトマンの睡眠研究所に、ユージン・アセリンスキーという大学院生がいた。彼は成人の入眠時の脳波を記録する研究を行っていた。これらの脳波の記録紙は、人が眠りに入った後、激しく揺れ動いていた脳波がしだいにゆっくりとした大きな波形に変わっていくことを示していた。研究者たちは最初、ゆっくりとした脳波（徐波）になったところで人は深い眠りに入っており、それが覚醒時まで続くものと考えた。当時の標準的な手続きでは、徐波睡眠に達するまで脳波を45分間記録したら、そこで脳波計を止めることになっていた。記録紙が床に山のように積み上がってしまうので、紙を節約する必要があったのだ。

1952年のある晩、アセリンスキーは8歳になる息子のアーモンドを研究所に連れてきてその夜の実験台にすることを思いついた。アーモンドが眠りに落ちて30分ほどすると、アセリンスキーが見つめる脳波計の針は深い眠りを示すゆっくり大きな波を描き始めた。ところがそこで驚くべきことが起こった。アーモンドは明らかに眠っており、身体はまったく動いていないにもかかわらず、脳波は覚醒状態に似たリズムに変化したのである。急速な眼球運動《ラピッド・アイ・ムーブメント》（ＲＥＭ＝レム）を伴うこの「レム睡眠」の段階は、成人では通常、入眠から90分ほど経たないと表れてこないが、子どもではるかに早く出現する。

アセリンスキーとクレイトマンが1953年にこの研究を発表すると、睡眠研究は急激な進展を見せ、それから数年のうちにさらに詳細な睡眠像が見えてきた。研究者たちは脳波計をひと晩中動かし続け（大量の記録紙が積み上がった）、成人の睡眠が約90分周期であることを突き止めた。1回の周期は、先に触れたように、徐々に深い眠りに入っていくプロセスだ。それに伴い脳波計もしだいに規則的に動くようになっていく。このプロセスはまとめて「ノンレム睡眠」と呼ばれ、うとうとしている浅い眠り（睡眠ステージ1）から深い眠り（睡眠ステージ4）まで4つの段階に分けられる。睡眠ステージ4の後で、レム睡眠に移行する。レム睡眠の終了までがひとつの睡眠周期である（**図16**）。典型的な良質な眠りでは、この周期がひと晩に4〜5回繰り返される。眠りが進むにつれ周期の中身が変化し、レム睡眠の比率が高くなっていく。覚醒前の最後の周期では、半分の時間がレム睡眠になる。

睡眠は年齢と共に変化する。レム睡眠の時間比率は、新生児では約50％を占めるが、高齢者では15％に低下する。

レム睡眠にはさまざまな生理的変化が伴う。呼吸数、心拍、血圧の

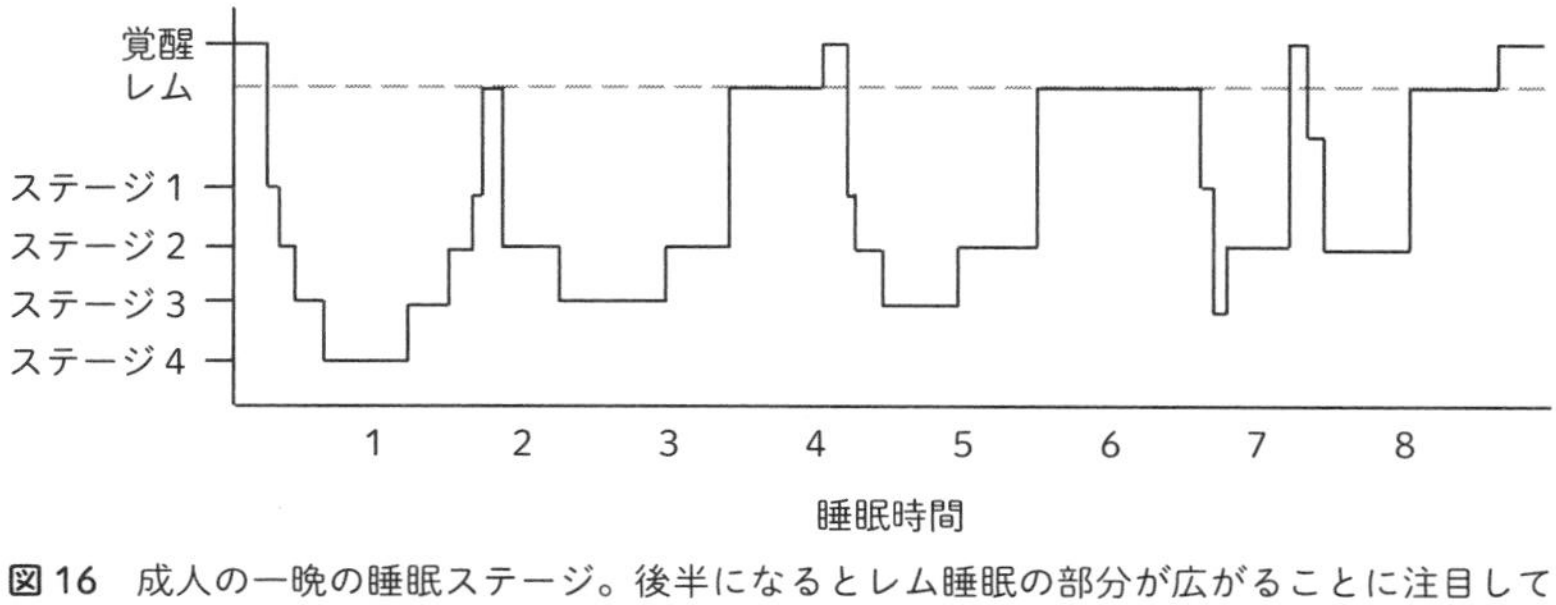

図16　成人の一晩の睡眠ステージ。後半になるとレム睡眠の部分が広がることに注目してほしい。この例では4回の周期が見られる。

上昇や性的反応などだ。男性では勃起、女性では乳首とクリトリスが固くなり、膣液が分泌される。さらに目立つのは筋肉の緊張度の変化だ。ふつうの成人は眠っているあいだにひと晩で約40回姿勢を変える。たいていは無意識のうちにだ。しかし、レム睡眠では姿勢は一切動かない。身体にまったく力が入らないからだ。そのため、横たわった姿勢でなければレム睡眠はまず起こらない。

レム睡眠は「逆説睡眠」と呼ばれることもある。脳波は覚醒状態なのに、当人は事実上麻痺している。活動を司る脳の中枢は筋肉に向け活動信号を送っているのだが、この信号が脳幹のところで、脳のほかの領域から来る抑制性のシナプスの働きによりブロックされ、そのため筋肉にまで届かない。

脳幹での信号ブロックで止まるのは脊髄へと下りていく運動指令だけで、脳幹から直接出て目や表情を直接動かす脳神経への指令の流れはブロックされない（迷走神経を通じて信号が伝わる心拍も変わらない）[23]。レム睡眠行動障害と呼ばれる病気では、この信号がブロックされない。患者はレム睡眠中に、おそらく夢に触発された暴力的行動をとる。自傷や他傷行為につながることも多い。殴ったり、蹴ったり、跳び上がったり、ベッドから走り出ることさえある。レム睡眠行動障害は昔から知られている夢遊病とは別物である。夢遊病はノンレム睡眠時にしか現れない。

異常な眠気に襲われる病、ナルコレプシー

ナルコレプシーは、多くは10代で発症する稀な病気である。数日から数週間の間に日中の眠気がどんどん強くなっていく。夜はよく眠っていて、目覚めた直後もふつうに覚醒しているが、学校の授業中、あるいは宿題をしている最中に眠ってしまう。運転中に眠ってしまうという危険な状況も起こる。この

日中の眠気が始まると、体重が増えることもある。ナルコレプシーでは、突然、ノンレム睡眠の各ステージを経ず、状況と無関係にレム睡眠に襲われることがある。この場合、夢に似た幻覚を伴う。症状がこれだけなら、ナルコレプシー2型と診断される。[24]しかし、1型のナルコレプシーでは、さらに恐ろしい症状が現れる。典型的な症例報告を引用しよう。

18歳男性。2年前から、日中の過度の眠気の既往を持つ。インフルエンザA型（H1N1）のワクチン接種を受けてから数カ月後に発症。日中の過度の眠気のせいで学校を留年せざるをえなかった。肥満で、睡眠時の麻痺と悪夢を頻繁に経験していた。日中の過度の眠気が始まって6カ月後、四肢と首に力が入らないというエピソードが生じた。きっかけは、さまざまな感情的な刺激で、とくに兄弟と一緒に笑っているときが多かった。兄弟が携帯電話で動画を撮影していたため、神経内科医はそれを見て、典型的なカタプレキシーの発作であると診断できた。[25]

ナルコレプシー1型に見られるカタプレキシー（情動脱力発作）は一種の弛緩性麻痺で、通常は数秒から2分程度続き、たいてい顔と首から始まり、胴体や四肢にも広がることがある。

1型のナルコレプシー患者では、外側視床下部のごく一部のニューロン群が完全に失われているようだ。これらのニューロンは神経伝達物質オレキシンを生産し、覚醒と摂食行動の調整に重要な役割を果たしている。そのため、多くの患者でナルコレプシーの症状が進むにつれ体重が増えると考えられる。2型のナルコレプシーでは、これらのニューロンが一部だけ失われている。

1型の場合も2型の場合も、オレキシン・ニューロンは自己免疫の攻撃で破壊される。2009～1

0年にH1N1型のインフルエンザが世界的に流行した際、ナルコレプシー1型の患者が異常なほど増加した。H1N1インフルエンザウイルスの一部のタンパク質断片、またはこのインフルエンザへの免疫をつけるために設計されたワクチンが、オレキシン・ニューロン表面のタンパク質と交差反応し、免疫系のT細胞がこれらのニューロンを破壊してしまったのである。

ナルコレプシー1型は、遺伝と環境の相互作用の好例だ。遺伝要因は小さい。家族性の症例は1~10%程度にすぎない。一卵性双生児の片方がナルコレプシーになった場合、もう片方も罹患する確率は約25%。一般人口の罹患率0・05%に比べるとかなり高いが、完全に遺伝性の疾患に比べればずっと低い。[26] しかし、ナルコレプシー1型患者の98%以上が、ある免疫系遺伝子の特定の型を持っている(この変異型には*HLA-DQB1*0602*という退屈な名前が付いている)。一般人口でこの型を持つ人は12%にすぎない。

いちばん可能性が高いと思われる筋書きは、ナルコレプシー1型を発症するには、HLA遺伝子の不運な変異型を持つことに加え、H1N1インフルエンザウイルスのようなある種の抗原にさらされる必要があり、それがきっかけとなりオレキシン・ニューロンに対する自己免疫反応が誘発される、というものである。[27]

夢=現実経験+想像力

人間の脳は、眠っていて外界からの感覚がほぼ断たれている状態でさえ、意識的経験の世界を独力で完全に紡ぎ出すことができる。朝起きたときに、まるで夢を見た記憶がないときもあれば、夢ばかり見ていたようだと思えるときもあるだろう。一般に夢を見ている最中か見終わって数秒以内に起きなければ、夢を思い出すことは難しい。いったん起きてしまうと、夢の記憶は、書きつけるか、録音するか、誰かに話さない限り、たちまち消えてしまうことが多い。

夢は主に視覚的な体験だ。完全に色が付き、動きがある。夢の材料は起きているあいだの生活経験なので、それと分かる人や場所や物が現れる。音が聞こえたり話をしたりすることも珍しくないが、触感（痛みや温感も含む）や匂い、味の感覚は比較的弱い。大半の夢は現実的な感覚的特徴を持つ。つまり単なる思考ではない。とはいえ、起きているときの生活経験とは明らかに異なる。

夢はレム睡眠時にしか見られないと長く考えられてきたが、今では、人をどの睡眠段階で起こしても、夢を見ていたという報告が聞けることが分かっている。しかし、睡眠段階により、見ていた夢の特徴や夢の長さは違ってくる。睡眠ステージ1、つまり入眠直後に見られる夢は通常短く、はっきりした感覚要素は伴うが、その感覚は継続的な物語へと発展しない。典型的には感覚の断片で、詳細を欠き、感情をほとんど伴わない。傾向としては論理的で、起きているときの経験と符合している。そして重要な点だが、入眠後すぐの夢はその日の出来事の経験を取り込んでいる可能性が非常に高い。古典的な研究だが、被験者を数時間、ゲームのテトリスで遊ばせ、脳波計をつけて眠ってもらい、睡眠ステージ1で目覚めさせると、90%を超える率でゲームの場面を報告した。こうなるのは入眠直後に起こした場合だけで、深いノンレム睡眠（ステージ3～4）やレム睡眠で起こした場合は、ゲームの夢は報告されなかった。[28]

私たちが思い出すことの多い夢はストーリー性があり、詳細を含む物語だ。しばしば、よく知る人物や場所が奇妙に混じり合い、変容して登場する。また、空を飛ぶなど物理法則を無視することも多い。

夢の中では別の現実を経験しているわけだが、それをコントロールすることはほとんどできない。目的に向かうこともできない。ただ夢に沿って進み、突然の状況の変化やありえないことがらを、与えられるままに受け入れる。理屈に合わない経験や奇怪な経験に対する不信は棚上げされる。物語的な夢は、ポジティブにもネガティブにも激しい感情を伴う内容であることが多い。ただし、必ず感情的とは限らない。

起きた後も覚えていて人に話す夢は、たいてい物語的な夢だ。それは、ひとつには話が面白いからだが(聞かされる側にとっては当人ほど面白くないということもあるが)、睡眠周期の構造にも関係している。眠りの後半はレム睡眠が多くなり、そこで目覚める可能性が高いため、そうした夢を覚えているのである。物語的な夢はレム睡眠の間に見やすいが、それ以外には見ないというわけではない。研究室で実際に確認してみると、ステージ3〜4で起こされた人も物語的な夢を報告することがある。とくに睡眠の後半ではそのような夢を見やすい。また、うたた寝(レム睡眠にはならない)から覚めた人が物語的な夢を思い出すこともある。脳幹に神経学的な損傷を負ってレム睡眠がとれない人も、物語的な夢を見ることができる[29]。逆に、レム睡眠中だからといって必ず夢を見るわけではない。レム睡眠後の成人被験者の平均20%は、たとえ目覚めた直後に夢について尋ねたとしても、まったく夢を見ていなかったと報告する[30]。

レム睡眠中、感覚情報はほとんど遮断されているが、完全に無視されるわけではない。これは、視床のレベルで入力電気信号を部分的にブロックしているためだ。嗅覚情報は視床を経由しないためレム睡眠中も処理が行われ、睡眠中にも行われる無意識の関連づけ学習の基盤として働く。

レム睡眠のステージで見ている夢の終わりに、目覚まし時計の音など嗅覚以外の刺激が入り込むことがある。稀には、顔にかかるミストや手足への圧力が夢の内容に入ってくることもある。[31]今日では許されないだろうが、被験者のまぶたをテープで留めたまま眠らせ、レム睡眠のステージで目の前に置いた物に照明を当てるという刺激的な実験が行われたこともある。これほどの操作をしても、その視覚情報が必ず夢の内容に侵入するとは限らなかった。[32]

物語的な夢は、知覚よりも想像力に関係していると示唆する証拠がいくつか見つかっている。側頭頭頂後頭（TPO）接合部と呼ばれる脳領域に損傷を負った患者の中には、夢を見なくなる人がいる。このような患者は、覚醒時にも頭の中の想像力に重度の障害が生じている。

成人の認知能力の中で、夢の想起と最も強く関係するのは、視覚空間的想像力だ。[33]レム睡眠中の脳画像を撮ると、物語的な夢を見ている可能性が高いときには、想像力と、視覚または聴覚的記憶に関わる脳領域が活動している。興味深いことに、視覚、触覚、聴覚などの感覚を最初に処理する一次領野は、レム睡眠中、総じて活動していない。やはりレム睡眠中に活動しない領域として、自発的制御（右下頭頂皮質）、自己モニタリング、自省的思考（後部帯状皮質、眼窩前頭皮質、背外側前頭前皮質）に関わる部分がある。こうして、脳の損傷や脳画像から見えてくるのは、物語性のある夢とは、起きているあいだの無作為の想像的思考、つまり白日夢にきわめて近いということである。

見た夢を毎朝語れる人もいれば、ほとんど夢を見ないという人もいる。しかし、夢を見ないという人を睡眠研究室に連れてきて、レム睡眠中に起こして尋ねると、たいていの場合、物語的な夢を見たと報告する。先に述べたように、脳にある種の障害を負った人は本当に物語的な夢を見ないが、そういう人はごく稀である。夢を見ないという人もたいてい、その気になって練習すれば夢を思い出せるようになる。さしあたり、枕元にメモ用紙かボイスレコーダーを置き、目覚めたらすぐにメモを取るようにするとよい。そうすれば、夢をよく思い出せるようになると同時に、しだいに眠りの後半に短時間目覚めて、ほかの夢も思い出せるようになる。

夢は過去の経験からできあがっているため、夢の材料は自分が経験した感覚世界の範囲に限られる。たとえば生まれつき目が不自由な人は視覚的記憶を持たず、視覚的な夢を見ない。しかし、生まれたときは目が見えたけれども5歳前後以降に眼の障害か低次の視覚処理を行う脳領域の障害で視覚を失った人は、蓄えてある記憶を材料に、変形し、奇妙に組み換えられることもあるが、視覚的な夢を見ることができる。

低次の視覚的処理を行う脳領域に障害を負っても視覚的な夢は見ることができるが、高次の処理経路に障害を負うと夢の内容に影響が及ぶ。たとえば成人後の脳の病変で覚醒時に人の顔が知覚できなくなった人は、夢でも顔の特定ができない。同様に、色の知覚や動きの知覚に関わる脳領域に損傷を負った人は、夢でもそれに応じた欠陥が生じる。[34]

次の睡眠ステージへの移行は、アセチルコリン、ノルアドレナリン、セロトニン、ヒスタミン、ドーパミンといった神経伝達物質間の複雑な絡み合いによりコントロールされている。これらの神経伝達物質に作用する薬物が夢に影響することが分かっている。たとえば、セロトニンやノルアドレナリンの信号に作用する大半の抗うつ薬は、物語的な夢を思い出す頻度を低下させるようだ。抗うつ薬ＳＳＲＩの一部は、想起する夢の感情的内容を強める。ドーパミン信号が弱まっているパーキンソン病患者が報告する夢は、あまり感情的でなく、奇怪さも控えめだ。[35]

これらの結果から考えられるのは、睡眠を変質させる神経伝達物質の受容体――および、神経伝達物質を作り、分解し、貯蔵する酵素――の遺伝子のバリエーションが夢のパターンに影響を及ぼしうるということだが、現時点ではこの仮説を支持したり否定したりする確たる証拠は見つかっていない。

夢の中ではまったくの別人になれる——そんなふうに考えたくなるかもしれないが、それはありそうにない。夢は過去の体験をつき交ぜて引き延ばし、さらに組み換えたうえに空想的に変形した時間や場所を入れ込んだものではあるが、素材は起きているあいだの自分の体験である。それだけではない。多くの文化にまたがる数々の夢の形式的な内容を分析すると、覚醒しているときの自己と夢を見ているときの自己との間で、主要な関心、気分、好奇心、認知能力が強く相関していることが分かる。[36] 夢の内容の最良の予測因子は、起きているときの生活なのである。

第8章 人種と個人差について考えてみる

東南アジアの島々には、文化的にも言語的にも異なるいくつかの海洋民族が散在する。彼らは海のジプシーと呼ばれ、素潜りで食料を得る生活をしている。たとえばバジャウと呼ばれる民族はインドネシア、フィリピン、マレーシアにまたがって分布し[1]、モーケンと呼ばれる民族はインドシナ半島の西岸、タイとミャンマーの沖合の島々に暮らす[2]。彼ら海の民は、幼い頃から泳ぎを覚える。歩き出すより早く泳げるようになる子どもさえいる。女性も男性も子どももみな日常的に海に潜って食料を採集する。銛《もり》で魚を突くのはたいてい男性で、貝をはじめ食用になる小動物を集めるのは主に女性と子どもの仕事だ。漁は水深5〜8メートルほどの海中で行われることが多いが、もっと深く潜ることもある。平均的な成人は、1日5時間も海中で過ごす。素潜りでこれほど長時間活動する例はほかに知られていない。彼らはこれを、ウェットスーツもウェイトもシュノーケルもなしで行う。今でこそバジャウの人々もゴーグルを使うが、モーケンの人々、とくに子どもはゴーグルなしで潜ることが多い（1世代前の海のジプシーたちは誰もゴーグルなど使わなかった）。モーケンやバジャウの人々は、16世紀に初めてヨーロッパの植民地開拓者たちと接触した際に、すでに素潜りの生活をしていた。彼らがずっと昔からこのようにして暮らしていたことはほぼ確実だ[3]。

人間の身体は、水に潜ると、ラッコやイルカのような海棲哺乳類と同じ生理学的反応を示す。水に入るとすぐに心拍が低下して酸素消費を抑える。これで潜水時間が延びる。一時的に酸素が不足しても耐えられる臓器への血流が抑えられ、酸素がとくに必要な心臓や脳、活動筋に血液が重点的に回される。さらに、脾臓《ひぞう》が収縮してカップ半分ほどの赤血球が血流に追加され、血液の酸素運搬能力を高める。こうした数々の反応により、素潜りでも長時間の潜水が可能になる[4]。

コペンハーゲン大学のメリッサ・イラードらの研究チームは、海洋民族のこうした適応の遺伝性を調べるため、インドネシアのスラウェシ島にあるジャヤ・バクティの村で暮らすバジャウの人々からDNAを採取した。また、比較のため、やはりスラウェシ島の20数キロ離れたコヨアンに住むサルアンという民族からもDNAを採取した。サルアンの人々は海とはほぼ無関係に暮らし、素潜りもしない。また、イラードらは超音波エコー装置を現地に持ち込み、調査対象者の脾臓の大きさを測定した。その結果、バジャウの人々のほうがサルアンの人々よりも平均して脾臓が大きいことが分かった。また、脾臓の大きさと*PDE10A*という遺伝子の変異に対応関係があることも判明した。バジャウの人々は脾臓が大きいため、潜水中に血流に注入できる赤血球の量が多い。また、バジャウの人々の*BDKRB2*という遺伝子にも、水に潜ったときの心拍の低下と重要臓器への血流の集中を強化するような変異型が多く見られる傾向があった[5]。

誰でも経験しているように、水の中で目を開けると、ものがぼやけて見える。人間の目は水中の環境にはうまく適応していないのだ。しかしモーケンの子どもたちの水中視力を検査したところ、同じ年齢のヨーロッパの子どもたちよりも2倍ほど細かくものを見分けることができた。つまり、彼らも水の中ではやはりものはぼやけて見えるが、ヨーロッパの子どもほどはぼやけないということだ。水中視力がこのようにある程度向上するメカニズムはふたつ考えられる。ひとつは瞳孔の収縮を強めて焦点深度を大きくすること。もうひとつはレンズの役目を果たす水晶体を強く歪めて入射光が焦点を結びやすくすることだ。後者は眼調節と呼ばれる。モーケンの子どもは、この両方の方法を使って水中視力を高めている。[6]

今のところ、モーケンを含め海洋民族の人々に、眼調節や瞳孔の収縮の強化を説明するような遺伝子の変異型は見つかっていない。実際、モーケンの子どもの水中視力の改善は、トレーニングだけで完全に説明できる。ヨーロッパの子どもたちに1カ月で11回、プールの中でトレーニングを積ませたところ、水中視力がモーケンの子ども並みに向上したのだ。向上した視力は8カ月後にも維持されていた。[7]

こうした海洋民族の調査から分かることは明白だ。生活様式や環境は、地域の人間集団に特定の適応圧力を加え、その人々の遺伝子に進化上の変化を生み出す。バジャウの人々の漁に頼る暮らしが脾臓の大きさや潜水反応に淘汰の圧力をかけたようにだ。しかし、水中視力の強化の例で分かるように、ある集団で意味のある特性に重大な特異性が見つかったとしても、その特異性の基盤は必ずしも遺伝的なものであるとは限らない。この点は重要である。

＊＊＊

現生人類は30万年ほど前にアフリカで生まれた。その後、8万年ほど前から世界中に広がり始め、ほとんどどんな自然環境の中でも暮らすようになっていった。最後の1万2000年の間には、大半の集団が、例外はあるが、狩猟採集の生活から牧畜や農耕による生活へと暮らし方を変えた。それぞれの集団は、定まった生活様式と場所に適応しなければならず、たとえば海洋民族で潜水時の生理学的反応が強化された（しかし水中視力は生理学的には改善しなかった）ように、特定の特性に対して地域独特の選択圧がかかった[8]。

比較的新しい時代の人類の適応の中でよく知られているのが、牛の家畜化に伴う変化だ。牛は約1万年前にアフリカと中東で別々に家畜化された。この変化は、成人が牛乳を飲み、代謝するという特性に強い選択圧をかけた。人間は基本的に、離乳期を過ぎると乳糖（ラクトース）を分解する酵素ラクターゼが減少する。しかし、酪農を広く行うようになった集団では、成人後もラクターゼが作られ続ける。ラクターゼの生産を持続させる遺伝子変異は、中東では9000年ほど前、アフリカでは5000年ほど前に、別々に生じた。古代人の骨のＤＮＡを分析した結果、この遺伝子の変異型が中東からヨーロッパに伝播したのはごく最近、4000年前以降だと推定される[9]。

この事例は、人間の適応についていくつかの重要な事実を分かりやすく示している。第一に、人間は、進化の時間スケールで言えばかなり速やかに――この場合、数千年で――新たな特性を獲得できる。そして第二に、別々の集団が同じ選択圧にさらされると、遺伝的に同じ種類の変異型――この場合は成人にラクターゼを発現させる型――が独立に生じることがある、ということである。このような現象を生物学者は「収斂進化」と呼ぶ。

しかし多くの場合、同じ環境圧力にさらされても、それで生じる遺伝子の変異は集団により異なる。その好例が高地に住む人々だ。エチオピアのシミエン山地やチベット高原など海抜2000メートルを超える環境では、身体の重要な器官に十分な酸素を供給するのが難しい。それでも、高地で暮らす人々はこの困難な環境下で集団を維持している。チベットの人々には*EGLN1*と*EPAS1*という遺伝子に高地環境から身体を守る変異が蓄積している。一方、シミエン山地には、*VAV3*、*ARNT2*、*THRB*といった遺伝子に高地環境から身体を守る変異を蓄積させた人々がいる。これら遺伝子の名称は重要ではない。ポイントは、影響を受けた遺伝子が異なることだ。高地の低酸素環境で暮らすという課題に対して、別々の解決策が用いられたわけだ――集団が異なれば、働く遺伝子の型の組み合わせも異なるのである。(10)

素潜り、乳製品代謝、高地適応と3つの事例を見てきたが、地域的に独特な集団に見られる適応的な変異型を生む環境圧力は、このほかにもいろいろと見つかってきている。たとえば、アルゼンチンの一部地域で暮らす人々が口から摂取するヒ素への耐性、中央アフリカ、地中海域、インドなどで多くの人に見られるマラリアへの耐性、グリーンランドやカナダの先住民の海産物主体の食べ物への適応、シベリア先住民の低温への耐性などだ。今のところこの程度だが、集団遺伝学的研究が進む中で、このリストは伸び続けている。

ここまで紹介してきた地域的な人間集団の適応は、ひとつないし少数の遺伝子の変異型に関わるものだった。しかし地域集団の適応は、たとえば身長のような多数の遺伝子が関わる多因子遺伝的な特性にも影響するのだろうか。すでに述べたように、ヨーロッパ人では身長の約85%が遺伝的に説明でき、そこには数百の遺伝子が関係している。(11)

この問いには、今でも明確な答えが得られていない。北欧の人々は、平均すると南欧の人々よりも身長が高い。身長に影響することが分かっている遺伝子のうち139について北欧人と南欧人で比較したところ、すべての遺伝子について、身長を伸ばす方向に働く変異型の出現頻度は北欧人のほうが高かった。(12)対象をイギリス人に絞った関連研究から、身長を伸ばす方向に少しだけ働く数多くの遺伝子の変異型がこの2000年の間に強い選択圧を受けていることが明らかになっている。そのほか、新生児の頭の大きさ、女性の腰の大きさ（おそらく出産時の赤ん坊の頭の大きさに対応するため）、飢餓時のインシュリンレベルなど、多因子遺伝的な特性が、身長と同様に比較的新しい選択圧を受けていることが分かっている。[13]

しかし、ヨーロッパ人の身長が多因子遺伝的に適応しているとする結論については、それほどはっきりとは言えないのではないかと疑問を呈する論文が、2019年にふたつの研究チームから発表された。より多くの偏りのない集団標本で見ると、その結論の効果量はずっと小さくなるというのだ。[14] 現時点で言えるのは、ヨーロッパ人の身長には多因子遺伝的な適応があるけれども、その効果はどうやら弱い、ということである。この分野は活発な研究が行われており、サンプルや統計手法が改善すれば、この結論もさらに変わっていくかもしれない。

ここまで挙げてきた比較的新しい時代の地域的適応事例の中に、行動上や認知上の特性がなかったことに気づかれただろうか。人間の行動的、認知的特性のほぼすべてには遺伝要因がある。大ざっぱに言って50％程度だ。しかも、たいていは多くの遺伝子が少しずつ関係している。[15] 行動的、認知的な多因子遺伝特性は、理論的にはさまざまな集団で地域的選択圧の対象となり、ある程度は集団全体の遺伝的な相違につながる可能性がある。しかし、本書の執筆時点では、それが正しいと言えるだけの十分な証拠は存在しない。

これらの地域的な遺伝的適応事例の研究は、ほぼすべてについてこれまでに少なくとも一度はほかの研究者により検証が行われ、疑問が呈されている。それを踏まえれば、この説は総じて非常によく生き延びていると言っていい。今後の研究により個々の主張は修正されたり否定されたりするかもしれないが、全体の傾向としては間違いなく以下のことが言える。「身体的特性については、地域的な集団の間に平均すれば有意な遺伝的差異が存在する。適応的な特性は、少数または多数の遺伝子の変化に関係することがある。また、少なくとも一部は数千年という時間的スパンで生じうる」。

この結論は、現在では集団遺伝学のまさに主流の考え方とされる。だが、その考えを口にするだけで、人種主義者という非難を多方面から浴びることになる。一部の批評家は、そのような結論は人種差別を助長する遺伝的議論に実際に利用されてきたのだから、それを語ること自体が非難されるべきだと、けっして悪意からではなく主張する。彼らの考えによれば、こうした研究が善意から（たとえば医療判断を的確にするために）行われたとしても、さまざまな地域的集団の特性の基盤に遺伝的な差異があると報告することは、過ちに満ちた過去の滑り坂へと落ち込んでいく危険を冒すものであり、そのような計画自体を捨て去るほうがよい、ということになる。彼らに言わせれば、「集団」や「祖先」という言葉でさえも、人種について語れるように作られた「政治的に正しい」表現にすぎない。たとえばアンジェラ・サイニーは最近のヒトゲノム多様性プロジェクトについて、こうコメントしている。「『人種《レイス》』という言葉は『集団《ポピュレーション》』に、『人種的差異《レイシャル・ディファレンス》』は『人間の多様性《ヒューマン・ダイバーシティ》』に、抜け目なく置き換えられた。けれど、どうも昔ながらの馴染みの化け物に似て見えはしないだろうか[16]」。

こうした懸念には心から共感できる。人間の多様性に関する科学が、人種問題についての偏狭さを合理化するために世界中で濫用《らんよう》されてきたことに疑問の余地はない。科学、とくに曲解された集団遺伝学は、大西洋をまたぐ奴隷貿易、ユダヤ人のホロコースト、ルワンダのツチ族のジェノサイド、列強による植民地強奪、奴隷解放後のアフリカ系アメリカ人に対する法的迫害などを正当化するために、現在過去を問わず利用されてきた。残念ながら、このリストはまだまだ続く。人と人との相違について研究してきた歴代の高名な科学者たちの中にも、人種差別的エセ科学の考え方を積極的に宣伝してきた人々がいる。「生まれか育ちか《ネイチャーvsナーチャー》」という表現を広めたフランシス・ゴルトンも、ＤＮＡの構造を発見したジェイムズ・ワトソンもそうだった。アメリカの白人至上主義者からインドのある種のヒンドゥー・ナショナリストまで、今日の人種主義者たちもみな、自分の偏狭な見方や人種的抑圧政策を裏付けるために、集団遺伝学に基づくと称する議論に、少なくとも部分的に依拠している。

では、集団間の遺伝的相違などという政治的にややこしい研究は単純に放棄して、個人間の違いの研究に集中すればよいのではないか。なぜそうしないのか。

まず、私の見るところ、集団遺伝学の研究は人間の進化を理解し、医療を向上させるために真の意味で役立つ真っ当な分野だからだ。しかしおそらく、この大切な分野を不用意に捨て去るべきでない最も重要な理由は以下の点にある。人種差別的エセ科学の主張を論駁するためには、科学的探究は、集団遺伝学を含めて全力で努力する必要がある。現在だけでなく、将来も努力し続ける必要がある。

人種差別を助長するエセ科学的議論が消え去ることはない。そして、こうした議論にはデータで対応しなければならない。単に反論するだけではだめだ。まして、この分野の研究全体を締め出すことによってどうにかなるものでもない。集団遺伝学自体が生み出した人種差別の歴史の誤りを証明するには、まさに集団遺伝学から得られつつある知見が必要なのだ。それはこれからも変わらない。

人種差別とエセ科学

「科学的人種主義」と言われるものは、いったいどのような原理に基づいているのだろうか。白人至上主義者がよく持ち出す科学的人種主義の主張は、以下のように要約できる。

1　ヨーロッパ人、アジア人、アフリカ人など、人類には大陸に基づく大きなカテゴリーが存在する。このカテゴリーは、人類が生物学的に異なる少数の人種集団に明確に分かれることを表している。人種集団は何万年にもわたり固定しており、交雑せず、遺伝的な差異を生じさせている。

2　これら大きな人種カテゴリーに対応するさまざまな環境が、それぞれの人種に異なる選択圧をかけてきた。よく語られる人種主義的主張で言うと、アフリカの環境は性欲と暴力性を高め、知性を抑える選択を行い、アジア人には性的衝動を抑え、知性を高め、しかし道徳性を損なうような選択が働いてきた。ヨーロッパ人、とくに北欧の人々に対する選択圧は適度なものだった。満足すべき中庸であり、そのことにより、ヨーロッパ人による植民地化や、他地域からの移民に対する抵抗は正当化される。

3　1と2から、この大きな人種カテゴリーに基づいて平均的な人間の行動、認知特性が予測可能になる。人種的特性は遺伝的で避けえないものであるため、社会的にどのような介入を行ってもなかなか変えることができない。それゆえ、現在行われているように、広く定義される「人種」集団に対して教育や経済の面で機会を差別したり奪ったりすることは許容される。

もちろん、エセ科学を語る人種主義者も、自分たちで自称する人種集団内での差別については、おとしめたり正当化したりする議論を行うことはない。まるで一貫していないのだ。

一方、上述のような議論がほかの集団の優れた特性を説明するために用いられることもある。ただしその場合、常に否定的な但し書きがつく。たとえば、白人至上主義者がよく語るエセ科学的な議論に、ユダヤ人は何世代にもわたり土地所有を禁じられてきた結果、金貸しや商店主のような計算能力を必要とする都会的職業に就く傾向が生じた、というものがある。この筋書きでは、土地所有を禁じられたことで知性を高める選択圧が生じたが、同時に正道を外れ、道徳性を失っていったということになる。同様に、東アジア人と勤労習慣、アフリカ人と優れた運動能力に関しても偽進化論的な説明がなされることがある。(17)

＊＊＊

人種主義のエセ科学的主張が正しいかどうか、その核となる主張を詳しく見てみよう。最初の部分はこうだった。

ヨーロッパ人、アジア人、アフリカ人など、人類には大陸に基づく大きなカテゴリーが存在する。このカテゴリーは、人類が生物学的に異なる少数の人種集団に明確に分かれることを表している。

アメリカに居住している人は、10年に一度、国勢調査のたびに調査票に記入を求められる。この調査票には人種を尋ねる項目があり、該当するものに印をつける(複数選択可)。現在の選択肢は以下のようになっている。

黒人またはアフリカ系アメリカ人：アフリカの黒人のいずれかの人種集団に出自を持つ人

アメリカ・インディアン(＊)またはアラスカ先住民：南北アメリカ(中央アメリカを含む)に元来住ん

でいた民族のいずれかに出自を持ち、現在も部族に所属するか共同体とのつながりを保っている人

白人：ヨーロッパ、中東、北アフリカに元来住んでいた民族のいずれかに出自を持つ人

アジア人：極東、東南アジアまたはインド亜大陸に元来住んでいた民族のいずれかに出自を持つ人。たとえばカンボジア、中国、インド、日本、韓国、マレーシア、パキスタン、フィリピン諸島、タイ、ベトナムなど

ハワイ先住民またはその他の太平洋の島民：ハワイ、グアム、サモアなど太平洋の島々に元来住んでいた民族のいずれかに出自を持つ人

説明はさらに続く。「出自をヒスパニック、ラティーノ、あるいはスパニッシュと考える人は、どの人種であってもおかしくない(18)」。

同様の調査はイギリスでも行われるが、カテゴリーが異なる。1991年の調査の選択肢は、白人、黒人－カリビアン、黒人－アフリカン、黒人－その他、インド人、パキスタン人、バングラデシュ人、中国人、その他の民族、だった。ブラジルの国勢調査では、ブランカ（白人）、パルダ（褐色人、マルチレイシャルのこと）、プレタ（黒人）、アマレーラ（黄色人、アジア人）、インディジェナ（先住民）の人種カテゴリーからひとつを選ぶ。これらの用語のリストは、そのカテゴリーの文化的な使用法とは別物だ。

（＊）アメリカ国勢調査局はNative AmericanではなくAmerican Indianという呼称を使用している。原註18のウェブページを参照。

たとえばアメリカで自分を黒人のカテゴリーに含める人の80%は西アフリカに祖先を持ち、20%はヨーロッパに祖先を持つ(もちろんあくまでも平均しての話だ)。一方、ブラジルで自分をプレタ(黒人)と見なす人はほぼ全員が西アフリカに祖先を持つ人だ。そしてアメリカで自分を黒人とした人の大半は、もしブラジルにいたなら自分をパルダ(褐色人)とするだろう。またブラジルでは、ほぼ完全に西アフリカ系の人々の間でも、貧しい人々は自分をプレタとすることが多く、裕福な人はパルダとすることが多い。

ここでのポイントは、人種的カテゴリーとは社会的、文化的に作られたものだということだ。厳密なカテゴリーではなく、変化することもあり、場所や文化により違ってくる。その地域の歴史や政治、とくに植民地時代の遺産が影響している。実際、イギリスの国勢調査でインドとパキスタン、バングラデシュが別扱いされているのはたまたまではなく、この地域がイギリスの植民地だった歴史の表れと言える。アメリカやブラジルの国勢調査では、これらの地域はアジア人というひとつのカテゴリーにまとめられている。現在の国に基づくカテゴリーもあれば、大陸に基づくものもある。

国勢調査の調査票を離れ、世間一般での分類に目を移してみよう。世界の人々はふだん、もっと別の基準による人種分類をしている。言語による分類(ヒスパニック)や宗教による分類(ムスリム、ユダヤ人、ヒンドゥーなど)だ。そして、ここが重要なのだが、ひとつの国や共同体の中でさえ、状況によりカテゴリーは違ってくることがある。アメリカ政府の分類によれば、あるいは街で出会う大半の人から見て、私は白人だ。だが、インターネット上の白人至上主義者に言わせれば、私はけっして白人ではない。アシュケナージ・ユダヤ人の祖先がいるために白人の資格を持たないのだ。

世界中のあらゆる場所、あらゆる文化に人種的な分類は存在するが、それは本質的に思想的、経済的、政治的な分類である。人種について科学的に探究しようとするのなら、まずこの事実を認め、それに取り組む必要がある。

私は、一部の理想主義的な人々が善意から主張するように、人種的カテゴリーなど存在しないと言っているのではない。そうではなく、人種的カテゴリーとは生物学的なカテゴリーではないと言いたいのだ。それは人類という種の下位分類ではない。ペットとして意図的に作られてきた犬種や猫種のようなものだという人もいるが、そういうものでもない[19]。ついでに言うと、トルートとベリャーエフの家畜化されたキツネとも違う。人種的カテゴリーとは、文化‐生物学的カテゴリーなのだ。生物学的な相違と、どの相違点が重要かという地域的、文化的判断とがぶつかりあった結果として生じたカテゴリーなのである。そして、その文化的判断は変化しうる。

人種が純粋に生物学的なものではないからといって、研究に値しないということにはならない。考えてみれば、教育、貨幣、社会階級、人の評価、いずれも自然現象ではないが、人間生活においてこれらが重要であることを私たちは知っている。人類学者のジョナサン・マークスが、人種に目を向けないとはどういうことかについて、著書の中でうまく表現している。

人種が自然の、あるいは生物学的な、あるいは遺伝学的なひとつの単位ではないという理由だけをもって「人種は存在しない」とする言明に対しては、用心してあたらなければならない。もし自然な存在のみを現実として認めるとしたら、政治的、社会的、経済的不平等をどう理解すればいいのか。これらは現実的な歴史的、社会的事実であって、自然的な事実ではない。ならば突然消えてなくなるのか？　非自然が非現実と同義だというのなら、貧困は解決すべき問題ではなく、無視すべき幻影だということになる。[20]

＊　＊　＊

もし人種間に遺伝的な相違が実際に存在し、その相違が文化的に定義された大きな人種集団に対応し、それぞれの平均的な特性の違いの基盤となっているとしたら、多くの人のゲノムを分析すればその違いを見て取れるはずだ。この問題に1972年に取り組んだのがリチャード・レウォンティンだった。人間のDNAが分析できるようになるよりずっと前のことだ。[21]レウォンティンは世界の人々を、アフリカ人、西ユーラシア人、東アジア人、南アジア人、オーストラリア先住民、アメリカ先住民、オセアニア人の7つの「人種」に分類したうえで、血液のタンパク質のバリエーションを調べた。その結果、タンパク質のタイプのバリエーションの約85%は、7つの人種それぞれの内部に見られるバリエーションに起因し、残りの15%だけが人種間のバリエーションによるものであることが分かった。レウォンティンのこの論文の結論はよく引用される。「各人種も各集団も驚くほど互いに似かよっている。人間のバリエーションの最も大きな部分は、個人間の違いにより説明される。……（このような）人種的分類はもはや、遺伝学的にも分類学的にも、実質的に意味を持たないものと思われる。そうした分類を使い続けることは正当化できない」。[22]レウォンティンの発見が発表されると、多くの者が、これこそ人種的カテゴリーが生物学的に無意味であることの証明だと論じた。しかし、それは多くの人々の認識と整合しなかった。人種が生物学的に無意味だとすると、私たちはいったいどうやって人の顔の写真を見て（声や服装や言動の特徴についての情報を与えられなくても）、完璧とは言えないまでもそこそこ正確にその人の祖先の大ざっぱなカテゴリーを判断できるのだろうか。明らかに私たちは、皮膚の色や顔の特徴や目の色や髪の色と質など、少数の外見的特徴に基づいて推測をすることができる。たしかに全体として言えば、人間の特性の大半のバリエーションは人種間よりも人種内で見られるものだが、組み合わせにより人の祖先を大ざっぱに推定させるようないくつかの外見的な特徴はたしかに存在する。

レウォンティンの時代には、ヒトゲノムの多数の箇所で変異を調べるという芸当はできなかった。しかし30年後の2002年、マーカス・フェルドマンの研究チームがこの問題にあらためて取り組み始めた。彼らは世界中の1056人の被験者のゲノムの中からばらばらに377カ所を選んで分析した。結果は、基本的にはレウォンティンの結論を再確認するものだった。ゲノム内の大半の位置で、人種を区別できるような遺伝子の型は見つけられなかったのだ。平均して言えば、人種間のバリエーションよりも個人間のバリエーションのほうがずっと大きかったからである。しかし、ゲノムの377カ所の変異すべてをまとめて多変数のベイズ的統計手法で解析すると、アメリカでよく使われる大きな人種カテゴリーのいくつかに近いグループ分けが現れてきた。アフリカ人、東アジア人、ヨーロッパ人、オセアニア人、アメリカ先住民である。[23]

この研究を含め、その後いくつか行われた同様の研究は多くの議論を巻き起こした。一部の人々は、この結果は人種の大きなカテゴリーが生物学的に正しく、人類という種に維持されている下位分類であるという考えを裏付けるものだと主張した。しかし、この見方は正しくない。第一に、この5つのカテゴリーが現れてきたのは不思議でも何でもない。5つという数は、データから導かれたものではなく、この分析を行った研究者たちが決めたものだからだ。実際、アフリカ人のDNAの標本をもっと適切に取り、分類を14集団にすればさらに正確になるという意見もある。[24]

こうしたタイプの研究が示しているのは、実際のところかなり直観的な結論だ。人は遠くで暮らす人よりも近くにいる人と連れ添う可能性のほうが高いということである。その可能性は距離と共に減少する。また、大洋やサハラ砂漠のような巨大な地理的障壁が交配の障害となってきたことも分かる。障壁に穴がある場合は交配が起き、遺伝子マーカーで定義される集団の境界がぼやける。[25]

人種的カテゴリーは生物学的なカテゴリーではないが、完全に恣意的な文化的構成物でもない。それは、遺伝する身体的特性の中でごく少数の観察できる特徴に基づいて文化的に創造される流動的カテゴリーなのだ。そのカテゴリーが、歴史的に多くの人々をおとしめ、支配するために用いられてきたのである。

＊　＊　＊

エセ科学的人種主義のもうひとつの原理的主張はこうだ。

人種集団は何万年にもわたり固定しており、交雑してこなかった。

この主張は、ナチスのイデオロギーのひとつの柱だった。それによれば、彼らは縄目文《なわめもん》土器文化を担った人々の純血の子孫なのだという。縄目文土器文化とは、5000年前の遺跡から出土した土器の形状から名づけられた古代文化だ。ナチスの民族起源神話では、縄目文土器文化を担った人々はドイツに深く根を下ろした初期のアーリア人種だったとされる。ナチスはさらに議論を進め、縄目文土器がポーランドやロシア西部、チェコスロバキアでも見つかっているため、これらの土地は古代から自分たちドイツ人のものであったと主張した。

同様の神話は、ある種のヒンドゥー・ナショナリズム思想の根底にも見られる。インド人の血統や文化は、何千年にもわたり、南アジア外の民族から大きな影響を受けていないというのだ。

古代人の遺骨などのDNAを分析し現代人と比較した最新の研究から、人種の純粋性を語るこれらの主張は完全に否定される。(26) 縄目文土器文化について言えば、この文化を担った古代人のDNAは、その大半が現在のロシアと中央アジアのステップから約5000年前に集団移住してきたヤムナヤ人に由来するものであることが明らかになっている。ナチスの諸君、君たちの負けだ。

現代インド人の祖先についても同じことが言える。インドの南部でさえ、祖先の大部分は現在のイランやユーラシア大陸のステップから何度かの大移動で流入してきた人々だった。実際、今日のインド人の遺伝子のバリエーションの約50%は、約5000年前以降にこの地にやって来た移民に由来する。

現代の世界中のほぼすべての人間集団は、数万年にわたり繰り返し交雑してきた結果生まれたものなのだ。遺伝学者のデイヴィッド・ライクが書いているように、「見えてきた物語は、私たちが子どもの頃に聞かされた話や、大衆文化が語る筋書きとはだいぶ異なる。その物語は驚きに満ちている。いったんは分化した集団が再び大規模に混じり合う。集団が丸ごと入れ替わり、拡散する。先史時代の集団の分かれ方は今日の区別とは異なるのである」。(27) 古代人のDNA解析から確実に言えるのは、人種の神話的な純粋性など存在しないということだ。アメリカの国勢調査で白人の欄にチェックを付ける人も、1万年前に栄えた集団の中の少なくとも4つの集団の血を引いている。これらの古代集団は互いに、現代で言えば東アジア人とヨーロッパ人程度には違っていた。言い換えるなら、私たちはみな雑種なのだ。

ただ、みながまったく同じタイプの雑種というわけではない。今日では、小さな試験管に唾液を入れて遺伝子検査会社に郵送し、99ドル払えば、自分の祖先を知ることができる。たとえば33％ウェールズ人、42％トルコ人、20％スウェーデン人、5％ギリシャ人、といった具合だ。あるいは85％が西アフリカ人で10％がイングランド人、5％がフランス人かもしれない。このような祖先の推定――ごく大ざっぱな推定にすぎない――についてわきまえておくべき大切な点は、この民族の分け方が現代人の文化において意味を持つよう選ばれているということだ。[28]この検査で祖先を推定する時代は、意図的に約500年前に設定されている。ヨーロッパ人による植民地化が本格的に始まり、新しい遺伝的交雑の波が引き起こされる前の時代だ。郵送で遺伝子検査を引き受ける会社は、たとえば3000年ほど前の区分を選び、あなたの祖先は45％がヒッタイト人で55％がオクサス人です、と回答することもできる。だが、大半の依頼者はそのような回答にはあまり魅力を感じないだろう。あるいは20万年前まで遡り、すべての依頼者に、あなたの祖先はアフリカ人だと告げることもできる。実際、この答えなら私でも無料で教えてあげられる。試験管に唾を吐いてもらう必要さえない。

＊　＊　＊

エセ科学的人種主義の主張の検討を続けよう。

これら大きな人種カテゴリーに対応するさまざまな環境が、それぞれの人種に異なる選択圧をかけてきた。……アフリカの環境は性欲と暴力性を高め、知性を抑える選択を行い、アジア人には性的衝動を抑え、知性を高め、しかし道徳性を損なうような選択が働いてきた。ヨーロッパ人、とくに北欧の人々に対する選択圧は適度なものだった。

人種カテゴリーのひとつの特徴は、白人、黒人、アジア人等々、くくりが大きいということだ。先に、高地や低温や海産物中心の食事といった環境条件に人類が比較的新しい時代に適応してきた例をいくつか見たが、重要なのは、それらが地域的な環境条件だということだ。しかしふつう「人種」と言うとき、それは現在の地域的集団、たとえば極低温に対応しなければならないシベリアの先住民や、長時間の素潜りに適応したスラウェシ島のバジャウの人々のことではない。つまり、アジア人が適応すべき「アジアの環境」などというものが具体的に存在するわけではないのだ。言うまでもないが、アジアには高い山もあれば、砂漠も、寒帯の森も、浜辺も、ツンドラも、草原も、熱帯雨林もある。同じことは、大陸名で表されることの多いほかの人種についても言える。人種主義者はよく、アフリカは食べ物や安全な隠れ場所が容易に手に入るため、知性を高める選択圧がヨーロッパほど大きくかからない、というようなことを言う。もしそう断言するのなら、アフリカのすべての地域、あるいはサハラ砂漠以南に限定してもいいが、そのさまざまな環境——熱帯雨林から高山地帯、砂漠に至るまで——にそれが当てはまると考えなければならない。同様に、ヨーロッパ各地のさまざまな環境についても同じことが言えなければならない。

　地域を現在の国のレベルで分けたとしても同じ問題は残る。中国の環境に独特な選択圧とはどのようなものだろう。もちろんそんなものは存在しない。中国は多様な環境と生活様式で構成されているからだ。

　言語的な人種分類についてそのようなことを考えるのは、なおさらばかげている。ヒスパニックの自然環境とは何か。ヒスパニックの大陸などというものは存在しない。ゆえに、集団としてのヒスパニックに遺伝的な全体的変化をもたらすような地域的選択圧がかかる、といった筋書きは考えられない。このように、大きな人種集団のそれぞれに異なる選択圧がかかり、認知的、行動的に異なる特性が生み出されるとする主張は、ごくざっと検討するだけで崩れ去る。

ＩＱは遺伝するのか

個人のレベルでも集団のレベルでも、知能というトピックほど議論を呼ぶものはほかにあまりない。しかし、知能とはいったい何だろうか。デラウェア大学の心理学者リンダ・ゴットフレッドソンの以下の定義は理解の助けになる。(29)

（知能とは）推論、計画、問題解決、抽象思考、複雑な観念の理解、迅速な学習、経験からの学習を行う能力に関わる。単に書物から学ぶことや、学問的に限定されたスキルや、試験で点数が取れることではない。知能に表れるのはむしろ、周囲の状況をより広く、より深く理解する――「把握し」、ものごとの「意味を了解し」、何をすべきかを「考え出す」――能力である。

知能を分解し、たとえば結晶性知能（世界について蓄えた知識。事実も手続きも含む）と流動性知能（蓄えた知識にはほとんど依存せずに新たな問題を解決する能力）という要素に分ける心理学者がいる。これらは各種の知能検査が測定対象とする領域であり、ＩＱスコアとして表現されることもある。知能検査など無意味だと考える人もいるが、多くの証拠がこの意見を否定する。知能検査は完璧にはほど遠く、一部に文化的意味合いの強い側面を含んではいるが、世界中のさまざまな経済環境において、学業成績、職業的地位、そして寿命の長さまでも予測する合理的な因子となっている。[30] ＩＱ検査のスコアは、人の知能について何から何まで教えてくれるものではないが、そのような高い要求を完璧に満たす尺度などそもそもありえないというのが本当のところだ。創造性（ふつうではない問題解決策を考え出したり、新たな疑問を提示したりする能力）や実践的知能といった、認知のほかの側面を測定しようとする検査もあるが、これらの尺度は、広く使われているＩＱ検査の予測精度を上げる役には立つが、ＩＱ検査を超えるものではない。

ＩＱスコアごとにアメリカの成人が取り得る人数をヒストグラムにしてみると、平均がほぼ１００のベル型の分布を示す（ＩＱ検査は大きな集団で測定したときの平均が１００になるように調整してある）。この分布では、ＩＱスコアが１１５を超える人が約14％、１３０を超える人が約２％となる。スコアの低い側のカーブもほぼ同じだが、スコア75の近辺に小さな膨らみができる（**図17**）。ＩＱ70以下は知的障害と見なされる。アメリカでは人口の約２％だ。[31]

この分布はアメリカ人の身長の分布に非常によく似ている。身長の高さは遺伝性が強く（第1章で見たＭＩＳＴＲＡ双子研究では約85％）、しかも多因子遺伝的だ。つまり、数百個の遺伝子の小さな変異と、その変異と環境の相互作用や変異同士の相互作用が積み重なり、さらに複雑なプロセスを経て身長という特性に表れてくる。しかし、人口の中のごく一部の稀な例として、たったひとつの遺伝子、たとえば成長ホルモンの分泌に関わる遺伝子の変異により身長に劇的な影響が及び、小人症など身長関連の障害が生じることがある。その結果、身長の分布グラフでは、左の端に近いところに小さな膨らみができる。

ＩＱスコアの統計もこれによく似ている。アメリカ人のＩＱの遺伝率の推定値は約70％（ＭＩＳＴＲ

Ａ研究）から約50％（その他の手法による研究）まで幅がある[32]。いずれにせよ、結論は同じだ――ＩＱスコアの遺伝要因はかなり大きいが、非遺伝要因も相当に大きい。行動特性や認知特性はどれもそうだが、ＩＱの遺伝にも非常に多くの因子が関係する。また、身長と同様に、単独で異常に大きな影響をＩＱスコアに及ぼす遺伝子の変異が数多くある。たとえば*SYNGAP1*、*SHANK3*、*NLGN4*といった遺伝子だ。これらの遺伝子の指令により発現するタンパク質は、発達の初期に脳のニューロンを配線したり、生活経験に応じてニューロンの電気的性質やシナプスの性質を微妙に変化させたりする能力に関係する。これらの遺伝子に変異があると脳のニューロンの配線や電気的な機能に影響が生じ、知的障

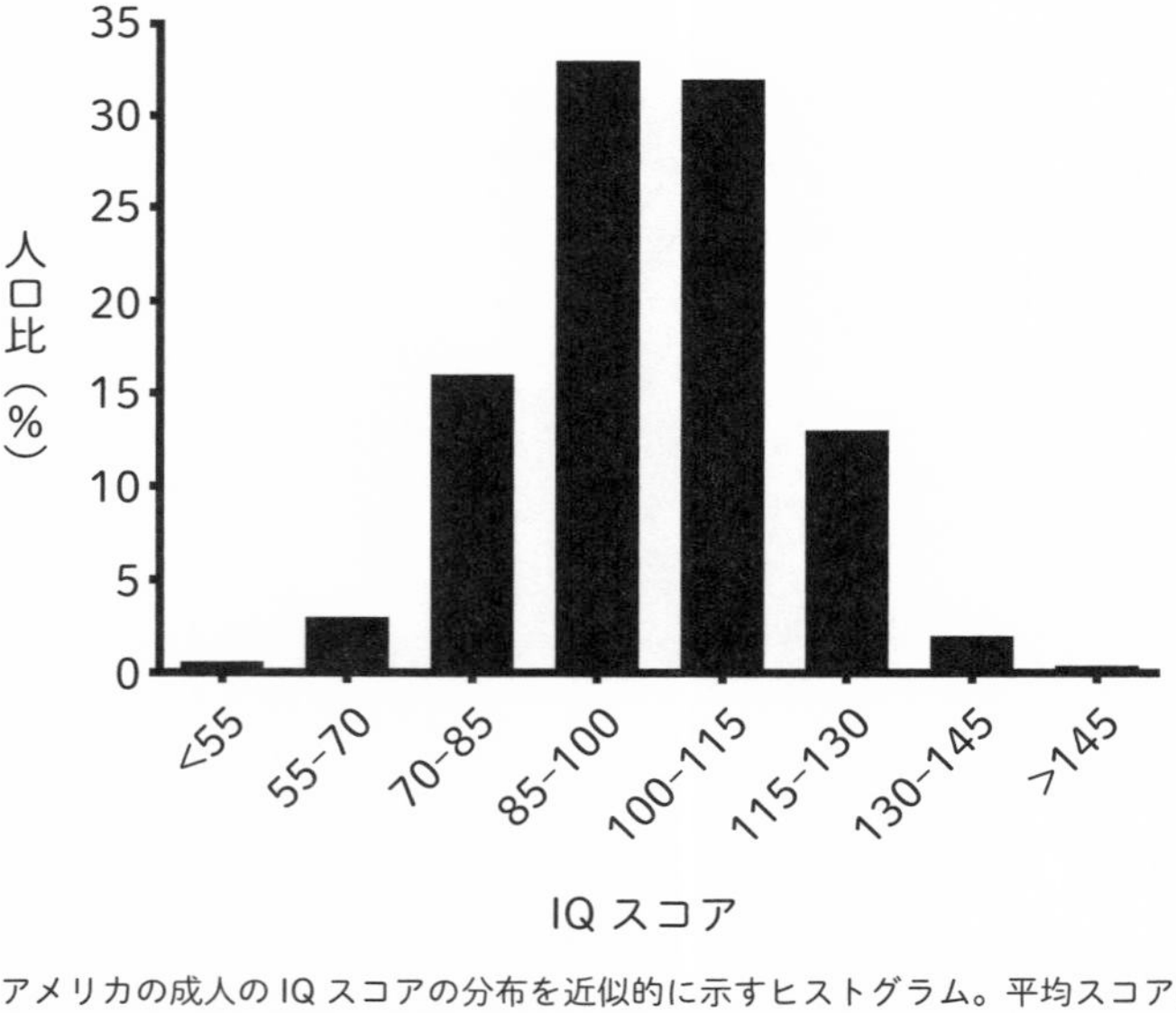

図 17　アメリカの成人の IQ スコアの分布を近似的に示すヒストグラム。平均スコアは定義上 100 となる。この分布はほぼベル型（ガウス分布）だが、スコア 75 付近を中心に小さな膨らみができる。この小さな膨らみは主に、脳の発達とシナプスの機能に関係する少数の遺伝子の変異によるもの。その少数の変異だけで、知的障害につながるほど重大な悪影響を生じることがある。

害と共に、自閉症やてんかんなどの神経精神医学的問題が生じることも多い[33]。

＊　＊　＊

1960年代にイギリスとアイルランドの高校生を対象にIQ検査を実施したところ、アイルランドの高校生のほうが平均で約15ポイント、スコアが低いことが判明した。その後しばらく、一部の研究者は、このIQスコアの差は両国民の遺伝的な違いに由来するものであるとの主張を掲げた。高名な心理学者のH・J・アイゼンクもそのひとりだった。彼らの議論は次のようなものだ。「双子研究から、どちらの集団でもIQスコアの遺伝要因が大きいことが分かっている。ゆえに、集団間の差異もやはり大半が遺伝的なものであるはずだ。したがって、アイルランドで医療や栄養状態や教育を改善して知能を高めようとする努力は的外れだ。彼らは遺伝的にどうしても知能が劣るのだから[34]」。

この議論は、遺伝率の推定というものを根本的に誤って理解している。ここまで説明してきたように、ある特性の遺伝要因の推定は、研究対象とした集団についてのみ妥当する。ひとつの特性についてふたつの異なる集団内でそれぞれに遺伝要因が認められるとしても、それは両集団間の相違が何に由来するかについて何も教えてくれないのだ。たとえば、ボディマス指数（BMI）はアメリカでもフランスでも遺伝性の強い特性だが、平均BMIはアメリカのほうが有意に高い。しかし、その違いはアメリカ人とフランス人の遺伝的な違いに起因するものではない[35]。アメリカ人のほうが平均して高カロリー食を食べているからなのだ（比較的小さい要因として、アメリカ人のほうが運動しないということもある）。

1960年代に測定されたアイルランド人とイギリス人のIQスコアの違いが両国民の遺伝的な違いによるものと仮定した場合、まず、検証可能な予測として、そのスコアの違いは少なくとも数世代は維持されるはずだと考えられる。しかし実際には、この予測は完全に外れた。近年繰り返し行われたＩＱ検査によると、アイルランド人のＩＱは向上し、もはやイギリス人との間に統計的に有意な差はなくなっている。[36] １９６０年代から今日までの間にアイルランド人の平均的な生活水準は格段に上昇し、医療、栄養、教育面での改善が見られた。これらとＩＱの変化に因果関係があるとは言い切れないが、指摘しておく価値はある。

第二の点として、「両国民のＩＱの差は遺伝的な違いによる」という仮説が正しいとすると、両国民に推定される遺伝率は同程度でなければならない。思い出していただきたいのだが、アメリカでは身長のばらつきの85％が遺伝で説明できるが、インドの田舎などの貧困層の人々では遺伝で説明がつく割合は50％にすぎなかった。これは、貧しい人々では栄養状態の悪さや病気のせいで、遺伝的には身長が高くなる潜在力はあってもそれを十分に発揮できないからだ。私の知る限り、アイルランドとイギリスで１９６０年頃にＩＱの遺伝率を推定した研究は行われていないが、ほかの環境では調べられている。アメリカで行われたいくつかの研究によると、ＩＱの遺伝率は貧しい階層よりも中間層のほうが有意に高く、また、高学歴の親を持つ学生や、白人の自意識を持つ人のほうが、黒人よりも有意に高い。[37] これらの研究結果は、集団間のＩＱの差が遺伝によるとする仮説への反証となる。

こちらも１９６０年頃の話だが、アメリカで黒人の自意識を持つ人のＩＱスコアは白人の自意識を持つ人よりも約15ポイント低かった。その頃のアイルランドとイギリスで見られたのと同程度の違いだ。実際、アイルランドとイギリスのＩＱの違いが遺伝に基づくと主張していた人々の多くは、アメリカの黒人と白人のＩＱの違いについても同じ主張を繰り返した。なかでも、１９９４年に出版されてベストセラーになったリチャード・Ｊ・ハーンスタインとチャールズ・マレーの『ザ・ベルカーブ』はよく知られている。だが、この仮説とはうらはらに、黒人と白人のＩＱ差は１９６５年以降縮小し、15ポイント差から現在では約９ポイントになっている。[38] 差が完全に解消されていないことは不思議ではない。アメリカの黒人と白人の間の社会経済的格差は今も存続しているからだ。

裕福な家庭に生まれた子どもは、幼い頃から知的発達を促すような対人的な経験をする可能性が高い。たとえば、アメリカで行われたある研究によると、両親が専門職に就いている子どもは３歳までにのべ３０００万語の言葉を耳にすると推定されるが、労働者階級の家庭の子どもが聞くのはのべ２０００万語で、使われる語彙も少ない。また、同じ研究から、労働者階級の家庭の子どもは親から励ましの言葉をかけられる機会が少なく、叱られることが多いことも明らかになった。[39] 同様の研究から、裕福な家庭の子どものほうが、当然のことながら書籍や新聞やコンピューターに触れる機会が多いことも分かっている。

対人的な経験が子どもの知的発達に影響する可能性は高い。だが、どの程度が環境によるものなのか、また、どの程度がこの環境を整えた親が子どもに伝えた遺伝子型によるものなのかを知ることは難しい。この謎を解くには養子研究が必要になる。そして、養子研究が示す証拠は明白だ。生家よりも社会経済的に恵まれた家庭の養子になった子どもは、養子にならなかった子どもや生家よりも恵まれない家庭の養子になった子どもに比べて、ＩＱスコアが平均12〜18ポイント高いのだ。[40] もちろん、この違いの背後にあるのは家庭内環境ばかりではない。社会経済的に恵まれた家庭の家族は、優れた学校に通い、適切な医療を受けることができ、近隣地域も安全で心の傷などもあまり被らずにすむ。それを含めて考えても、養子研究の結果は、「ＩＱはほぼ遺伝的に決まるものだから人種間のＩＱの差は社会的な介入では埋まらない」とする主張に対する反論になる。

ＩＱは多くの面でほかの行動特性によく似ている。たとえば、遺伝要因と非遺伝要因が共に大きく働き、両者のバランスが集団により異なる。社会的、経済的、政治的に有力な富裕層ほど遺伝要因が強く働く。非遺伝要因としては、家庭内外の社会的経験や、栄養状態や病原体感染のような非社会的経験がある。そしてもちろん、脳の発達が本来持ち合わせている大ざっぱで偶然的な性質から生じるある程度のランダムさもある。また、脳の発達や可塑性に関連するひとつの遺伝子に生じた変異が認知的に大きな障害を引き起こすことがある一方で、[41] 大半の人が含まれるＩＱ80以上の集団では、ＩＱの違いは非常に多因子遺伝的である。

＊＊＊

現在、認知機能全般に関連する遺伝子の変異型を見つけようと、統計的に十分な妥当性が得られるだけの数の被験者を集めてＧＷＡＳ（ゲノムワイド関連解析）がいくつか行われている。[42] これらの研究ではまず、ＩＱ検査や流動性知能を重点的に評価する同様の検査を用いて認知機能全般をアセスメントしてある。被験者の大半はさまざまな祖先を持つヨーロッパ人だ。これらのＧＷＡＳ研究の結果、１００以上の遺伝子の変異が知能全般に関係していることが明らかになった。当然のことながら、これらの遺伝子の多くは脳内で発現するもので、神経系の発達、シナプス機能、電気的活動に関わる遺伝子が多い。確認された遺伝子すべての変異により、標本集団の検査スコアのばらつきの約30％が説明できる。

繰り返しになるが、これら１０００以上の遺伝子はどれひとつとして、知能をもたらすことに特化した遺伝子ではない。それらの遺伝子は、たとえばニューロンの細胞壁にイオンを透過させて重要な電気信号を生じさせることに関係するタンパク質をコードしていたり、成長するニューロンの先端を近隣のニューロンのほうに導くタンパク質をコードしたりしている。

知能を高める遺伝子の変異型は当然、神経系に別の影響も及ぼす。そのような変異型は、平均して言えば、アルツハイマー病やうつ病の発症率を下げる。だが一方、自閉症のリスクを高める[43]。

興味深いことに、知能に関連する遺伝子は神経系以外の場所でも発現する。たとえば*SLC39A8*という遺伝子は、エネルギーを使って細胞膜に亜鉛イオン（Zn^{2+}）を透過させるタンパク質の生成を指示する。この亜鉛イオン運搬タンパク質はニューロン上にも存在するが、最も強く発現するのは膵臓の細胞だ。そのため、知能をわずかに高める働きをする*SLC39A8*の変異型は、おそらく膵臓機能にも影響を及ぼしている。ここでのポイントは、知能に影響する遺伝子変異型について考えているとしても、それが身体全体に多くの影響を及ぼしていると認識する必要があるということ、そしてそうした影響のほとんどについて私たちには何も分かっていないということである。

＊　＊　＊

エセ科学的人種主義が主張する最後の項目に移ろう。

この大きな人種カテゴリーに基づいて平均的な人間の行動、認知特性が予測可能になる。人種的特性は遺伝的で避けえないものであるため、社会的にどのような介入を行ってもなかなか変えることができない。それゆえ、現在行われているように、広く定義される「人種」集団に対して教育や経済の面で機会を差別したり奪ったりすることは許容される。

もし、人種主義者の多くが考えているように、アメリカの黒人と白人の間に今も残るＩＱスコアの差の大半を遺伝的な違いが説明するとしたら、さしあたり大規模ＧＷＡＳ研究で明らかになった１０００余りの知能関連遺伝子で変異型の出現頻度に黒人と白人で統計的な差が生じているはずだ。さらに、この人種間の型の違いでＩＱスコアに今も残る９ポイントの差の大半を説明できなければならない。

ここで声を大にして言っておく。「人種」間で知能関連遺伝子に統計的に有意な差が存在する証拠はない。(44)アメリカで白人を自認する者と黒人を自認する者との間であれ、どのような人種集団の間であれ、そのような差異が存在する証拠はない。そればかりか、あらゆる行動的、認知的特性に関連する遺伝子において、人種間に差異が存在する証拠はない。攻撃性であれ、ＡＤＨＤであれ、外向性であれ、抑うつ傾向であれ。一切、まったく、どこにも証拠は見つかっていない。

科学は起こりうることを問題にするのではなく、実際に起こったと証明できることを問題にする。大陸ごとの選択圧があるというようなご都合主義の作り話を理由に、遺伝学的な証拠を示すこともなく、認知的特性や行動的特性の「人種的」差異のもとには遺伝子の型の違いが存在するに違いないなどと主張するのは、ナンセンスのひと言だ。だが、非科学的で利己的な人種差別に執着する人は、まさにそのようなことをしているのである。

エピローグ

人間の個性の科学は、私たちの自由意思と主体的行為について何を教えてくれるのだろう。私たちははたして、遺伝的にすべてをあらかじめ決められた自動機械なのだろうか。病気も、性格も、技能も、知能も、性的指向まで、遺伝子の型に導かれているのか。それとも、私たちはまったくの白紙で生まれ、社会的、文化的な経験を通じて、無限の可能性と選択肢の中でそれぞれ独自に成長し、自由意思を備えた輝かしい存在になるのだろうか。

その答えはもちろん、どちらでもない。すでに論じたように、「生まれか育ちか」という古くさい誤った決まり文句は、少々複雑だが「遺伝と、発達に内在するランダムさのフィルターを通した経験との相互作用」と言い換えるほうがよい。ここで言う経験とは、社会的、文化的な影響だけでなく、これまでにかかった病気、物理的な環境、体内の共生菌までも含む幅広い概念だ。場合によっては、胎児だった時代に取り込んだ母親や兄姉の細胞が生き残っている可能性もある（女性では妊娠した胎児の細胞を取り込むこともある）。

人間の特性の中には非常に遺伝性の強いものがある。その中には、ひとつの遺伝子によるもの（耳あかのタイプなど）や、ごく少数の遺伝子によるもの（目の色など）もあるが、大半は何百もの遺伝子が相互に作用する多因子遺伝だ（身長など）。逆に、遺伝要因がほとんど、あるいはまったくない特性もある（政治信条や言葉のアクセントなど）。そして大半の特性は、行動上の特性であれ（外向性、流動性知能など）、身体的な特性であれ（ＢＭＩ、心臓病傾向など）、遺伝要因と非遺伝要因が混じり合って生じる。行動上、認知上の特性は高度に多因子遺伝的で、たとえば消極性や創造性や攻撃性やＡＤＨＤといったものについて、その変異の型だけで説明できる単一の遺伝子は存在しない。

重要なのは、遺伝要因と非遺伝要因は相互に影響しあうという点だ。単純な相互作用のこともある。たとえばフェニルケトン尿症（ＰＫＵ）の発症は、両親から受け継いだフェニルアラニンの代謝に関わる遺伝子のコピーがふたつとも壊れていて、そのうえでフェニルアラニンを含む食品を食べた場合に起こる。遺伝子と環境が行動を介して相互作用する例もある。足が速くなるタイプの遺伝子を持って生まれた子どもは、その利点を活かせるスポーツをする可能性が高く、練習しているうちにそのスポーツで上達していく。何より大事なのは、遺伝子と経験はいつも反対向きに働くわけではなく、互いに強め合うこともあるということだ。

アメリカ人は、自分の特性に働く遺伝要因がどの程度かを、総じて適切に見積もっている。たとえば、最近行われたオンライン調査によれば、政治信条に遺伝要因はほとんどない、身長の遺伝性は非常に強い、音楽的才能はその中間、といったように、たいていの人は遺伝性をある程度正しく推定している。見込みを誤りやすい特性もいくつかある。たとえば、性的指向のバリエーションは約30％が遺伝により説明できるが（男性で40％、女性で20％）、多くの人は60％程度が遺伝だと考えている。逆に、約65％が遺伝により説明できるＢＭＩでは、遺伝は40％程度だと考える人が多い[1]。こうしたズレに文化的観念がどう関わっているかを想像してみると面白い。ＢＭＩの場合、多くの人は、食べ物をどのくらい食べるかはその人の意思の力しだいだと考えたがるのではないだろうか。不思議な思い込みではあるが、こうしたことはよく言われる。人はたいてい、自分（や他人）が実際以上に自律的で主体的に行動していると思うものなのである――記憶の正確性や性格の遺伝性についても同じことが言える。

＊　＊　＊

近年、遺伝子編集技術（とくにＣＲＩＳＰＲ《クリスパー》・Ｃａｓ９《キャスナイン》と呼ばれる技法）を用いて、ひとつまたは少数の遺伝子の変異により生じる遺伝病を胚の段階で治療するという技法の可能性をめぐり、興奮と論争が巻き起こっている。報道によれば、２０１８年に中国の南方科技大学の賀建奎准教授が、大学当局の承認を得ず、インフォームド・コンセントの手続きを踏まないまま、ヒトの胚（受精卵）の*CCR5*遺伝子を削除したという。この胚は母体に戻され、ルルとナナという双子の女児が誕生した。賀准教授は、この手続きは医療的なもので正当であると主張した。双子の父親がＨＩＶに感染していたため、この子たちに感染しないようにしたというのだ。*CCR5*遺伝子が指令するタンパク質が存在しなければＨＩＶは免疫細胞に感染できない。賀准教授はこの実験で世界中から非難を浴びた。承認とインフォームド・コンセントの問題以外にも、この遺伝子の欠損により双子の女児に予期せぬ影響が及ぶ懸念もある。実際、*CCR5*遺伝子は脳でも発現することが分かっているが、それがどのように機能しているかはあまり分かっていない。この遺伝子の欠損により神経精神医学的な問題が生じることは十分に考えられる。

遺伝病治療や感染症予防以外に、ＣＲＩＳＰＲ技術を使って人間の特性を変えることは可能だろうか。ひとつまたは少数の遺伝子で決まる特性なら、イエスと言える。たとえば、子どもに湿型耳あかとわきがを与える変異型の*ABCC11*遺伝子を持たせることは難しくないだろう。ふたつの遺伝子でほぼ決まる目の色（その他14の遺伝子も小さな影響を及ぼす）も、多少難しくなるが遺伝子編集で操作できる特性だ。しかし、*CCR5*遺伝子で指摘したように、わずかな遺伝子を操作するだけでも予期せぬ影響が生じる可能性はある。実際、*ABCC11*の湿型耳あか変異型は乳がんのリスクをわずかに高めると示唆する研究がある。(2)

自分の子どもに持たせたいと人が考える特性——たとえば身長、運動能力、知能——は、たいてい非常に多くの遺伝子が関与する多因子遺伝だ。それゆえ、倫理的問題に加えて、技術的にもいくつかのレベルで困難が生じる。第一に、現在知られている1000以上の知能関連遺伝子のすべてを編集することなど現実にはできない相談だ（しかも、仮にそれらを全部合わせてもIQスコアのバリエーションの約30%しか説明しない）。第二に、遺伝子の変異は足し算式に知能を少しずつ積み上げるわけではないため、どのように組み合わせればよいかは必ずしも明確ではない。遺伝子Xのある変異型が知能の高さと関連していて、遺伝子Yのある変異型も知能の高さと関連しているとして、両方ともに発現したときに、何か予想外のことが起こるかもしれない。知能が低下するかもしれないし、知能は上昇するがてんかんが起こる、あるいは神経系以外のところで障害が生じる、といったことさえ考えられる。この種の問題が1000個の遺伝子の組み合わせで起こることを想像すれば、困難の大きさが分かるだろう。

遺伝についての私たちの現在の理解レベルからすれば、多因子遺伝的特性については、望ましい特性を強化するよりも壊してしまう可能性のほうがずっと高い。現時点で、知的障害を引き起こす単一遺伝子の変異はいくつか知られているが、知能を大幅に高める単一遺伝子の変異はひとつも知られていないのである。

＊　＊　＊

ひとりひとりの遺伝的な違いや発達上の違いが、感覚系にどれほど影響するかを考えてみてほしい。私たちが互いに現実を共有していると思えること自体が驚くべきことではないだろうか。適当にふたりの人間を選んで比べてみれば、４００種ほどの嗅覚受容体のうち30%は機能的に異なるという話を思い出してほしい。嗅覚の出発点からしてこうなのだ。それに加えて匂いの情報を処理する脳回路のひとりひとりの違いや、その回路が経験を通じて変化することを考えてみよう。嗅覚や味覚に、これほどまでに身体本来の違いや学習による変化が働いている以上、私が味わうバローロワインやチーズウィズの風味の全体体験は、あなたがそれを味わう体験と同じではない。

そして、このようなひとりひとりの知覚の違いは、嗅覚や味覚に限らずすべての感覚系に存在する。私が見る赤はあなたが見る赤と同じとは限らない。私が聞くGマイナーのコードはあなたが聞くGマイナーのコードではない。そして私にとって肌寒い寝室は、あなたにとって肌寒い寝室ではないのだ。

外的感覚だけでなく、内的感覚も個人個人で異なる。私の満腹感はあなたの満腹感とは違うし、私が頭を左に10度傾けた感覚はあなたが頭を左に10度傾けた感覚とは違う。私たちはひとりひとり、世界と自分を違った形で知覚して行動している。

個人個人の感覚系の多様性の一部は生来のものだ。しかし、その生来の影響は、経験を積み、予想を重ね、記憶を貯めていく中でしだいに磨かれ、膨らんでいく。これらの経験や予想や記憶は、感覚系のフィルターを通じて得られるが、同時にその同じ感覚系をも変容させていく。このように、遺伝と、経験と、可塑性と、発達の力は相互に作用し合い、共鳴し、私たちをひとりひとり独特の存在にしているのである。

謝辞

本書の執筆のために調べものをしていて、ちょっとした新事実を発見すると、誰かに話したくてたまらなくなる。そんなとき大学の同僚たちは、私の顔を見ればすぐにそれと分かるようだ。エレベーターに乗り合わせた私が毎度のごとく臆面もなくいきなり話しかけても、ありがたいことに彼らは、うんざりした思いを顔に出さずにいてくれる。

「ココノオビアルマジロって、一卵性四つ子で生まれるって、知ってた?」

「アメリカの既婚女性が産む双子の0・25%は父親が違うんだってさ!」

彼らは紛うことなき聖人だ。ジョンズホプキンズ大学医学部のすべての研究者たちに、本書の執筆を通じて示してくれた忍耐力と、好奇心と、洞察に満ちた質問とに対して感謝を捧げたい。とりわけ、私の全力のおしゃべりに耐えてくれた神経科学部のランチ仲間には深く感謝する。

科学研究を行うには、ひとつの村が必要だ。だがその村の中には家族がなければならない。私の研究室の善良なメンバーたちがその家族だった。あなたたちのアイデアと友情と厳しさと創造性と勤勉さにありがとうと言わせていただく。

人間の個性について書こうと思い立ったのは、私が幸運にも編集の機会に浴した『40人の神経科学者に脳のいちばん面白いところを聞いてみた』という神経科学のエッセイ集にジェレミー・ネイサンズが寄せてくれた珠玉の一編がきっかけだった。本書の執筆で2018年の初めにベーシック・ブックス社と契約を交わして後、関連するテーマを扱った優れた本が2冊出版された。カール・ツィマーの*She Has Her Mother's Laugh*（彼女は母親と笑い方が同じ）と、ケヴィン・ミッチェルの*Innate*（生得的）だ。ツィマーとミッチェルには、この感嘆すべき業績に感謝したい。彼らの本は読んで楽しかったばかりでなく、私のやる気をかき立ててくれた。人間の個性についての科学は間違いなく、注目の分野となりつつある。

多くの科学者が本書の各部分を下読みし、批評をしてくれた。セス・ブラックショー、ペグ・マッカーシー、グロリア・チョイ、ポール・ブレスリン、ピーター・スターリング、チップ・コルウェルの思慮深いコメントに感謝する。自分の古い論文を引っ張り出して図表を使わせてくれた研究者もいた。ナンシー・シーガル、ニコラス・タトネッティ、メリッサ・ハインズ、ベノイスト・シャールに御礼申し上げる。

科学者以外で最も貴重な意見をくださったのは、非常に優れた一般読者たちだ。マリオン・ウィニックとディーナ・クロッソンの鋭い頭脳に心からの感謝を。

いつものことながら、出版の専門家たちは私の実力以上の本に仕上げてくれた。ジョーン・タイコは明瞭かつ説得力のあるイラストを用意してくれた。T・J・ケレハー、レイチェル・フィールド、リズ・デイナは明晰な目と情熱的な心で編集にあたり、ワイリー・エージェンシーのアンドリュー・ワイリー、ジャクリーン・コー、ルーク・イングラムはずっと私の背中を支え続けてくれた。

ふたつの素晴らしい組織がこの仕事を支えてくれた。スローン財団ブックプログラムとロックフェラー財団ベラージオセンターに最大限の感謝を捧げる。ベラージオセンターは、本書の最終章の執筆のために、誰もが平等で知的に集中できる気持ちのよい環境を提供してくれた。ベラージオセンターの温かく優れた同志たちのために、遠からず別の刺激的な機会で再会することを望みつつ、アペロールスプリッツのグラスを掲げよう。

訳者あとがき

デイヴィッド・J・リンデンの著書を翻訳するのは4冊目になる。『快感回路』、『触れることの科学』、『40人の神経科学者に脳のいちばん面白いところを聞いてみた』(編著)と、著者リンデンは一貫して神経科学の視点から人間の姿に迫ってきた。「快感は人間のトータルな経験の中でのみ意味を持つ」。「五感は単に受動的なものでなく、過去の経験と混じり合い、能動的に生じる」など、脳神経の働きを全人的に捉える見方を提示してきたのである。本書『あなたがあなたであることの科学』もその流れの中にある。ただ、今回はこれまで以上に、経験が生じる場である〈社会〉や〈文化〉の側面に目を向けた考察が目立つ内容となっている。本書のテーマは人間の〈個性〉だが、実際に多く説明されるのは、性別、性的指向、人種といった各特性の〈多様性《バリエーション》〉の実態と由来であり、そこにはどうしても文化的、社会的、さらには政治的要素がからんでくるからだ。

たとえば、スポーツにおける「女子選手」の条件の問題が取り上げられる(第4章)。2021年に開催された東京オリンピックでは、ニュージーランドの重量挙げ女子選手がトランスジェンダーであったため(以前は男子選手として競技を行っていた)、議論が巻き起こった。もちろん彼女はIOCが定めた女子選手の条件(テストステロン値)を満たしていたわけだが、「不公平だ」という批判が多く聞かれた。性的マイノリティーに対する偏見もあったようだ。しかし、訳者が調べた限りでは、そうした議論の中で、この選手が生物学的にどのような状態にあるのか、染色体や生来のホルモン状態はどうだったのかといった本書で扱われるような視点は浮上してこなかった。おそらくそのようなことは当人が公表していないのだろうし、むしろ性的に平等な態度としては、そうしたことは問題にせずに現状だけを問うべきだという考え方があるのだろう（実際、トランスジェンダーであることをはじめから公表せずに、つまり、あえて問題化することなくオリンピックに参加していた女子選手もいたようだ）。それも理解できる。

しかし、本書で紹介されるスペインのハードル選手のように、染色体がXY（男性）でも女性の身体を持ち、アスリートとしてセックスチェックを受けなければおそらく一生女性として過ごしたであろう人もいるという具体的事実を知らなければ、女子選手の定義をどうすべきかという議論は始められないのではないだろうか。生物学的なインターセックス（DSD）の観点と、アイデンティティとしてのジェンダーの観点の切り分けも必要なはずだ。そして、それら生物学的要素や文化的要素が運動能力に実際にどのような影響を及ぼすかというデータが必要になる。そのうえで、スポーツにおける「男子競技」と「女子競技」は並列的なカテゴリーなのか（たとえばトランスジェンダーの男子選手が純粋に競技成績により代表としてオリンピックに参加したら、やはり同じように問題にされるのだろうか）といったことを考える必要がある。著者は、スポーツの世界で男女のカテゴリーが存在する「まさにその場所で、難解な生物学と、性別と公正さに関する根深い文化的観念とが正面からぶつかり合う」（115ページ）と指摘する。著者は本書で、「論争の種を播く」（14ページ）ことを覚悟のうえで、できる限りの生物学的情報を提供しようとしているのである。

話を〈個性〉に戻そう。著者は個性の由来について「生まれか育ちか」という昔ながらの二分法的な見方を否定し、「遺伝と、発達に本来的に含まれるランダムさのフィルターを通した経験との相互作用」

と定式化する。イメージとしては「遺伝×偶然的経験」といったところだろうか。ここで経験というのはふつうの体験だけでなく、たとえば母胎の化学的環境や、生まれてから摂取してきた栄養、ウィルス感染までも含んでの話だ。こうした要因が複雑に絡み合い、さまざまな特性に多様性が生まれる。つまりひとりひとりが別の人間になっていく。これは遺伝的決定論でもなければ、行動主義的な白紙説でもない。

私たちは「考え方は人それぞれ」と当たり前のように言う。だが、それは実際に何を意味しているのか。私たちはひとりひとり、知覚からして互いに異なる。同じものを食べても違う味を感じている。遺伝と偶然的経験の掛け合わせの結果だ。認知のレベルでも異なる。たとえばリスクに対する感じ方が人によりさまざまであることを、私たちはコロナ禍の中で目の当たりにしてきた。知覚や認知のレベルで異なる以上、考え方や行動も必然的に多様になる。これは社会の生物学的前提であり、この認識なしには社会的議論は進まない。私たちは「みんなが気を付ければいい」だけでは済まない多様性の世界に生きている。

本書を、自分と社会のあり方を別の観点から捉え直すきっかけとしていただけたら幸いである。

最後に、本書の翻訳の機会を与えてくださった河出書房新社の藤﨑寛之氏と、丹念に確認作業をしてくださった校閲担当諸氏に御礼申し上げる。

二〇二一年九月

岩坂 彰

(38)　Dickens, W. T., & Flynn, J. R. (2006). Black Americans reduce the racial IQ gap: Evidence from standardization samples. *Psychological Science, 17,* 913–920.

(39)　Hart, B., & Risley, T. (1995). *Meaningful differences in the everyday experience of young American children.* Baltimore, MD: Paul H. Brookes Publishing.

(40)　Locurto, C. (1990). The malleability of IQ as judged from adoption studies. *Intelligence, 14,* 275–292.

Duyme, M., Dumaret, A., & Tomkiewicz, S. (1999). How can we boost the IQs of "dull" children? A late adoption study. *Proceedings of the National Academy of Sciences of the USA, 96,* 8790–8794.

Van IJzendoorn, M. H., Juffer, F., & Poelhuis, C. W. K. (2005). Adoption and cognitive development: A meta-analytic comparison of adopted and non-adopted children's IQ and school performance. *Psychological Bulletin, 131,* 301–316.

(41)　Zogbhi, H. Y., & Bear, M. F. (2012). Synaptic dysfunction in neurodevelopmental disorders associated with autism and intellectual disabilities. *Cold Spring Harbor Perspectives in Biology, 4.* doi:10.1101/cshperspect.a009886.

(42)　Davies, G., et al. (2015). Genetic contributions to variation in general cognitive function; a meta-analysis of genome-wide association studies in the CHARGE consortium (N=53,949). *Molecular Psychiatry, 20,* 183–192.

Savage, J. E., et al. (2018). Genome-wide association meta-analysis in 269,867 individuals identifies new genetic and functional links to intelligence. *Nature Genetics, 50,* 912–919.

(43)　現時点では、これら1000を超える知能関連遺伝子の型を見て、そこから、知能を向上させる共通の神経生理学的機能を引き出すことはできない。知能は、情報処理を効率化する（単位情報あたりの使用エネルギーが少ない）神経の組み合わせか、ニューロンの樹状突起（情報を受け取る枝分かれした末端）の伸長により向上すると考えられてきた。これらは合理的な仮説ではあるが、いまだ証明されてはいない。

(44)　このことは、IQスコアの遺伝的な部分の多因子的基盤となる1000超の遺伝子と、知的障害につながりうる変異を持つ少数の遺伝子のどちらについても言える。

エピローグ

(1)　Willoughby, E. A., et al. (2019). Free will, determinism and intuitive judgments about the heritability of behavior. *Behavior Genetics, 49,* 136–153.

オンラインでアメリカの成人を対象に行われたこの調査の被験者は、高学歴で社会経済的に上層の階級の人に偏っていた可能性が高い。興味深いことに、被験者の中で、特性の遺伝率の推定が科学文献によるコンセンサスに平均して最も近かったのは、複数の子どもを持つ高学歴の母親たちだった。

(2)　Ota, I., et al. (2010). Association between breast cancer risk and the wild-type allele of human ABC transporter ABCC11. *Anticancer Research, 30,* 5189–5194.

くる報告書がまったく同じにならないのはこのためだ。第2に、このデータベースは参照被験者の祖父母についての報告が正しいものとして作られているが、それが必ず正しいとは限らない（アイルランド人の祖母が近所のポーランド人と浮気をして、アイルランド人の夫には内緒にしていたかもしれない）。第3に、この種の推定は参照サンプルが多いほど精度が増すため、データベースに事例があまりない集団についてはよい推定はできない。

（29） Gottfredson, L. S. (1997). Mainstream science on intelligence: An editorial with 52 signatories, history and bibliography. *Intelligence, 24,* 13–23.

（30） Ree, M. J., & Earles, J. A. (1991). The stability of g across different methods of estimation. *Intelligence, 15,* 271–278.

Nisbett, R. E., et al. (2012). Intelligence: New findings and theoretical developments. *American Psychologist, 67,* 130–159.

（31） 興味深いことに、IQ70以下と定義される知的障害は、女性より男性のほうが約4倍多い。この事実に対する可能性の高い説明のひとつは、男性はX染色体を1本しか持たないため、脳の発達や可塑性に影響するX染色体の変異に弱いということである。実際、X染色体上でその種の変異はこれまでに100以上見つかっている。

Carvill, G. L., & Mefford, H. C. (2015). Next-generation sequencing in intellectual disability. *Journal of Pediatric Genetics, 4,* 128–135.

（32） 大半の双子研究は、意図的なものではないが経済的な階級の偏りを含んでいる。社会経済的に下層の階級の人々は研究に参加する可能性が低いためである。おそらくこれが、双子研究によるIQの遺伝率の推定値がほかの方法によるものに比べていくぶん高く出る理由だろう。

（33） Zogbhi, H. Y., & Bear, M. F. (2012). Synaptic dysfunction in neurodevelopmental disorders associated with autism and intellectual disabilities. *Cold Spring Harbor Perspectives in Biology, 4.* doi:10.1101/cshperspect.a009886.

（34） Eysenck, H. J. (1971). *The IQ argument: Race, intelligence and education.* New York, NY: Library Press.

（35） この事例はMitchell, K. (2018) *Innate: How the wiring of our brains shapes who we are.* Princeton, NJ: Princeton University Pressより。

（36） Lynn, R., & Vanhanen, T. (2012). National IQs: A review of their educational, cognitive, economic, political, demographic, sociological epidemiological, geographic and climactic correlates. *Intelligence, 40,* 226–234.

Carl, N. (2016). IQ and socioeconomic development across regions of the UK. *Journal of Biosocial Science, 48,* 406–417.

（37） Scarr-Salapatek, S. (1971). Race, social class and IQ. *Science, 174,* 1285–1295.

Rowe, D. C., Jacobson, K. C., & Van den Oord, E. J. (1999). Genetic and environmental influences on vocabulary IQ. *Child Development, 70,* 1151–1162.

Turkheimer, E., Haley, A., Waldron, M., D'Onofrio, B., & Gottesman, I. I. (2003). Socioeconomic status modifies heritability of IQ in young children. *Psychological Science, 14,* 623–628.

Rutherford, A. (2020). *How to argue with a racist: What genes do (and don't) say about human difference.* New York, NY: The Experiment.

(18) 下記のサイトを参照。

About Race. (2018, January 23). United States Census Bureau. www.census.gov/topics/population/race/about.html

(19) Norton, H. L., Quillen, E. E., Bigham, A. W., Pearson, L. N., & Dunsworth, H. (2019). Human races are not like dog breeds: Refuting a racist analogy. *Evolution: Education and Outreach, 12,* 17.

(20) Marks, J. (2017). *Is science racist?* (pp. 53–54). Cambridge, UK: Polity Press.

(21) 歴史的に言うと、ツメガエル *Xenophus* の遺伝子を使って動物のクローンが初めて作成されたのは1973年、レウォンティンの論文の1年後だった。ヒトゲノムがすべて解読されたのは2003年だ。

(22) Lewontin, R. C. (1972). The apportionment of human diversity. *Evolutionary Biology, 6,* 381–398.

(23) Rosenberg, N. A., et al. (2002). Genetic structure of human populations. *Science, 298,* 2381–2385.

Rosenberg, N. A., et al. (2005). Clines, clusters, and the effect of study design on the inference of human population structure. *PLoS Genetics, 1,* e70.

2002年の論文は、クラスター（グループ分け）が現れたのは集団の地理的サンプリングが作為的だったことによる面が大きいと批判された。2005年の論文は基本的にこうした懸念に対応していた。論文の執筆者たちは、パキスタンのカラシュ人に限定した6番目のクラスターを特定した。これは、この集団内部の交配率の高さと遺伝的浮動の反映である可能性が高い。

(24) Tischkoff, S. A., et al. (2009). The genetic structure and history of Africans and African Americans. *Science, 324,* 1035–1044.

(25) Tischkoff, S. A., & Kidd, K. K. (2004). Implications of biogeography of human populations for "race" and medicine. *Nature Genetics, 36,* S21–S27.

(26) 古代人のDNAによる証拠は、多くの場合、やはり歴史的な人種の純粋性の概念を否定する考古学的証拠を裏付けてきた。

(27) Reich, D. (2018). *Who we are and how we got here: Ancient DNA and the new science of the human past.* New York, NY: Pantheon Books.〔デイヴィッド・ライク『交雑する人類——古代DNAが解き明かす新サピエンス史』日向やよい訳、NHK出版〕〔本文引用は拙訳〕

(28) 試験管に唾液を入れてDNAサンプルを送っても、検査会社は30億ほどのヌクレオチドをすべて分析するわけではない。多型の存在が知られている約60万〜100万ほどのヌクレオチドを分析するのである。そうして得たパターンを、近い祖先のいわば「純粋な」パターンを得るために世界中から選ばれた人々のDNAサンプルと比較する。たとえば、ギリシャのサンプルなら、祖父母が4人ともギリシャに住んでいる人を選ぶ。このプロセスにはいくつかのミスの原因がある。第1に、分析の前に依頼者から送られてきた唾液のDNAを増幅するのだが、ここにミスが入り込む余地がある。一卵性双生児が同じ分析会社に唾液を送っても、返送されて

する。

（10）　低酸素環境のために選ばれた複数の遺伝子の変異型が、生化学的あるいは遺伝的信号の面で互いに関係する場合がありうることが分かっている。たとえば *EGLN1* と *EPAS1* はどちらも低酸素応答誘導転写因子 HIF を活性化させる信号経路で働く。

（11）　この点については、中央アフリカ西部の熱帯雨林にひとつのヒントがある。この地域には、ピグミーと呼ばれるきわめて低身長の人々が暮らす。低身長は熱帯雨林で狩猟採集生活をする人々に一般的な適応と考えられ、アマゾン川流域や東南アジアでも見られる。熱帯雨林の狩猟採集生活になぜ低身長が適応的なのか、本当のところは明確ではない。実は低身長が適応的なのではなく、出生後の発達を早めることの副産物に過ぎないという興味深い可能性が指摘されている。この仮説によれば、死亡率が高い環境では迅速に成長して死ぬ前に早めに子どもをつくることが適応的だというのである。

Migliano, A. B., Vinicius, L., & Lahr, M. M. (2007). Life history trade-offs explain the evolution of human pygmies. *Proceedings of the National Academy of Sciences of the USA, 104,* 20216–20219.

低身長はピグミーのあらゆる集団で非常に遺伝性の高い特性で、これらの集団が全体的に栄養不足のせいだからというわけではない。カメルーンのピグミー集団のDNA を分析したところ、彼らの低身長は少数の遺伝子の変異で説明できることが分かった。そのひとつは成長ホルモンの生産に影響する遺伝子である。こうして、身長も興味深い特性のひとつとなった。世界の大半の人々では身長は数百の遺伝子の変異の小さな影響が重なって変わってくるが、世界人口のほんの一部にすぎないアフリカのピグミーでは、非常に多くの遺伝子が関わるこのプロセスが、少数の遺伝子の強力な働きにより上書きされ、特異な低身長を生み出しているのである。

Jarvis, J. P., et al. (2012). Patterns of ancestry, signatures of natural selection, and genetic association with stature in Western African pygmies. *PLoS Genetics, 3,* e1002641.

（12）　Turchin M. C., et al. (2012). Evidence of widespread selection on standing variation in Europe at height-associated SNPs. *Nature Genetics, 44,* 1015–1019.

（13）　Field, Y., et al. (2016). Detection of human adaptation during the past 2,000 years. *Science, 354,* 760–764.

（14）　Sohail, M., et al. (2019). Polygenic adaptation on height is overestimated due to uncorrected stratification in genome-wide population studies. *eLife, 8,* e39702.

Berg, J. J., et al. (2019). Reduced signal for polygenic adaptation of height in UK Biobank. *eLife, 8,* e39725.

（15）　Chabris, C. F., Lee, J. J., Cesarini, D., Benjamin, D. J., & Laibson, D. I. (2015). The fourth law of behavior genetics. *Current Directions in Psychological Science, 24,* 304–312.

（16）　Saini, A. (2019). *Superior: The return of race science.* Boston, MA: Beacon Press.
〔アンジェラ・サイニー『科学の人種主義とたたかう：人種概念の起源から最新のゲノム科学まで』東郷えりか訳、作品社〕〔本文引用は拙訳〕

（17）　このような偽進化論的議論に対する明確かつ説得力のある反論は、以下の書籍を参照。

(33)　Butler, S., & Watson, R. (1985). Individual differences in memory for dreams: The role of cognitive skills. *Perceptual and Motor Skills, 53,* 841-964.
(34)　Nir, Y., & Tononi, G. (2009). Dreaming and the brain: From phenomenology to neurophysiology. *Trends in Cognitive Science, 14,* 88-100.
(35)　De Gannaro, L., et al. (2016). Dopaminergic system and dream recall: An MRI study in Parkinson's disease patients. *Human Brain Mapping, 37,* 1136-1147.
(36)　Snyder, F. (1970). The phenomenology of dreaming. In L. Madow and L. H. Snow (Eds.), *The psychodynamic implications of the physiological studies on dreams* (pp. 124-151). Springfield, IL: Charles C. Thomas.
Hall, C., & Van de Castle, R. (1966). *The content analysis of dreams.* New York, NY: Appleton-Century-Crofts.
Domhoff, G. W. (2003). *The scientific study of dreams: Neural networks, cognitive development, and content analysis.* Washington, DC: American Psychological Association.
Foulkes, D. (1985). *Dreaming: A cognitive-psychological analysis.* Hillsdale, NJ: Lawrence Erlbaum Associates.

第８章　人種と個人差について考えてみる

(1)　Sather, C. (1997). *The Bajau Laut: Adaptation, history, and fate in a maritime fishing society of south-eastern Sabah.* Kuala Lumpur, Malaysia: Oxford University Press.
(2)　Ivanoff, J. (1997). *Moken: Sea-gypsies of the Andaman Sea—Post-war chronicles.* Chonburi, Thailand: White Lotus Press.
(3)　Schagatay, E., Losin-Sundström, A., & Abrahamsson, E. (2011). Underwater working times in two groups of traditional apnea divers in Asia: The Ama and the Bajau. *Diving and Hyperbaric Medicine, 41,* 27-30.
(4)　Schagatay, E. (2014). Human breath-hold diving and the underlying physiology. *Human Evolution, 29,* 125-140.
(5)　Ilardo, M., et al. (2018). Physiological and genetic adaptations to diving in sea nomads. *Cell, 173,* 569-580.
(6)　Gislén, A., et al. (2003). Superior underwater vision in a human population of sea gypsies. *Current Biology, 13,* 833-836.
(7)　Gislén, A., Warrant, E. J., Dacke, M., & Kröger, R. H. H. (2006). Visual training improves underwater vision in children. *Vision Research, 46,* 3443-3450.
(8)　Fan, S., Hansen, M. E. B., Lo, Y., & Tishkoff, S. A. (2016). Going global by adapting local: A review of recent human adaptation. *Science, 354,* 54-59.
Ilardo, M., & Nielsen, R. (2018). Human adaptation to extreme environmental conditions. *Current Opinion in Genetics & Development, 53,* 77-82.
(9)　これまでのところ、アフリカの大半の地域をはじめ、高温の地域で見つかった骨から古代のDNAを抽出できることは稀だ。そのような環境ではDNAは分解してしまうからだ。その結果、ラクターゼの発現を維持する変異型がアフリカからどのように広がったかについての理解は非常に限られたものになる。成人が牛乳を代謝する能力には、ラクターゼの発現維持のほか、腸内の微生物のフローラも影響

sleep phase syndrome. *Science, 291,* 1040–1043.
(18) Shi, G., Wu, D., Ptáček, L. J., & Fu, Y. F. (2017). Human genetics and sleep behavior. *Current Opinion in Neurobiology, 44,* 43–49.
(19) Shi, G., et al. (2019). A rare mutation of 1-adrenergic receptor affects sleep/wake behaviors. *Neuron, 103,* 1–12.
(20) Funato, H., et al. (2016). Forward-genetics analysis of sleep in randomly mutagenized mice. *Nature, 539,* 378–383.
Hayasaka, N., et al. (2017). Salt-inducible kinase 3 regulates the mammalian circadian clock by destabilizing Per2 protein. *eLife, 6,* e24779.
(21) Gehrman, P. R., et al. (2019). Twin-based heritability of actimetry traits. *Genes, Brain and Behavior, 18,* e12569.
(22) Kalmbach, D. A., et al. (2017). Genetic basis of chronotype in humans: Insights from three landmark GWAS. *Sleep, 40,* 1–10.
Jones, S. E., et al. (2019). Genome-wide association analysis of chronotype in 697,828 individuals provides insight into circadian rhythms. *Nature Communications, 10,* 343.
(23) リヨン大学の Michel Jouvet は、運動指令の流れをブロックする抑制性の線維を切断したネコに奇妙な行動が見られることを示した。レム睡眠中に、目を閉じたまま複雑な行動を行ったのである。走り、跳ね、架空の獲物を食べるようすまで見せた。
(24) Mahoney, C. E., Cogswell, A., Koralnik, I. J., & and Scammell, T. E. (2019). The neurobiological basis of narcolepsy. *Nature Reviews Neuroscience, 20,* 83–93.
(25) Dauvilliers, Y., & Barateau, L. (2017). Narcolepsy and other central hypersomnias. *Continuum, 23,* 989–1004.
(26) Mignot, E. (1998). Genetic and familial aspects of narcolepsy. *Neurology, 50,* S16–S22.
(27) オレキシン・ニューロンの喪失がナルコレプシーの鍵を握るが、それだけではないかもしれない。オレキシン・ニューロンの一部または全部を失ったことが脳のほかのシステムの補完反応を引き起こし、この補完反応が有益に働くこともあれば有害な影響をもたらすこともある、という可能性も考えられる。今のところ脳から失われたオレキシン・ニューロンを再生することはできず、ナルコレプシーの治療は対症療法しかない。通常は、日中の眠気に対してはモダフィニルなどの精神刺激薬を、カタプレキシーに対してはSSRIを処方する。
(28) Stickgold, R., et al. (2000). Replaying the game: Hypnagogic images in normals and amnesiacs. *Science, 290,* 350–353.
(29) Solms, M. (2000). Dreaming and REM sleep are different. *Behavioral and Brain Sciences, 23,* 793–1121.
(30) Nir, Y., & Tononi, G. (2009). Dreaming and the brain: From phenomenology to neurophysiology. *Trends in Cognitive Science, 14,* 88–100.
(31) Dement, W., & Wolpert, E. A. (1958). The relation of eye movements, body motility and external stimuli to dream content. *Journal of Experimental Psychology, 55,* 543–553.
(32) Rechtschaffen, A., & Foulkes, D. (1965). Effect of visual stimuli on dream content. *Perceptual and Motor Skills, 20,* 1149–1160.

Diabetes Care, 38, 1707–1713.
(4) Walch, O. J., Cochran, A., & Forger, D. B. (2016). A global quantification of "normal" sleep schedules using smartphone data. *Science Advances, 2,* e1501705.

この研究はスマホのアプリでデータを収集している。このデータは週末の夜に限られず、Fischer らの研究結果と直接は比較できないという点には注意が必要である。論文執筆者らによると、基本的に、平均就寝時刻が早い国では平均起床時刻も早く、平均就寝時刻が遅い国では平均起床時刻も遅い傾向にあるため、おおまかに言って睡眠時間は文化によらず一定している。

(5) Ekirch, A. R. (2001). Sleep we have lost: Pre-industrial slumber in the British Isles. *American Historical Review, 106,* 343–386.
(6) Ekirch, A. R. (2016). Segmented sleep in pre-industrial societies. *Sleep, 39,* 715–716.
(7) Yetish, G., et al. (2015). Natural sleep and its seasonal variations in three pre-industrial societies. *Current Biology, 25,* 2862–2868.
(8) De la Iglesia, H. O., et al. (2015). Access to electric light is associated with shorter sleep duration in a traditionally hunter-gatherer community. *Journal of Biological Rhythms, 30,* 342–350.
(9) Pilz, L. K., Levandovski, R., Oliveira, M. A. B., Hidalgo, M. P., & Roenneberg, T. (2018). Sleep and light exposure across different levels of urbanization in Brazilian communities. *Scientific Reports, 8,* 11389.
(10) Yetish, G., et al. (2015). Natural sleep and its seasonal variations in three pre-industrial societies. *Current Biology, 25,* 2862–2868.

De la Iglesia, H. O., et al. (2015). Access to electric light is associated with shorter sleep duration in a traditionally hunter-gatherer community. *Journal of Biological Rhythms, 30,* 342–350.
(11) Ekirch, A. R. (2016). Segmented sleep in pre-industrial societies. *Sleep, 39,* 715–716.
(12) この情報は生物学的リズムについての下記の素晴らしい本による。Foster, R., & Kreitzman, L. (2004). *Rhythms of life: The biological clocks that control the daily lives of every living thing.* London: Profile Books.
(13) 概日時計についてさらに興味を抱かれた方には、以下の２編のレビュー論文をお勧めする。Bedont, J. L., & Blackshaw, S. (2015). Constructing the suprachiasmatic nucleus: A watchmaker's perspective. *Frontiers in Systems Neuroscience, 9,* 74.

Takahashi, J. S. (2017). Transcriptional architecture of the mammalian circadian clock. *Nature Reviews Genetics, 18,* 164–179.
(14) 内因性光感受性網膜神経節細胞は強い光の刺激を受けるだけでなく、比較的弱い人工の光、とくに青い光で活性化しうる。そのため、スマホやタブレットの画面など人工的な光を浴びながら夜更かしをすると、体内の概日時計を長く働かせていることになり、自然のリズムが壊れる。
(15) Jones, C. R., et al. (1999). Familial advanced sleep-phase syndrome: A short-period circadian rhythm variant in humans. *Nature Medicine, 5,* 1062–1065.
(16) プタチェクとフーは夫婦である。
(17) Toh, K. L., et al. (2001). An hPer2 phosphorylation site mutation in familial advanced

(67)　あるいは（またはそれに加えて）さらに複雑な説明も考えられる。脳が導管となって片方の鼻からの信号を逆の鼻に伝えたために匂いにさらされなかった側の鼻の感受性も上がった、という説明である。

(68)　Gottfried, J. A., & Wu, K. N. (2009). Perceptual and neural pliability of odor objects. *Annals of the New York Academy of Science, 1170,* 324–332.

(69)　Royet, J. P., Plailly, J., Saive, A. L., Veyrac, A., & Delon-Martin, C. (2013). The impact of expertise in olfaction. *Frontiers in Psychology, 4,* 928.

(70)　Spahn, J. M., et al. (2019). Influence of maternal diet on flavor transfer to amniotic fluid and breast milk and children's responses: A systematic review. *American Journal of Clinical Nutrition, 109,* 1003S–1026S.

授乳期の母親が食べる食べ物の風味についても、子どもの食べ物の好みに対して同様の影響が見られるが、妊娠中に母親が食べる食べ物ほどはっきりした影響ではない。

(71)　Nguyen, D. H., Valentin, D., Ly, M. H., Chrea, C., & Sauvageot, F. (2002). *When does smell enhance taste? Effect of culture and odorant/tastant relationship.* Paper presented at the European Chemoreception Research Organisation conference, Erlangen, Germany.

(72)　Stevenson, R. J., Prescott, J., & Boakes, R. A. (1999). Confusing tastes and smells: How odors can influence the perception of sweet and sour tastes. *Chemical Senses, 24,* 627–635.

Stevenson, R. J., & Boakes, R. A. (1998). Changes in odor sweetness resulting from implicit learning of a simultaneous odor-sweetness association: An example of learned synesthesia. *Learning and Motivation, 29,* 113–132.

(73)　Cain, W. S., & Johnson Jr., F. (1978). Lability of odor pleasantness: Influence of mere exposure. *Perception, 7,* 459–465.

(74)　Moncreiff, R. W. (1966). *Odour preferences.* New York, NY: Wiley.

冬緑油は調査された132の匂いのうち82位だった。最も評価が高かった匂いはバラのエッセンスで、最下位はチオリンゴ酸だった。これはゴムが焦げるような匂いだという。

(75)　Classen, C., Howes, D., & Synnott, A. (1994). *Aroma: The cultural construction of smell.* London: Routledge.

第7章　睡眠と夢と体内時計

(1)　若い方々はこの装置を見たことがないだろう。「マジックフィンガーズ」は1960～70年代にモーテルによく備えられていた装置で、25セント硬貨を投入するとモーターが動き、ベッドが15分間震動する。装置にはこんな説明が添えられていた。「あなたをたちまちゾクゾクするようなリラクゼーションと安らぎの国へとご案内します」。

(2)　Fischer, D., Lombardi, D. A., Marucci-Wellman, H., & Roenneberg, T. (2017). Chronotypes in the US—influence of age and sex. *PLoS One, 12,* e0178782.

これらの調査結果は、これ以前に行われたドイツやニュージーランドなど先進国での調査とほぼ同じだった。

(3)　Vetter, C., et al. (2015). Mismatch of sleep and work timing and risk of type 2 diabetes.

NY: Viking.〔デイヴィッド・J・リンデン『触れることの科学』岩坂彰訳、河出書房新社、pp.147-170〕
(55)　Keller, A., Hempstead, M., Gomez, I. A., Gilbert, A. N., & Vosshall, L. B. (2012). An olfactory demography of a diverse metropolitan population. *BMC Neuroscience, 13,* 122.
(56)　Sorokowski, P., et al. (2019). Sex differences in human olfaction: A meta-analysis. *Frontiers in Psychology, 10,* 242.

女性のほうが平均して男性よりも匂いを感知する閾値が低いが、この傾向が逆になる匂いもある。たとえばスズランの香りであるブルゲオナールという化学物質への感受性は男性のほうが高い傾向にある。なぜなのか、まったく分かっていない。

(57)　Sorokowska, A. (2016). Olfactory performance in a large sample of early-blind and late-blind individuals. *Chemical Senses, 41,* 703–709.
(58)　Wysocki, C. J., & Gilbert, A. N. (1989). National Geographic smell survey. Effect of age are heterogenous. *Annals of the New York Academy of Sciences, 561,* 12–28.
(59)　Keller, A., Zhuang, H., Chi, Q., Vosshall, L. B., & Matsunami, H. (2007). Genetic variation in a human odorant receptor alters odor perception. *Nature, 449,* 468–472.
(60)　Trimmer, C., et al. (2019). Genetic variation across the human olfactory receptor repertoire alters odor perception. *Proceedings of the National Academy of Sciences of the USA, 116,* 9475–9480.
(61)　Markt, S. C., et al. (2016). Sniffing out significant "pee values": Genome wide association study of asparagus anosmia. *BMJ, 355,* i6071.

これらの変異はいずれも、嗅覚受容体遺伝子のコード領域の真ん中にはなく、*OR2M7*、*OR2L3*、*OR14C36*遺伝子のごく近くにある。コードされるタンパク質の構造は変わらないが、遺伝子のコード領域の近くに変異がある事例はたくさんある。

(62)　Wysocki, C., Dorries, K. M., & Beauchamp, G. K. (1989). Ability to perceive androstenone can be acquired by ostensibly anosmic people. *Proceedings of the National Academy of Sciences of the USA, 86,* 7976–7978.

(63)　この話にはさらに複雑な続きがある。ほかの研究グループがアーモンドの香りのベンズアルデヒドまたはレモンの香りのシトラルバを繰り返し嗅がせる実験を行ったところ、繰り返し嗅いだ匂いに対する嗅覚の下限の閾値が、女性、それも再生産年齢の女性でだけ低下した。効果量は大きく、検出可能な濃度は約10万分の1になった。イヌ並みである。

Dalton, P., Doolittle, N., & Breslin, P. A. S. (2002). Gender-specific induction of enhanced sensitivity to odors. *Nature Neuroscience, 5,* 199–200.
Diamond, J., Dalton, P., Doolittle, N., & Breslin, P. A. S. (2005). Gender-specific olfactory sensitization: Hormonal and cognitive influences. *Chemical Senses, 30,* i225–225.
(64)　Wang, L., Chen, L., & Jacob, T. (2003). Evidence for peripheral plasticity in human odour response. *Journal of Physiology, 554,* 236–244.
(65)　Ibarra-Sora, X., et al. (2017). Variation in olfactory neuron repertoires is genetically controlled and environmentally modulated. *eLife, 6,* e21476.
(66)　Mainland, J. D., et al. (2002). One nostril knows what the other learns. *Nature, 419,* 802.

ビール」、「赤い林床」、「ナシの滴」、「牛革」、「ドライストロベリー」、それから鎮咳薬の「ロビタシン」。

Bosker, B. (2017). *Cork dork: A wine-fueled adventure among the obsessive sommeliers, big bottle hunters, and rogue scientists who taught me to live for taste* (pp. 199–200). New York, NY: Penguin.〔ビアンカ・ボスカー『熱狂のソムリエを追え！』小西敦子訳、光文社、p.298〕〔本文引用は拙訳〕

(46) Livermore, A., & Liang, D. G. (1996). Influence of training and experience on the perception of multicomponent odor mixtures. *Journal of Experimental Psychology: Human Perception and Performance, 22,* 267–277.

(47) Morrot, G., Brochet, F., & Dubourdieu, D. (2001). The color of odors. *Brain and Language, 79,* 309–320.

(48) Slosson, E. E. (1899). A lecture experiment in hallucinations. *Psychological Review, 6,* 407–408.

(49) O'Mahony, M. (1978). Smell illusions and suggestion: Reports of smells contingent on tones played on television and radio. *Chemical Senses and Flavour, 3,* 183–189.

(50) 「何の匂いも感じなかった」と報告してきた人は16人にすぎなかったが、匂いを感じなかったことをあえて連絡しようという人はあまりいなかった可能性が高い。

(51) Campenni, C. E., Crawley, E. J., & Meier, M. E. (2004). Role of suggestion in odor-induced mood change. *Psychological Reports, 94,* 1127–1136.

(52) Herz, R. S., & von Clef, J. (2001). The influence of verbal labeling on the perception of odors: Evidence for olfactory illusions? *Perception, 30,* 381–391.

その他の嗅覚の幻覚や学習についてはRachel Herzによる以下の優れた著作を参照のこと。

Herz, R. (2007). *The scent of desire: Discovering our enigmatic sense of smell.* New York, NY: HarperCollins.〔レイチェル・ハーツ『あなたはなぜあの人の「におい」に魅かれるのか』前田久仁子訳、原書房〕

(53) 生まれつき惹かれたり嫌ったりする匂いは、匂い受容体の中でも微量アミン関連受容体（TAAR）と呼ばれる少数の特殊な受容体により検出される。人間にはこの種の受容体で機能しているものが5つあるが、マウスでは14ある。ラットと人間が嫌い、マウスが好むトリメチルアミンの匂いはTAAR5という受容体が検出する。さまざまな動物における生来の嗅覚反応については以下を参照。

Li, Q., & Liberles, S. D. (2015). Aversion and attraction through olfaction. *Current Biology, 25,* R120–R129.

(54) ワサビ、ホースラディッシュ、マスタードはすべて、アリルイソチオシアネート（AITC）というTRPA1受容体を活性化する化学物質を含む。生のタマネギやニンニクに含まれる二硫化アリル（DADS）もTRPA1を活性化するため温感を生む。科の異なる植物が独立に、同じTRPA1を活性化する化合物を生産するよう進化したというのは興味深い。化学物質と温感についてさらに詳しく知りたければ、以下の拙著を参照のこと。

Linden, D. J. (2015). *Touch: The science of hand, heart and mind* (pp. 122–142). New York,

(36)　Gilad, Y., Wiebe, V., Przeworski, M., Lancet, D., & Paabo, S. (2004). Loss of olfactory receptor genes coincides with the acquisition of full trichromatic vision in primates. *PLoS Biology, 2,* e5.

この論文の執筆者らは、機能する嗅覚受容体遺伝子の喪失と3色型色覚の出現の時期が一致しているからといって、このふたつの変化に因果関係があることが証明されるわけではないという点について適切に注意を促している。

(37)　Young, B. D. (2017). Smell's puzzling discrepancy: Gifted discrimination yet pitiful identification. *Mind & Language, 2019,* 1-25.

これらは鼻腔嗅覚による対象同定の実験結果である。後鼻嗅覚だと違う結果になるかもしれない。

(38)　よく知る匂いをこれほど言い当てられないことについては、匂いの検出を行う脳領域と、ものの名称を格納している脳領域との間の神経接続が弱い、あるいは間接的であるといった説明が当然考えられる。たとえば、嗅覚情報はほかの感覚と異なり、視床に流れないという点が指摘されてきた。視床は感覚信号の処理と分配に重要な働きをする組織だ。これ自体は事実だが、嗅覚情報が直接視床に入力されないことが、よく知る匂いを言い当てられないことと関連しているかどうかは明らかではない。

(39)　色は物体に由来する名称を持たないということではない。たとえば、イングランドで「オレンジ」と呼ばれる果物が知られるようになる以前には、この果物に対応する色に限定した色名はなく、その色はイエロー・レッドと呼ばれていた。

(40)　Olofsson, J. K., & Gottfried, J. A. (2015). The muted sense: Neurocognitive limitations of olfactory language. *Trends in Cognitive Science, 19,* 314-321.

(41)　Dupire, M. (1987). Des goûts et des odeur: Classifications et universaux. *L'Homme, 27,* 5-25.

(42)　Majid, A. (2015). Cultural factors shape olfactory language. *Trends in Cognitive Science, 19,* 629.

(43)　Wnuk, E., & Majid, A. (2014). Revisiting the limits of language: The odor lexicon of Maniq. *Cognition, 131,* 125-138.

ジャハイ語やマニク語の話者も、物に由来する匂いの名称を使うことはあるが、稀である。

(44)　Majid, A., & Burenhult, N. (2014). Odors are expressible in language, as long as you speak the right language. *Cognition, 130,* 266-270.

(45)　ボスカーは以下のように書いている。

> 私は人々がグラスに鼻を突っ込んだあとに思いつく難解な言葉をメモ帳に加えていった。それらの表現は魔術崇拝の愛の呪文を唱えているかのように響く。「ワイルドストロベリー・ウォーター」、「ドライ・アンド・水でもどしたブラックフルーツ」、「アップルブロッサム」、「サフラン・ロブスター・ストック」、「焦げた髪」、「朽ちた木」、「ハラペーニョの皮」、「古いアスピリン」、「赤ん坊の息」、「汗」、「チョコレート掛けミント」、「コーヒーのかす」、「砂糖漬けのスミレ」、「ストロベリーのフルーツレザー」、「合成皮革」、「新しいプラスチック製のペニス」、「馬具」、「埃っぽい道」、「レモンの皮」、「除光液」、「気の抜けた

の余地が残る。

（25）　Hur, Y. M., Bouchard Jr., T. J., and Eckert, E. (1998). Genetic and environmental influences on self-reported diet : A reared-apart twin study. *Physiology & Behavior, 64,* 629–636.

　言うまでもなく、食べ物の好みに対する約30%の遺伝の寄与というのは、味覚に関わる遺伝子のバリエーションだけのことではない。

（26）　Smith, A. D., et al. (2016). Genetic and environmental influences on food preferences in adolescence. *American Journal of Clinical Nutrition, 104,* 446–453.

（27）　食事の多感覚的性質について啓蒙的に紹介し、風変わりな現代のレストランにまつわる興味深い逸話を紹介する次の本をお勧めしたい。Spence, C. (2018). *Gastrophysics : The new science of eating.* New York, NY : Viking.

（28）　このことは、ワインのテイスティングをスウィッシュ・アンド・スピット（口に含んでから吐き出す）でするのなら、ワインが蒸散して十分に後鼻嗅覚が働くまで口の中にワインを留めておくようにしなければならないということでもある。ただし、実はスウィッシュ・アンド・スピットではワインやビールを飲み込むテイスティング法の代用にはならない。苦味の受容体が喉の奥にあり、それは液体を飲み込まなければ活性化しないからだ（ふつうはしないとは思うが、うがいでもよい）。

（29）　私たちは分子量350未満の化学物質だけを匂いとして嗅ぐことができる（炭素原子ひとつの分子量が12）。とはいえ、分子量が小さく、揮発性で鼻孔に入るからといって、その物質を匂いとして感じるとは限らない。たとえば二酸化炭素は無臭だ。しかし、二酸化炭素に特化した受容体を持つ蚊などの昆虫はその匂いを嗅ぐことができる。

（30）　嗅球における嗅覚処理の全体像にはここでは触れない。嗅球の回路について詳しく知りたい読者は、次の本がよい手がかりになる。Luo, L. (2016). *Principles of neurobiology* (pp. 217–218). New York, NY : Garland Science.

（31）　Sosulski, D. L., Bloom, M. L., Cutforth, T., Axel, R., & Datta, S. R. (2011). Distinct representations of olfactory information in different cortical centres. *Nature, 472,* 213–216.

（32）　Laska, M. (2017). Human and animal olfactory abilities compared. In A. Buettner (Ed.), *Springer handbook of odor* (pp. 675–689). Basel, Switzerland : Springer International.

（33）　Porter, J., et al. (2006). Mechanisms of scent-tracking in humans. *Nature Neuroscience, 10,* 27–29.

　この実験の被験者の素晴らしい写真は下記を参照。Miller, G. (2006, December 18). Human scent tracking nothing to sniff at. *Science.* www.sciencemag.org/news/2006/12/human-scent-tracking-nothing-sniff

（34）　読者はイルカやクジラが甘味、苦味、旨味の味覚を持たないことを思い出したことだろう。ここからすると、クジラには嗅覚もなさそうに思えるかもしれない。だがそうではないのだ。少なくともこれまでに調査された何種かのクジラには嗅覚がある。クジラとイルカは大半の味覚を欠いているのに、なぜクジラは嗅覚を維持し、イルカは嗅覚を失ったのか。分からない。

（35）　Scholz, A. T., Horrall, R. M., Cooper, J. C., & Hasler, A. D. (1976). Imprinting to chemical cues : The basis for home stream selection in salmon. *Science, 192,* 1247–1249.

cannot taste l-glutamate. *Chemical Senses, 27,* 105–115.

(17) Shigemura, N., Shirosaki, S., Sanematsu, K., Yoshida, R., & Ninomiya, Y. (2009). Genetic and molecular basis of individual differences in human umami taste perception. *PLoS One, 4,* e6717.

Raliou, M., et al. (2011). Human genetic polymorphisms in T1R1 and T1R3 taste receptor subunits affect their function. *Chemical Senses, 36,* 527–537.

(18) Fushan, A. A., Simons, C. T., Slack, J. P., Manichaikul, A., & Drayna, D. (2009). Allelic polymorphism within the TAS1R3 promoter is associated with human taste sensitivity to sucrose. *Current Biology, 19,* 1288–1293.

甘味センサーのバリエーションは旨味の場合と状況がやや異なる。旨味のバリエーションはセンサーのタンパク質の構造の変化によるものだが、甘味のバリエーションは遺伝子のプロモーター領域にあるため、影響は甘味センサーの構造にではなく、味細胞に含まれるセンサーの数に表れる。

(19) Roura, E., et al. (2015). Variability in human bitter taste sensitivity to chemically diverse compounds can be accounted for by differential TAS2R activation. *Chemical Senses, 40,* 427–435.

(20) PROPは6-n-プロピルチオウラシルの略。甲状腺機能亢進の治療薬である。味覚実験では臨床治療よりもはるかに少量で用いる。

(21) 茸状乳頭の密度の基盤となる遺伝要因は今なお不明である。スーパーテイスターの茸状乳頭の密度の高さと*T2R38*遺伝子の変異型との間に統計的関連は見られるものの、これは分散の一部を説明するだけである。また、なぜ*T2R38*のバリエーションが茸状乳頭を多く発達させるのかについて分子レベル、細胞レベルでの説明が付けられない。そのため、両者は統計的には関係しているが、因果関係はないかもしれない。

Hayes, J. E., Bartoshuk, L. M., Kidd, J. R., & Duffy, V. B. (2008). Supertasting and PROP bitterness depends on more than the *TASR38* gene. *Chemical Senses, 33,* 255–265.

問題がもうひとつある。茸状乳頭の密度はPROPへの感受性と正の相関を示すが、別の苦味物質キニーネへの感受性を予測しないのである。

Delwiche, J. F., Buletic, Z., & Breslin, P. A. S. (2001). Relationship of papillae number to bitter intensity of quinine and PROP within and between individuals. *Physiology & Behavior, 74,* 329–337.

(22) Bartoshuk, L. M., Cunningham, K. E., Dabrila, G. M., Duffy, V. B., Etter, L., Fast, K. R., Lucchina, L. A., Prutkin, J. M, & Snyder, D. J. (1999). From sweets to hot peppers: Genetic variation in taste, oral pain, and oral touch. In G. A. Bell & A. J. Watson (Eds.), *Tastes and aromas* (pp. 12–22). Sydney, Australia: University of New South Wales Press.

(23) De Graaf, C., & Zandstra, E. (1999). Sweetness intensity and pleasantness in children, adolescents, and adults. *Physiology & Behavior, 67,* 513–520.

(24) Prutkin, J., et al. (2000). Genetic variation and inferences about perceived taste intensity in mice and men. *Physiology & Behavior, 69,* 161–173.

妊娠3カ月までの女性で苦味感受性が増すという証拠は確実なものだが、生理周期により苦味感受性がシステマティックに変化するという主張についてはなお議論

464, 297–301.

ENaC が人間の低濃度ナトリウムのセンサーであるかどうかについてもなお議論がある。

(10) 本書執筆時点で確実に確認されている酸味センサーはひとつだけ、水素イオンを透過させる OTOP1 というイオンチャンネルである。

Tu, Y. H., et al. (2018). An evolutionarily conserved gene family encodes proton-selective ion channels. *Science, 359,* 1047–1050.

細胞膜上にはこの機能を果たすほかのタンパク質もあるとの主張もあるが、議論はまだ決着を見ていない。ほかの酸味センサーが見つかる可能性はある（OTOP ファミリーにはすでにほかにふたつが知られている）。塩味と同じように、弱い酸味と強い酸味で異なるセンサーがあるのかもしれない。しかし、25 というような多くの数があることは考えにくい。

(11) 少し冷静に眺めてみれば、味覚センサーのタンパク質とは実際には化学物質の検出器にすぎないことが分かる。それが舌の上の味覚受容細胞に含まれていて、脳の味覚中枢につながっていれば、味覚のために働く。しかしそれがほかの場所にあれば、ほかの重要な機能を果たすこともできる。たとえば先述の T2R38 のような苦味センサーは細菌群が放出する化学物質を検出するわけだが、歯肉、肺、気管、副鼻腔、消化管にも存在する。呼吸器でこのタンパク質が活性化すると、生得的な免疫反応を引き起こし、気管を緩めて、細菌を排出するために強く咳ができるようにする。味覚センサーは消化管や皮膚など、身体のほかのいくつかの場所にも存在する。

Lu, P., Zhang, C. H., Lifshitz, L. M., & ZhuGe, R. (2017). Extraoral bitter taste receptors in health and disease. *Journal of General Physiology, 149,* 181–197.

また、*T2R38* 遺伝子に機能不全がある人は、手術が必要なほど重度の慢性副鼻腔炎になりやすいとする研究もある。

Adappa, N. D., et al. (2014). The bitter taste receptor T2R38 is an independent risk factor for chronic rhinosinusitis requiring sinus surgery. *International Forum of Allergy & Rhinology, 4,* 3–7.

(12) Feng, P., Zheng, J., Rossiter, S. J., Wang, D., & Zhao, H. (2014). Massive losses of taste receptor genes in toothed and baleen whales. *Genome Biology and Evolution, 6,* 1254–1265.

ハクジラ類の 7 種とヒゲクジラ類の 5 種を調べた結果、すべての種で酸味と苦味と甘味と旨味が失われていた。*ENaC* 遺伝子は無事だが、この遺伝子は腎臓のナトリウムバランスの維持にも働くため、果たしてクジラの口の中に今も ENaC が発現して塩味を感じさせているかどうかは不明だ。

(13) こだわりのオタクたちのために付け加えると、味覚神経節から島皮質までの間の処理ステーションとして、孤束核、結合腕傍核、腹側視床後部がある。

(14) Wang, L., et al. (2018). The coding of valence and identity in the mammalian taste system. *Nature, 558,* 127–131.

(15) Lee, H., Macpherson, L. J., Parada, C. A., Zuker, C. S., & Ryba, N. J. P. (2017). Rewiring the taste system. *Nature, 548,* 330–333.

(16) Lugaz, O., Pillias, A. M., & Faurion, A. (2002). A new specific ageusia: Some humans

在する可能性がある。しかしこれは現時点では確認された事実ではなく推測にすぎない。炭水化物やカルシウムや脂に対して口中で働くセンサーをコードしている遺伝子は、まだ確認されてはいない。

(6) 読者の高校で習った科学の教科書には、舌の上の味覚の範囲を示した図が載っていたかもしれない。私も覚えがある。苦味は奥の方、甘味は舌先、塩味と酸味は両側、といった区分けだ。詳細な説明は省くが、この区分けは無意味だ。舌の表面の味の感じ方には場所による微妙な違いはあるが、あの図に描かれていたようなものではない。疑いをお持ちの向きは自宅で実験することができる。綿棒に酢や砂糖を付けて舌のあちこちに触れてみるのだ。どこに触れても感じられる味はほとんど変わらないことが分かるはずだ。なぜあのような間違った図が広く知られるようになったのかについて興味をお持ちの方には、この問題について Steven Munger が書いた優れた記事をお勧めする。

Munger, S. (2017, May 23). The taste map of the tongue you learned in school is all wrong. *Smithsonian Magazine*. www.smithsonianmag.com/science-nature/neat-and-tidy-map-tastes-tongue-you-learned-school-all-wrong-180963407/

個々の味細胞が飲食物で活性化して生じる電気信号が脳に至るまでほぼ分離しているという主張は、たいていの場合は正しいが、例外なくそうなのかについては一部議論が残っている。

(7) 私が「味覚センサー」という言葉を使い「味覚受容体」と言わないことに疑問を持たれる読者もいるかもしれない。苦味と甘味と旨味のセンサーは、実際、受容体である（細胞の外側で対応する化学物質と結合し、信号物質が細胞膜を通過できるよう形を変える）。しかし、酸味と塩味のセンサーは受容体ではない。これらのセンサーはイオンチャンネルで、それぞれ水素イオン（H^+）とナトリウムイオン（Na^+）はセンサー細胞の外に留まるのではなく細胞中に取り込まれる。また、味覚受容体にもさらにややこしい違いがある。甘味、苦味、旨味の受容体はふたつの受容体タンパク質が組み合わさった二量体（ダイマー）なのだが、同じタンパク質の組み合わせのもの（ホモダイマー）と異なるタンパク質の組み合わせのもの（ヘテロダイマー）があるのだ。甘味の受容体は TAS1R2-TAS1R3 のヘテロダイマーか TAS1R3 のホモダイマー、旨味の受容体は TAS1R1-TAS1R3 ヘテロダイマーで、苦味の受容体は少なくとも 25 の *TAS2R* ファミリーの遺伝子から作られるさまざまなヘテロダイマーやホモダイマーからなる。

(8) 苦味は食中毒を起こす細菌の存在を示すことがあるが、すべての食中毒細菌が苦味を引き出すわけではない。実際、命に関わる最も一般的な食物細菌——サルモネラ菌、リステリア菌、ブドウ球菌、シゲラ菌など——は無味無臭である。

Breslin, P. A. S. (2019). *Chemical senses in feeding, belonging and surviving: Or, are you going to eat that?*. Cambridge, UK: Cambridge University Press.

強い苦味は非常に嫌な吐き気をもよおさせる。

Peyrot de Gachons, C., Beauchamp, G. K., Stern, R. M., Koch, K. L., & Breslin, P. A. S. (2011). Bitter taste induces nausea. *Current Biology, 21,* R247–R248.

(9) Chandrashekar, J., Kuhn, C., Oka, Y., Yarmolinsky, D. A., Hummler, E., Ryba, N. J. P., & Zuker, C. S. (2010). The cells and peripheral representation of sodium taste in mice. *Nature,*

Men's preference for women's body odours are not associated with human leukocyte antigen. *Proceedings of the Royal Society of London, Series B, 284,* 20171830.

Wedekind, C. (2018). A predicted interaction between odour pleasantness and intensity provides evidence for major histocompatibility complex social signalling in women. *Proceedings of the Royal Society of London, Series B, 285,* 20172714.

Lobmaier, J. S., Fischbacher, U., Probst, F., Wirthmuller, U., & Knoch, D. (2018). Accumulating evidence suggests that men do not find body odours of human leukocyte dissimilar women more attractive. *Proceedings of the Royal Society of London, Series B, 285,* 21080566.

(50) Cretu-Stancu, M., Kloosterman, W. P., & Pulit, S. L. (2018). No evidence that mate choice in humans is dependent on the MHC. *BioArXiv.* Advance online publication. www.biorxiv.org/node/103128.abstract より。

(51) Gangestad, S. W., & Buss, D. M. (1993). Pathogen prevalence and human mate preferences. *Ethology and Sociobiology, 14,* 89–96.

(52) Winkelmann, R. K. (1959). The erogenous zones: Their nerve supply and significance. *Proceedings of the Staff Meetings of the Mayo Clinic, 34,* 39–47.

Krantz, K. E. (1958). Innervation of the human vulva and vagina: A microscopic study. *Obstetrics and Gynecology, 12,* 382–396.

Martin-Alguacil, N., Pfaff, D. W., Shelly, D. N., & Schober, J. M. (2008). Clitoral sexual arousal: An immunocytochemical and innervation study of the clitoris. *BJU International, 191,* 1407–1413.

Halata, Z., & Munger, B. L. (1986). The neuroanatomical basis for protopathic sensibility of the human glans penis. *Brain Research, 371,* 205–230.

第６章　味の好み、匂いの好み

(1)　このとき私は「女性特有のことか？」と疑問に思い、女性の相手を探しているストレートの男性のプロフィールに急いでざっと目を通してみたところ、男性もやはり好きな食べ物や嫌いな食べ物を載せていることが多かった。長々と説明している人もいた。さらに調べると、男性も女性もゲイもストレートもバイも、みな付き合う相手を探すときには食べ物の好みを話題にすることが分かった。

(2)　これは英語特有の奇妙な言葉遣いではない。すべてとは言わないが、世界中の多くの言語で見られる現象である。

(3)「注目すべきことに、味覚だけの喪失を訴えてきて実際に嗅覚または味覚が喪失していた患者の中で、嗅覚障害がある率は味覚障害の３倍近く高かった。」

Dees, D. A., et al. (1991). Smell and taste disorders, a study pf 750 patients from the University of Pennsylvania smell and taste center. *Archives of Otolaryngolgy, Head and Neck Surgery, 117,* 5190528.

(4)　とはいえ、どれほど賢いイソギンチャクでも、私の祖母がしたように何かを嫌がってイディッシュで「フェー」と言うときの表情はできないだろう。

(5)　これまでにセンサーが確認されている５つの基本的な味——甘味、酸味、苦味、塩味、旨味——に加えて、脂、カルシウム、炭水化物のセンサーも口の中に存

(36)　フェロモンの中には、化学的感覚（鼻、触角）を通じた作用ではなく、食物の摂取（ミツバチのローヤルゼリーなど）や交尾中の精子の受容（ある種のヘビやハエ）により伝えられるものもある。
(37)　Wyatt, T. D. (2014). *Pheromones and animal behavior: Chemical signals and signatures* (2nd ed.). Cambridge, UK: Cambridge University Press.
(38)　McClintock, M. K. (1971). Menstrual synchrony and suppression. *Nature, 229,* 244-245.
(39)　Stern, K., & McClintock, M. K. (1998). Regulation of ovulation by human pheromones. *Nature, 392,* 177-179.
(40)　Wyatt, T. D. (2015). The search for human pheromones: The lost decades and the necessity of returning to first principles. *Proceedings of the Royal Society, Series B, 282,* 20142994.
この論文から価値のある言葉を引用しよう。「フェロモンを見つけたいのなら、私たち自身を新たに発見された哺乳類として扱う必要がある」。
(41)　Roberts, S. A., Simpson, D. M., Armstrong, S. D., Davidson, A. J., McLean, L., Beynon, R. J., & Hurt, J. L. (2010). Darcin: A male pheromone that stimulates female memory and sexual attraction to an individual male's odor. *BMC Biology, 8,* 75.
(42)　Doucet, S., Soussignan, R., Sagot, P., & Schall, B. (2009). The secretion of areolar (Montgomery's) glands from lactating women elicits selective unconditional responses in neonates. *PLoS One, 4,* e7579.
(43)　Charra, R., Datiche, F., Casthano, A., Gigot, V., Schall, B., & Coureaud, G. (2012). Brain processing of the mammary pheromone in newborn rabbits. *Behavioral Brain Research, 226,* 1790188.
Matsuo, T., Hattori, T., Asaba, A., Inoue, N., Kanomata, N., Kikusui, T., Kobayakawa, R., & Kobayakawa, K. (2015). Genetic dissection of pheromone processing reveals main olfactory system-mediated social behaviors in mice. *Proceedings of the National Academy of Sciences of the USA, 112,* E311-E320.
(44)　Wyatt, T. D. (2015). The search for human pheromones: The lost decades and the necessity of returning to first principles. *Proceedings of the Royal Society, Series B, 282,* 20142994.
(45)　Gilbert, A. N., Yamazaki, K., Beauchamp, G. K., & Thomas, L. (1986). Olfactory discrimination of mouse strains (*Mus musculus*) and major histocompatibility types by humans (*Homo sapiens*). *Journal of Comparative Psychology, 100,* 262-265.
(46)　Gilbert, A. (2014). *What the nose knows: The science of scent in everyday life.* Fort Collins, CO: Synesthetics, Inc.
(47)　Wedekind, C., Seebeck, T., Bettens, F., & Paepke, A. J. (1995). MHC-dependent mate preferences in humans. *Proceedings of the Royal Society of London, Series B, 260,* 245-249.
面白いことに、ホルモン剤の経口避妊薬を服用している女性では、この好みは反転する。
(48)　Wedekind, C., & Furi, S. (1997). Body odour preferences in men and women: Do they aim for specific MHC combinations or simply hetrozygosity? *Proceedings of the Royal Society of London, Series B, 264,* 1471-1479.
(49)　Probst, F., Fischbacher, U., Lobmaier, J. S., Wirthmüller, U., & Knoch, D. (2017).

the Y-linked protein NLGN4Y. *Proceedings of the National Academy of Sciences of the USA, 115,* 302–306.
(26) Meyer-Bahlburg, H. F., Dolezal, C., Baker, S. W., & New, M. I. (2008). Sexual orientation in women with classical or non-classical congenital adrenal hyperplasia as a function of degree of prenatal androgen excess. *Archives of Sexual Behavior, 37,* 85–99.
(27) Allen, L. S., & Gorski, R. A. (1992). Sexual orientation and the size of the anterior commissure in the human brain. *Proceedings of the National Academy of Sciences of the USA, 89,* 7199–7202.

LeVay, S. (1991). A difference in hypothalamic structure between heterosexual and homosexual men. *Science, 253,* 1034–1037.
(28) Byne, W., Tobet, S., Mattiace, L. A., Lasco, M. S., Kemether, E., Edgar, M. A., Morgello, S., Buchsbaum, M. S., & Jones, L. B. (2001). The interstitial nuclei of the human anterior hypothalamus: An investigation of variation with sex, sexual orientation, and HIV status. *Hormones and Behavior, 40,* 86–92.

Lasco, M. S., Jordan, T. J., Edgar, M. A., Petito, C. K., & Byne, W. (2002). A lack of dimorphism of sex or sexual orientation in the human anterior commissure. *Brain Research, 936,* 95–98.
(29) くどいようだが、成人の間にいかなる相違が見られたとしても、それは生来のものかもしれないし、経験の結果かもしれないし、生来の因子と経験の相互作用の結果かもしれない。
(30) Connellan, J., Baron-Cohen, S., Wheelwright, S., Batki, A., & Ahluwalia, J. (2001). Sex differences in human neonatal social perception. *Infant Behavior and Development, 23,* 113–118.
(31) Green, R. (1987). *The "sissy-boy syndrome" and the development of homosexuality.* New Haven, CT: Yale University Press.

Drummond, K. D., Bradley, S. J., Peterson-Badali, M., & Zucker, K. J. (2008). A follow-up study of girls with gender identity disorder. *Developmental Psychology, 44,* 34–45.
(32) Karlson, O., & Lüscher, M. (1959). "Pheromones": A new term for a class of biologically active substances. *Nature, 183,* 55–56.
(33) ボンビコールの分離と特徴の特定は、約 20 年の歳月と 50 万匹のカイコ蛾を費やしたたいへんな偉業だった。
(34) Wyatt, T. D. (2014). *Pheromones and animal behavior: Chemical signals and signatures* (2nd ed.). Cambridge, UK: Cambridge University Press.
(35) 生物が何かを伝えるために用いる物質を「セミオケミカル（信号物質）」と総称する。同種の個体間では、フェロモンか、シグネチャ混合物が用いられる。フェロモンは生来の定型的な反応（行動や発達プロセス）を引き出す。シグネチャ混合物は、個体の識別や家族やコロニーなど社会集団のメンバーの識別のために受け手が学習する必要がある。異なる動物種の間の信号は「アレロケミカル（他感作用物質）」と呼ばれる。

Wyatt, T. D. (2014). *Pheromones and animal behavior: Chemical signals and signatures* (2nd ed.). Cambridge, UK: Cambridge University Press.

development. New York, NY: Guilford Press.

Green, R., Mandel, J. B., Hotvedt, M. E., Gray, J., & Smith, L. (1986). Lesbian mothers and their children: A comparison with solo parent heterosexual mothers and their children. *Archives of Sexual Behavior, 7,* 175–181.

(18) Patterson, C. J. (2005). *Lesbian and gay parents and their children: Summary of research findings.* Washington, DC: American Psychological Association.

(19) Brannock, J. C., & Chapman, B. E. (1990). Negative sexual experiences with men among heterosexual women and lesbians. *Journal of Homosexuality, 19,* 105–110.

Stoddard, J. P., Dibble, S. L., & Fineman, N. (2009). Sexual and physical abuse: A comparison between lesbians and their heterosexual sisters. *Journal of Homosexuality, 56,* 407–420.

(20) Isay, R. A. (1999). Gender development in homosexual boys: Some developmental and clinical considerations. *Psychiatry, 62,* 187–194.

(21) Bailey, J. M., & Pillard, R.C. (1991). A genetic study of male sexual orientation. *Archives of General Psychiatry, 48,* 1089–1096.

Bailey, J. M., & Benishay, D. S. (1993). Familial aggregation of female sexual orientation. *American Journal of Psychiatry, 150,* 272–277.

(22) Långström, N., Rahman, Q., Carlström, E., & Lichtenstein, P. (2010). Genetic and environmental effects on same-sex sexual behavior: A population study of twins in Sweden. *Archives of Sexual Behavior, 39,* 75–80.

この研究は、その規模の大きさと双子の無作為なサンプリングで知られている。イギリスでも女性の双子の無作為集団を対象に大規模な調査が行われている。こちらも女性の性的指向の遺伝性について、25%という似たような推定値が得られた。

Burri, A., Cherkas, L., Spector, T., & Rahman, Q. (2011). Genetic and environmental influences on female sexual orientation, childhood gender typicality and adult gender identity. *PLOS One, 6,* e21982.

(23) 最近では、ヨーロッパやアメリカの男女を対象に大規模なGWAS（ゲノムワイド関連解析）研究が実施され、同性愛に寄与している可能性のある遺伝子変異の特定が試みられている。この研究は、この特性のバリエーションの約1%を説明する複数の遺伝子変異を見つけ出している。しかし、私の見るところ、この研究には欠陥がある。被験者を分類する基準として「あなたはこれまでに自分と同性の相手とセックスをしたことがありますか？」（強調は筆者）という質問を使っているからだ。これでは、常に自分をゲイまたはバイと自認している人よりも多くの多様な人々が当てはまってしまう。

Ganna, A., et al. (2019). Large-scale GWAS reveals insights into the genetic architecture of same-sex sexual behavior. *Science, 365,* eaat7693.

(24) Blanchard, R. (2018). Fraternal birth order, family size, and male homosexuality: Meta-analysis of studies spanning 25 years. *Archives of Sexual Behavior, 47,* 1–15.

兄が複数いても、同性愛の可能性はひとりの兄による以上には高まらない。しかしその場合、性別に典型的でないほかの行動の可能性が高まる。

(25) Bogaert, A. F., et al. (2018). Male homosexuality and maternal immune responsivity to

である。同様に、ローマカトリックの聖職者たちは、性的衝動を経験するとしても多くの場合禁欲することができる。

(10) Rosenthal, A. M., Sylva, D., Safron, A., & Bailey, J. M. (2012). The male bisexuality debate revisited: Some bisexual men have bisexual arousal patterns. *Archives of Sexual Behavior, 41,* 135–147.

この報告以前に、同じ研究グループから別の報告も発表されている。以前の報告では、大半のバイセクシュアルの男性はゲイの興奮パターンか、またはストレートの興奮パターンを示し、本当の意味でのバイセクシュアルのパターンというものは示さないとされていた。これら以前の研究と2012年の研究の違いは、後者でバイセクシュアルの基準を厳しくしたことで生じた可能性が高い。新しい基準は「バイセクシュアルの被験者は、男女の性的パートナーがそれぞれ少なくともふたりいて、かつ男女それぞれ少なくともひとりの相手と最低3カ月間恋愛関係にあった」というものだった。

(11) Bailey, J. M. (2009). What is sexual orientation and do women have one? In D. A. Hope (Ed.) *Contemporary perspectives on lesbian, gay and bisexual identities.* New York, NY: Springer.

(12) Suschinsky, K. D., Dawson, S. J., & Chivers, M. J. (2017). Assessing the relationship between sexual concordance, sexual attractions and sexual identity in women. *Archives of Sexual Behavior, 46,* 179–192.

言うまでもなく、レズビアンの女性全員がゲイの男性のポルノや男女のポルノに興奮しないというわけではない。実際、ゲイのポルノをとくに好むレズビアンもいる。

Neville, L. (2015). Male gays in the female gaze: Women who watch m/m pornography. *Porn Studies, 2,* 192–207.

(13) Bouchard, K. N., Chivers, M. L., & Pukall, C.F. (2017). Effects of genital response measurement device and stimulus characteristics on sexual concordance in women. *The Journal of Sex Research, 54,* 1197–1208.

(14) たとえば私は、大半の女性が興奮しないというボノボのセックスビデオをホットだと思う。

(15) Chivers, M. L. (2017). The specificity of women's sexual response and its relationship with sexual orientation: A review and ten hypotheses. *Archives of Sexual Behavior, 46,* 1161–1179.

チヴァーズは、女性の膣反応と報告の不一致の説明として、この「準備仮説」のほか9つの仮説を提案している。いずれも興味深く有用な説である。

(16) 性的指向の決定因子に関するこの節は、下記の拙文の翻案である。

Linden, D. J. (2018). Human sexual orientation is strongly influenced by biological factors. In D.J. Linden, (Ed.) *Think tank: Forty neuroscientists explore the biological roots of human experience* (pp. 215–224). New Haven, CT: Yale University Press.〔デイヴィッド・J・リンデン編著『40人の神経科学者に脳のいちばん面白いところを聞いてみた』岩坂彰訳、河出書房新社、pp. 211–217〕

(17) Tasker, F. L., & Golombok, S. (1997). *Growing up in a lesbian family: Effects on child*

(3)　Van Anders, S. M. (2015). Beyond sexual orientation: Integrating gender/sex and diverse sexualities via sexual configurations theory. *Archives of Sexual Behavior, 44,* 1177–1213.
(4)　Laumann, E. O., Gagnon, J. H., Michael, R. T., & Michaels, S. (1994). *The social organization of sexuality: Sexual practices in the United States.* Chicago, IL: University of Chicago Press.

興味深いことに、同性愛の社会的認知が全般に上がってきている近年の無作為匿名調査でも、ホモセクシュアリティーやバイセクシュアリティーの率は上昇していない。

(5)　Lever, J. (1994, August 23). Sexual revelations: The 1994 Advocate survey of sexuality and relationships: The men. *The Advocate,* 17–24.

神経科学者の Simon LeVay はこの問題を簡潔に表現している。「彼らの性的指向が選択だとしたら、ゲイの人々は自分がその選択をなしたことを覚えているはずだ。だが、大方のゲイはそういうことを覚えていない」

LeVay, S. (2010). *Gay, straight, and the reason why: The science of sexual orientation* (p. 41). Oxford, UK: Oxford University Press.

実際にホモセクシュアルの指向を選択したと述べている人による見事な説明がある。www.queerbychoice.com/ を参照。

(6)　Cole, D. (2019, April 8). Buttigieg to Pence: "If you got a problem with who I am, your problem is not with me—your quarrel, sir, is with my creator." CNN のウェブサイトより。www.cnn.com/2019/04/08/politics/pete-buttigieg-mike-pence/index.html
(7)　オーバーグフェル対ホッジスの 2015 年の判決からの引用は、以下による。

Diamond, L. M., & Rosky, C. J. (2016). Scrutinizing immutability: Research on sexual orientation and U.S. legal advocacy for sexual minorities. *Journal of Sex Research, 53,* 363–391.

Diamond & Rosky によるこの論文は、性的指向の不変性に関する知識の現状を見事に要約している。彼らは、この不変性を、ゲイやバイの人々の市民的権利を支持する根拠とするべきではないと論じる。

(8)　Diamond, L. M. (2008). Female bisexuality from adolescence to adulthood: Results from a 10 year longitudinal study. *Developmental Psychology, 44,* 5–14.

Diamond, L. M. (2008). *Sexual fluidity: Understanding women's love and desire.* Cambridge, MA: Harvard University Press.

(9)　性的流動性は、少なくとも女性にとり、性的指向がいわゆる転向療法で変えられるということを意味するのだろうか。原理主義的な宗教集団はときに転向療法を勧めることがある。その答えはおそらくノーだ。アメリカ心理学会の専門委員会が科学文献を調査し、男性であれ女性であれこうした治療後に「個人の性的指向が持続的に変化した可能性は低い」と結論づけている。

APA Task Force on Appropriate Therapeutic Responses to Sexual Orientation. (2009). *Report of the Task Force on Appropriate Therapeutic Responses to Sexual Orientation.* Washington, DC: APA Press.

念のために付け加えるが、これは人が宗教的あるいは文化的観念に合わせて行動を変えることができないという意味ではない。何もないところから異性愛を作り出したり、トレーニングによって同性愛を弱めたりすることはできない、という意味

持つエストロゲン）に転換する。脳の中にこの物質が存在するということは、卵巣を外科的に切除した女性でも脳内のエストロゲン信号がまったくなくなるわけではないことを意味している。また、男性の脳にもエストロゲン信号があるということでもある。ただし、その働きが同じとは限らない。

（82） Coolidge, F. L., Thede, L. L., & Young, S. E. (2002). The heritability of gender identity disorder in a child and adolescent twin sample. *Behavioral Genetics, 32,* 251–257.

Heylens, G., et al. (2012). Gender identity disorder in twins: A review of the case report literature. *Journal of Sexual Medicine, 9,* 751–757.

Gómez-Gil, E., Esteva, I., Almaraz, M. C., Pasaro, E., Segovia, S., & Guillamon, A. (2010). Familiality of gender identity disorder in twins. *Archives of Sexual Behavior, 39,* 546–552.

（83） Zhou, J. N., Hofman, M. A., Gooren, L. J., & Swaab, D. F. (1995). A sex difference in the human brain and its relation to transsexuality. *Nature, 378,* 68–70.

BNST の一部、BNSTc と呼ばれる中心的複合体は性的二形である。

（84） Chung, W. C., De Vries, G. J., & Swaab, D. F. (2002). Sexual differentiation of the bed nucleus of the stria terminalis in humans may extend into adulthood. *Journal of Neuroscience, 22,* 1027–1033.

（85） Smith, E. S., Junger, J., Derntl, B., & Habel, U. (2015). The transsexual brain—a review of findings on the neural basis of transsexualism. *Neuroscience and Biobehavioral Reviews, 59,* 251–266.

第５章　誰を好きになるかということ

（1） 個人情報保護のため名前は変えてある。このジョークは時代（1978 年頃）を表している。というのは、現在の私たちはジェンダー・アイデンティティがスペクトラムであることを知っているからだ。現代の言葉遣いで言うなら、ジェーンはおそらく「パンセクシュアル」かつ「サピオセクシュアル」（知性に惹き付けられる）と言い表すのが適切だろう。彼女は私にこう説明したことがある。「会った人が何かクレバーなことを言うのを聞くと、私はたぶんその人とやりたくなる」

（2） Herdt, G. H. (1984). *Ritualized homosexuality in Melanesia.* Berkeley, CA: University of California Press.

これらのメラネシアの地域社会における儀式的な世代間の男性ホモセクシュアリティーは、欧米のキリスト教との広汎な接触とともに近年ではほぼ消えてしまった。たとえばパプアニューギニアのゲブシの人々についての研究がある。

Knauft, B. M. (2003). What ever happened to ritualized homosexuality? Modern sexual subjects in Melanesia and elsewhere. *Annual Review of Sex Research, 14,* 137–159.

もちろん、儀式化された世代間の男性ホモセクシュアリティーが見られるのはメラネシアだけではない。オーストラリアやアマゾン川流域の伝統文化にもその例がある。

残念なことに、女性の儀式的ホモセクシュアリティーはそれほど知られていない。言うまでもなく、性的指向や世代間の男性ホモセクシュアリティーについての観念は多くの文化で時代とともに移り変わっていく。よく知られた例として、古代ギリシャや中世の日本がある。

(72) Wheelock, M. D., Hect, J. L., Hernandez-Andrade, E., Hassan, S. S., Romero, R., Eggebrecht, A. T., & Thomason, M. E. (2019). Sex differences in functional connectivity during fetal brain development. *Developmental Cognitive Neuroscience, 36,* 100632.

(73) Joel, D., et al. (2015). Sex beyond the genitalia: The human brain mosaic. *Proceedings of the National Academy of Sciences of the USA, 112,* 15468–15473.

(74) Chekroud, A. M., Ward, E. J., Rosenberg, M. D., & Holmes, A. J. (2016). Patterns in the human brain mosaic discriminate males from females. *Proceedings of the National Academy of Sciences of the USA, 113,* e1968.

(75) Mitchell, K. J. (2018). *Innate: How the wiring of our brains shapes who we are* (pp. 196–198). Princeton, NJ: Princeton University Press.

(76) この点は、ネイティブアメリカンの「トゥースピリット」やポリネシアの「マーフー」など二分法的ではないジェンダーを大切にしてきた文化を見れば分かりやすい。

(77) Flores, A. R., Herman, J. L., Gates, G. J., & Brown, T. N. T. (2016). *How many adults identify as transgender in the United States?* Los Angeles, CA: The Williams Institute.

この論文の分析は、自己報告式の調査では、たとえ匿名調査でも正確なデータを得るには限界があることを表しているかもしれない。というのは、州によりトランスジェンダーの受容には差があり、自分をトランスジェンダーと考える人が多かったり少なかったりするからだ。自分をトランスジェンダーであると認める成人の割合は、ノースダコタ州の0.30%からハワイ州の0.78%まで幅がある。重要なことに、調査をした年齢層の最も下の18〜24歳で最もトランスジェンダーと自認する割合が高かった。これは社会的な変化を示唆する。ティーンエイジャーや子どものトランスジェンダーの数については、現在、信頼できる調査結果は存在しない。

(78) クロスドレッシングは性的違和の表明かもしれないが、もっと微妙な個性の表現かもしれない。性的違和があるからといってクロスドレッシングをするとは限らない。単に芸術性を楽しんでいるだけかもしれないし、人々の社会的期待を裏切ることを楽しんでいるのかもしれない。

(79) ベンは1998年に性を変えたが、ありがたいことに、2017年に亡くなるまで友人や同僚に広く認められる優れた神経科学者であり続けた。彼の人生は自伝の中で語られている。

Barres, B. (2018). *The autobiography of a transgender scientist.* Cambridge, MA: MIT Press.

(80) Imperato-McGinley, J., Peterson, R. E., Gautier, T., & Sturla, E. (1979). Androgens and the evolution of male-gender identity among male pseudohermaphrodites with 5-alpha-reductase deficiency. *The New England Journal of Medicine, 300,* 1233–1237.

5α還元酵素欠損症は世界中のいくつかの場所でまとまって見つかっている。トルコ南部のトロス山脈、ドミニカ共和国の南西部、パプアニューギニア東部の高地のサンビア族（シンバリ・アンガ）など。

(81) Brocca, M. E., & Garcia-Segura, L. M. (2018). Non-reproductive functions of aromatase in the central nervous system under physiological and pathological conditions. *Cellular and Molecular Neurobiology.* doi:10.1007/s10571-018-0607-4.

アロマターゼという酵素はテストステロンをエストラジオール（強い生理活性を

工夫した。それによると、CAHにより親から高濃度のアンドロゲンを浴びた女の子は、特定の物の選択に際して女性の真似をすることが少ないことが分かった。

Hines, M., et al. (2016). Prenatal androgen exposure alters girls' responses to information indicating gender-appropriate behavior. *Philosophical Transactions of the Royal Society of London, Series B, 371,* 20150125.

(62) Arnold, A. P., & McCarthy, M. M. (2016). Sexual differentiation of the brain and behavior: A primer. In D. W. Pfaff & N. D. Volkow (Eds.), *Neuroscience in the 21st century* (pp. 2139–2168). New York, NY: Springer.

(63) 吃音やトゥレット症、失読症などの神経疾患は男の子のほうが2〜3倍発症しやすいが、パーキンソン病と違い、ホルモンや環境の影響との関連が分かっていない。これらはADDやADHDのように診断上のバイアスがかかりうる疾患でもない。

(64) Heflin, C. M., & Iceland, J. (2009). Poverty, material hardship and depression. *Social Science Quarterly, 90,* 1051–1071.

(65) Baron-Cohen, S., Lutchmaya, S., & Knickmeyer, R. C. (2004). *Prenatal testosterone in mind: Amniotic fluid studies.* Cambridge, MA: MIT Press.

Auyeung, B., Ahluwalia, J., Thomson, L., Taylor, K., Hackett, G., O'Donnell, K. J., & Baron-Cohen, S. (2012). Prenatal versus postnatal sex steroid hormone effects on autistic traits in children at 18 to 24 months of age. *Molecular Autism, 3,* 17.

(66) Kung, K. T., et al. (2016). No relationship between prenatal androgen exposure and autistic traits: Convergent evidence from studies of children with congenital adrenal hyperplasia and amniotic testosterone concentrations in typically developing children. *Journal of Child Psychiatry and Psychology, 57,* 1455–1462.

(67) Rodeck, C. H., Gill, D., Rosenberg, D. A., & Collins, W. P. (1985). Testosterone levels in midtrimester maternal and fetal plasma and amniotic fluid. *Prenatal Diagnosis, 5,* 75–181.

(68) 人間の脳の侵襲的研究が可能になる例がわずかながらある。しかしそれは稀な例で、病気に関係する場合だけである。たとえば神経外科的処置を受けるあいだ、短時間だけ脳に電極を挿入して活動を記録することに患者が同意した場合である。難治性てんかんなどで脳組織の切除が必要な場合、その脳組織を数時間生かしておいて電極などを使って調べることもできる。

(69) Shansky, R. M., & Woolley, C. S. (2016). Considering sex as a biological variable will be valuable for neuroscience research. *Journal of Neuroscience, 36,* 11817–11822.

(70) Arnold, A. P., & McCarthy, M. M. (2016). Sexual differentiation of the brain and ehavior: A primer. In D. W. Pfaff & N. D. Volkow (Eds.), *Neuroscience in the 21st century* (pp. 2139–2168). New York, NY: Springer.

Hines, M. (2009). Gonadal hormones and sexual differentiation of human brain and behavior. In D. W. Pfaff et al. (Eds.), *Hormones, brain and behavior* (2nd ed.) (pp. 1869–1909). Cambridge, MA: Academic Press.

(71) Lotze, M., Domin, M., Gerlach, F. H., Gaser, C., Lueders, E., Schmidt, C. O., & Neumann, N. (2018). Novel findings from 2,838 adult brains on sex differences in gray matter brain volume. *Scientific Reports, 9,* 1671.

されている。この理由は現時点ではなお謎であり、説得力のある説明はない。私は、社会的因子によるのではないかと推測している。非常に優れた男の子は非常に優れた女の子よりも励まされ、支援され、非常に鈍い男の子は非常に鈍い女の子以上に意欲を失わされる。生物学的な説明としては、男性は一般に女性よりも遺伝的バリエーションが現れやすいということがある。つまりX染色体上の遺伝子の突然変異に対して女性はもうひとつのX染色体で影響を消すことができるが、X染色体をひとつしか持たない男性ではそのセーフティーネットがない。これが、男性のほうが顔の非対称性の程度が平均して大きい理由と考えられている。

これらは現時点ではすべてまったくの推測にすぎない。X染色体上の遺伝子の変異とIQスコアの男女の分散とのあいだに明確な関連性は存在しない。

Johnson, W., Carothers, A., & Deary, I. J. (2008). Sex differences in variability in general intelligence: A new look at the old question. *Perspectives on Psychological Science, 3,* 518–531.

(54) Connellan, J., Baron-Cohen, S., Wheelwright, S., Bakti, A., & Ahluwalia, J. (2000). Sex differences in human neonatal social perception. *Infant Behavior and Development, 23,* 113–118.

(55) その後行われたある研究では、新生児が顔を見つめる時間に性差は見られなかった(この実験ではコネランらのように比較のための物による刺激は用いられなかった)。興味深いことに、子どもたちの一部を13〜18週後に再検査したところ、女の子は男の子よりもアイコンタクトが増えた。この再検査の結果の解釈ははっきりしない。生まれて最初の数週間のあいだの社会的学習の違いを表している(著者らはそう主張している)のかもしれないし、生後すぐには表れなかった男の子と女の子の生まれつきの違いを表しているのかもしれない。

Leeb, R. T., & Rejskind, F. G. (2004). Here's looking at you, kid! A longitudinal study of perceived gender differences in mutual gaze behavior in young infants. *Sex Roles, 50,* 1–14.

(56) Hines, M. (2009). Gonadal hormones and sexual differentiation of human brain and behavior. In D. W. Pfaff et al. (Eds.), *Hormones, brain and behavior* (2nd ed.) (pp. 1869–1909). Cambridge, MA: Academic Press.

(57) Jordan-Young, R. M. (2010). *Brainstorm: The flaws in the science of sex differences* (pp. 246–255). Cambridge, MA: Harvard University Press.

(58) Pasterski, V. L., Geffner, M. E., Brain, C., Hindmarsh, P., Brook, C., & Hines, M. (2005). Prenatal hormones and postnatal socialization by parents as determinants of male-typical toy play in girls with congenital adrenal hyperplasia. *Child Development, 76,* 264–278.

(59) Hines, M. (2010). Sex-related variation in human behavior and the brain. *Trends in Cognitive Sciences, 14,* 448–456.

(60) Alexander, G. M., & Hines, M. (2002). Sex differences in response to children's toys in nonhuman primates (*Cercopthecus aethiops sabaeus*). *Evolution and Human Behavior, 23,* 467–479.

(61) Arnold, A. P., & McCarthy, M. M. (2016). Sexual differentiation of the brain and behavior: A primer. In D. W. Pfaff & N. D. Volkow (Eds.), *Neuroscience in the 21st century* (pp. 2139–2168). New York, NY: Springer.

Melissa Hinesらは、アンドロゲンと社会化の潜在的相互作用に関する別の研究を

ス。

幻想的な動画はこちら。www.youtube.com/watch?v=izBbP2kro-c

(44) Fine, C. (2017). *Testosterone rex: Myths of sex, science, and society.* New York, NY: W. W. Norton.

Fine は、大学生年代の男女のセックスで女性がオーガズムを得る割合は11%という下記の研究を引用している。

Armstrong, E. A., England, P., & Fogarty, A. C. (2012). Accounting for women's orgasm and sexual enjoyment in college hookups and relationships. *American Sociological Review, 77,* 435–462.

(45) Herbenick, D., Reece, M., Schick, V., Sanders, S. A., Dodge, B., & Fortenberry, J. D. (2010). Sexual behavior in the United States: Results from a national probability sample of men and women ages 14–94. *The Journal of Sexual Medicine, 7,* 255–265.

(46) Lyons, M., Lynch, A., Brewer, G., & Bruno, D. (2014). Detection of sexual orientation ("gaydar") by homosexual and heterosexual women. *Archives of Sexual Behavior, 43,* 345–352.

行きずりのセックスに関するレズビアンとストレートの女性との結果は Lyons らの研究の主要なポイントではなく、スクリーニング上の問題のひとつだった。

Bailey, J. M., Gaulin, S., Agyei, Y., & Gladue, B. A. (1994). Effects of gender and sexual orientation on evolutionarily relevant aspects of human mating psychology. *Journal of Personality and Social Psychology, 66,* 1081–1093.

(47) この悩ましいテーマに関するきわめて明確で公平で繊細なレビューとして下記を参照のこと。

Hines, M. (2010). Sex-related variation in human behavior and the brain. *Trends in Cognitive Sciences, 14,* 448–456.

Hines, M. (2020). Neuroscience and sex/gender. Looking back and forward. *Journal of Neuroscience, 40,* 37–43.

(48) Hartog, J., Ferrer-i-Carbonell, A., & Jonker, N. (2002). Linking measured risk-aversion to individual characteristics. *Kyklos, 55,* 3–26.

(49) Morgenroth, T., Fine, C., Ryan, M. K., & Genat, A. E. (2019). Sex, drugs, and reckless driving: Are measures biased toward identifying risk-taking in men? *Social Psychological and Personality Science, 9,* 744–753.

(50) Hyde, J. S. (1984). How large are gender differences in aggression? A developmental meta-analysis. *Developmental Psychology, 20,* 722–736.

Archer, J. (2009). Does sexual selection explain human sex differences in aggression? *Behavioral and Brain Sciences, 32,* 249–311.

(51) United Nations Office on Drugs and Crime. (2013). *Global study on homicide 2013.* Vienna, Austria: United Nations.

(52) Wilson, M. L., et al. (2014). Lethal aggression in Pan is better explained by adaptive strategies than human impacts. *Nature, 513,* 414–417.

(53) 男女の平均 IQ スコアの間に差はないが、分布には興味深い違いがある。平均スコアの男性は女性よりも少なく、分布の両端で非常に悪いスコアと非常によいスコアは男性のほうがやや多いのである。この結果はさまざまな集団で何度も再現

(35)　Puts, D. (2016). Human sexual selection. *Current Opinion in Psychology, 7,* 28–32.
(36)　Brown, G. R., Laland, K. N., & Borgerhoff Mulder, M. (2009). Bateman's principles and human sex roles. *Trends in Ecology and Evolution, 24,* 297–304.
(37)　一妻多夫は稀である。何らかの形の一妻多夫がときに行われる社会は約6%あるが、そうした社会の人口を合わせても世界の総人口の2%以下である。
Starkweather, K., & Hames, R. (2012). A survey of non-classical polyandry. *Human Nature, 23,* 149–172.
(38)　Puts, D. (2016). Human sexual selection. *Current Opinion in Psychology, 7,* 28–32.
(39)　Jokela, M., Rotrirch, A., Rickard, I. J., Pettay, J., & Lummaa, V. (2010). Serial monogamy increases reproductive success in men but not in women. *Behavioral Ecology, 21,* 906–912.
(40)　Clark III, R. D., & Hatfield, E. (1989). Gender differences in receptivity to sexual offers. *Journal of Personality and Human Sexuality, 2,* 39–55.
1989年の論文が広く引用されるようになって何年も後、著者たちはこの論文のきっかけや発表の苦労、そして最終的な影響について振り返り、物語として語っている。面白い読み物である。
Clark III, R. D., & Hatfield, E. (2003). Love in the afternoon. *Psychological Inquiry, 14,* 227–231.
(41)　残念なことだ。雨の日はとてもロマンティックなのに。
(42)　Hald, G. M., & Høgh-Olesen, H. (2010). Receptivity to sexual invitations from strangers of the opposite gender. *Evolution and Human Behavior, 31,* 453–458.
Guéguen, N. (2011). Effects of solicitor sex and attractiveness on receptivity to sexual offers: A field study. *Archives of Sexual Behavior, 40,* 915–919.
オーストリアでは比較的年齢の高い（30代半ばと推定）女性だけを被験者とする再現実験が行われた。この研究では面識のない男性に誘われた女性の6%がセックスに同意した。
Voracek, M., Hofhansl, A., & Fisher, M. L. (2005). Clark and Hatfield's evidence of women's low receptivity to male strangers' sexual offers revisited. *Psychological Reports, 97,* 11–20.
数年後、エレイン・ハットフィールドらは、コンピューターが生成した質問と合成した顔を使ってこの問題に再び取り組んだ。設計がかなり異なるため、本当の意味での再現実験とは見なされない。このときは、男性の25%、女性の5%が面識のない相手とのセックスに同意した。男女差が大きい点は変わらないが、男性の同意率が下がったのが時代のせいなのか（最初は1978年だがこの調査は2013年）、コンピューターを使った調査と実際の人間による調査との違いなのか、あるいはほかの因子によるものかは不明である。
Tappé, M., Bensman, L., Hayashi, K., & Hatfield, E. (2015). Gender differences in receptivity to sexual offers: A new research prototype. *Interpersona, 7.* doi:10.5964/ijpr.v7i2.121.
(43)　Would You...? (Touch and Go song). (2019, December 23). Wikipedia: https://en.wikipedia.org/wiki/Would_You...%3F_(Touch_and_Go_song). 2020年1月20日アクセ

なバイアスを抱えた人間である。そのバイアスは、私たちの経験や、私たちが問う疑問の種類、実験の設計に影響する。科学者はみな偏見のない姿勢を保とうと努力しているし、その努力は常に続けられている。私がここで言いたいのは、性淘汰説の一部——男性は相手を選ばず関係を持ち、攻撃的で、リスクを冒し、女性は性的な相手を選り好みし、協調的で養育的——が真実ではないことが判明したとしても、これらの説を広めている科学者が女嫌いで頭の弱い憎むべき存在だということにはならない、ということである。彼らはただ、間違っていたというだけのことである。最高の科学者でさえ、間違えることはよくある。

(26)　Snyder, B. F., & Gowaty, P. A. (2007). A re-appraisal of Bateman's classic study of intrasexual selection. *Evolution, 61,* 2457–2468.

Gowaty, P. A., Kim, Y. K., & Anderson, W. W. (2012). No evidence of sexual selection in a repetition of Bateman's classic study of *Drosophila melanogaster. Proceedings of the National Academy of Science of the USA, 109,* 11740–11745.

Tang-Martínez, Z. (2016). Rethinking Bateman's principles: Challenging persistent myths of sexually reluctant females and promiscuous males. *Journal of Sex Research, 53,* 532–559.

(27)　このメタ分析は、66種の生物に関する72の研究におけるベイトマンの3つの性淘汰尺度を調べたものである。

Janicke, T., Häderer, I. K., Lajeunese, M. J., & Anthes, N. (2016). Darwinian sex roles confirmed across the animal kingdom. *Science Advances, 2,* e1500983.

(28)　Jones, A. G., Rosenqvist, G., Berglund, A., Arnold, S. J., & Avise, J. C. (2000). The Bateman gradient and the cause of sexual selection in a sex-role-reversed pipefish. *Proceedings of the Royal Society of London, Series B, 267,* 677–680.

(29)　Emlen, S. T., & Wrege, P. H. (2004). Seize dimorphism, intrasexual competition, and sexual selection in wattled jacana (*Jacana jacana*) a sex-role-reversed shorebird in Panama. *The Auk, 121,* 391–403.

(30)　受精卵をオスが抱く種としてはほかにモルモンクリケットと、常に人気の高いコウテイペンギンがある。

(31)　Clutton-Brock, T. (2009). Sexual selection in females. *Animal Behaviour, 77,* 3–11.

Tang-Martínez, Z. (2016). Rethinking Bateman's principles: Challenging persistent myths of sexually reluctant females and promiscuous males. *Journal of Sex Research, 53,* 532–559.

(32)　Hrdy, S. B. (1981). *The woman that never evolved.* Cambridge, MA: Harvard University Press.

(33)　進化生物学者は、単婚と考えられていた動物で複数の相手と交尾をする個体を「スニーキー・ファッカー」と呼んでいる。これは教科書にも載っている用語である。

(34)　Larmuseau, M. H. D., Matthijs, K., & Wenseleers, T. (2016). Cuckolded fathers rare in human populations. *Trends in Ecology and Evolution, 31,* 327–329.

避妊が比較的容易な集団では、父親が母親のパートナーである率はもっと高くなると思われるかもしれないが、そうでもなさそうだ。この論文の著者は、「過去数百年間、いくつかの人間社会のいずれでも（不義率は）常に1%前後で安定していた」と書いている。

てみたくなる。

パソジェニック・ホッティ：やあ、みんな。僕は大腸菌 *E. coli* の 0157: H7 株さ。生まれて 8 時間。オスでもメスでもない。写真はアップしないよ。だって、みんなと同じだから。宗教なし。生まれ星座もなし。ブドウ糖を食べるのと温かくしているのが好き。いちばんのお気に入りの場所は、火がよく通っていない生肉か汚れた肉の上だな！　性的関係は求めません――子どもがほしいときは自分で分裂してクローンを作るから大丈夫。一緒にいられる新しい友だちを探してます。それで分裂を増やして志賀毒素を出すつもり。『ゲーム・オブ・スローンズ』を見るのもいいかも。さあ、今夜一緒に、誰かのお腹を痛くしてやろう！

(20)　無性生殖には二分裂（出芽）以外にもいくつかの形がある。有性生殖と無性生殖を両方行う動物もいる。たとえばアブラムシはたいてい有性生殖だが、食べ物が豊富な春は、より迅速な単為生殖という無性生殖に切り替える。この場合、メスが生む卵は受精せずに発生して母親のクローンになる。このような自然なメスのクローンはほかの昆虫や両生類、魚類でも見られる。

(21)　無性生殖ができれば、配偶者とテレビのリモコンの奪い合いをしなくてすむだけではなく、テレビをつけたあともラブコメのチャンネルを選ばなくてすむ。恋愛というものが存在しないからだ。

(22)　ふたつのコピーを使うこのバックアップ戦略が働かない遺伝子もある。X 染色体上の遺伝子もその一例だ。男性には X 染色体がひとつしかない。また、前にも触れた（第 1 章原註 28）*UBE3A* のような遺伝子も別の例で、細胞（ニューロンなど）内で母親由来の遺伝子しか発現しないため、母親側の遺伝子に変異があると、父親側の正常なコピーがあっても補正されない。バックアップ戦略に関連する問題だが、二分裂する細菌に大きな変異があったとして、それが分裂し、その子孫もまた分裂していくと、その系列全体が同じ変異を持つことになる。その変異を集団から排除するには、問題の系列全体を死滅させなければならない。細菌やヒドラなど急速に繁殖できる生物ならそれでも問題にならないかもしれないが、出産まで何カ月もかかる動物にとってはこれは大問題となる。

(23)　有性生殖をするが、ひとつの個体が精子と卵子の両方を作る動物がいる（植物では多い）。これらは雌雄同体と呼ばれ、環形動物や軟体動物の腹足類の多くの種や数種の魚に見られる。全体として、約 860 万種ある動物種の中で約 6 万 5000 種、0.7%が雌雄同体と推定されている。さらに複雑なことに、卵子と精子を同時に作る同時的雌雄同体と、精子と卵子の生産を切り替える経時的雌雄同体がある。

(24)　メスもまた最良の伴侶を引き寄せるために互いに争うことがある。この争いは、健康さや繁殖力を表す特性を誇張する原動力となりうる。たとえば腰回りや胸や尻の脂肪の蓄積など性的に成熟すると現れてくる身体特性などである。メスの繁殖力は通常、加齢とともに衰えるため、繁殖力の信号は若い個体の特徴、たとえば体毛の少なさや声の高さを真似るものになることがある。

(25)　私たちは誰でも世界を自分の経験のレンズを通して見ている。私たちの経験は男性と女性について、男の子と女の子についての文化的な観念に満ちている。科学は客観的な真実を求めるものではあるが、それを実践するのは意識的、無意識的

(10)　Carlson, A. (2005). Suspect sex. *Lancet, 366,* S39–S40.
(11)　Martínez-Patiño, M. J. (2005). A woman tried and tested. *Lancet, 366,* S38.
(12)　Ferguson-Smith, M. A., & Bavington, L. D. (2014). Natural selection for genetic variants in sport: The role of Y chromosome genes in elite female athletes with 46, XY DSD. *Sports Medicine, 44,* 1629–1634.
(13)　Arnold, A. P. (2009). The organizational-activational hypothesis as the foundation for a unified theory of sexual differentiation of all mammalian tissues. *Hormones and Behavior, 55,* 570–578.
(14)　アンドロゲン不応症のXYの女性は総じて、典型的な男性よりも胴体に比して手足が長くなりやすい。アンドロゲン不応症のXYの女性は身長の高さと脚の長さのおかげでファッションモデルの間で比較的多いという内分泌学者の話をDavid Epsteinが紹介している。

Epstein, D. (2013). *The sports gene: Inside the science of extraordinary athletic performance.* New York, NY: Current.

「The sports gene（スポーツ遺伝子）」というこの大ざっぱな書名を見て敬遠しないでいただきたい。これは「遺伝子がすべてを説明する」といったダラダラとした解説ではない。軽妙で明快で思慮深い著作である。
(15)　テストステロン値に関する最近のメタ分析から、男性の通常のテストステロン値は1リットルあたり8.8〜30.9ナノモル、女性は1リットルあたり0.4〜2.0ナノモルとされる。しかし、全員がこの範囲に収まるという意味ではない。上下2.5%を除く95%の人がこの範囲にあるということである。つまり2.5%の人がこの範囲を超えていることは明らかだが、エリート女子アスリートでは、この超えた部分に入る人が比較的多い。

Clark, R. V., Wald, J. A., Swerdloff, R. S., Wang, C., Wu, F. C. W., Bowers, L. D., & Matsumoto, A. M. (2019). Large divergence in testosterone concentrations between men and women: Frame of reference for elite athletes in sex-specific competition in sports, a narrative review. *Clinical Endocrinology, 90,* 15–22.
(16)　Bermon, S., & Garnier, P. Y. (2017). Serum androgen levels and their relation to performance in track and field: Mass spectroscopy results from 2127 observations in male and female athletes. *British Journal of Sports Medicine, 51,* 1309–1314.
(17)　Handelsman, D. J. (2017). Sex differences in athletic performance emerge coinciding with the onset of male puberty. *Clinical Endocrinology, 87,* 68–72.
(18)　本書を執筆している2019年11月時点では、規則がまた変更されている。国際陸上競技連盟（IAAF）〔訳注：2019年11月にワールドアスレティックスに名称変更〕は、400メートルから1600メートルまでの女子の競技参加資格におけるテストステロン値の新たな基準として、1リットルあたり5ナノモルを導入し、スポーツ仲裁裁判所が2019年7月にこれを支持した。この基準を満たすためには、キャスター・セメンヤはホルモン値を下げる薬を摂取する必要があったが、彼女はこれを拒否。2019年9月に開催された世界陸上競技選手権大会に800メートルの前回優勝者として参加することができなかった。
(19)　人間以外の生物のマッチングサイトがどんな感じになるのか、ときおり考え

transcript?language=en

彼女の講演は次のように始まる。

「私にはヴァギナがあります。お分かりのことと思います。不思議には思わない方もいらっしゃるでしょう。私は女性に見えますから。こんな服を着ていますし。問題は、私にはタマもあるということです〔訳注：英語の balls には、勇気や度胸の意味もある〕。ここに上がって自分の生殖器について話すのは、勇気がいります。少しですけど。でも、私が言っているのは勇気とか勇敢さの話ではありません。文字通り、タマがあるということです。ここに。たいていの人が卵巣を持っているところに。私は男でも女でもありません。インターセックスです」

(4) Hughes, I. A. (2002). Intersex. *BJU International, 90,* 769–776.

Okeigwe, I., & Kuohung, W. (2014). 5-alpha reductase deficiency: A 40-year retrospective review. *Current Opinion in Endocrinology, Diabetes and Obesity, 21,* 483–487.

(5) 先天性副腎皮質過形成（CAH）の約 95%は 21-水酸化酵素の発現を導く遺伝子 *CYP21A2* の変異の結果である。21-水酸化酵素はコルチゾルの生産を阻害するため、コルチゾルの前駆物質が蓄積し、代わりにアンドロゲン生産の経路に入っていく。その結果、胎児のアンドロゲンが過剰生産になる。

(6) 稀な例だが、XX の人が発達過程で、自身の副腎から分泌されるアンドロゲンではなく、母親の副腎の障害により胎盤を通じた作用で男性化することがある。

Morris, L. F., Park, S., Daskivich, T., Churchill, B. M., Rao, C. V., Lei, Z., Martinez, D. S., & Yeh, M. W. (2011). Virilization of a female infant by a maternal adrenocortical carcinoma. *Endocrine Practice, 17,* e26–e31.

(7) 出生の頃に観察されるインターセックスの発生率は 0.018%から 1.7%と推定されている。1.7%というのはクラインフェルター症候群（XXY）やターナー症候群（XO、XXX、XYY）など染色体異常のケースを含めた場合の推定である。私の考えでは、クラインフェルター症候群でインターセックスに含めるべき例はごくわずかにすぎない。彼らは胸の膨らみや精巣の萎縮など明らかな性徴を示すこともありうるが、大半はそのようなことがなく、たいていはシスジェンダーのアイデンティティを持つ。さらに、ほかの染色体異常もインターセックスの出現率に入れて計算するべきかどうかも私にはよく分からない。たとえば、ターナー症候群の女児は正常な外性器を持ち、弱いながらも二次性徴を示す（ほぼ全員が紛れもない女性のアイデンティティを持つ）。これらの基準を用いれば、インターセックスの出現率は約 0.03%である。

インターセックス関連の用語の有用な定義や、インターセックスの若者の擁護についての情報は、下記を参照のこと。Intersex definitions (n.d.). https://interactadvocates.org/intersex-definitions/

(8) Diamond M., & Sigmundson, H. K. (1997). Sex reassignment at birth: Long-term review and clinical implications. *Archives of Pediatric and Adolescent Medicine, 151,* 298–304.

(9) Ritchie, R., Reynard, J., & Lewis, T. (2008). Intersex and the Olympic games. *Journal of the Royal Society of Medicine, 101,* 395–399.

Ha, N. Q., et al. (2014). Hurdling over sex? Sport, science and equity. *Archives of Sexual Behavior, 43,* 1035–1042.

(26)　ジャグリングで増大する量は小さく、約3%にすぎないが、統計的には有意である。注目すべきは、増大が見られるのは新皮質の灰白質に限定されることだ。ここはニューロンの細胞体、樹状突起、ミリエン鞘のない軸索からなる層で、ミリエン鞘のある軸索は少ない（そのような軸索は主に白質を通過する）。ロンドンのタクシー運転手やドイツの医学生とは違い、ジャグラーでは近隣その他の脳領域での縮小は見られない。

Draganski, B., Gaser, C., Busch, V., Schuierer, G., Bogdhan, U., & May, A. (2004). Changes in grey matter induced by training. *Nature, 427,* 311–312.

(27)　Van Dyck, L. I., & Morrow, E. M. (2017) Genetic control of postnatal human brain growth. *Current Opinion in Neurobiology, 30,* 114–124.

(28)　人間のニューロンの生成を巡る議論の現状についての優れたレビューは Snyder, J. S. (2018). Questioning human neurogenesis. *Nature, 555,* 315–316 を参照。脳の一領域の容量を増加させる別の方法として、絶縁タンパク質のミリエンが軸索を包む程度を上げるというやり方がある。これは脳の灰白質、白質の両方の層で起こりうる。

(29)　弦楽器の演奏家は、経験が長いほど左手を表す部分が増大する。この発見は、持続的に弦楽器を演奏することが体性感覚皮質の左手に対応する部分の拡大の原因となることを示唆する。ただし、証明にはならない。体性感覚皮質の左手に対応する部分が生まれつき大きな人が弦楽器の演奏に取り組みやすく、上達しやすいという可能性もある。この点が、ロンドンのタクシー運転手やジャグラーやドイツの医学生のように、訓練前から調査を始められる前向き研究が有用な理由である。

Elbert, T., Pantev, C., Weinbruch, C., Rockstroh, B., & Taub, E. (1995). Increased cortical representation of the fingers of the left hand in string players. *Science, 270,* 305–307.

第4章　女のアイデンティティ、男のアイデンティティ

(1)　生物学ではよくあることだが、ここにも但し書きが付く。*SRY* 遺伝子の産物の主要な標的は、Sox9 と呼ばれるほかの転写因子なのである。つまり、*SRY* 遺伝子があっても *SOX9* 遺伝子の機能が失われる変異があると、やはり精巣の発達は阻害される。また、XX 染色体の持ち主の中には *SRY* 遺伝子がなくとも精巣を発達させる人がいる（おそらくその一部は *SOX9* のような *SRY* の主要な標的となる遺伝子を機能させる変異を持つ人だろう）。女性アスリートのスクリーニングで *SRY* 遺伝子の産物の検査が行われなくなった理由のひとつはここにある。

(2)　DSD（disorders of sexual development：性分化疾患）という用語を好む人もいる。

(3)　XY 染色体を持つ人のアンドロゲン不応症では、思春期に伴うテストステロンがアンドロゲン受容体に作用して二次性徴を生じさせることができない。このテストステロンはアロマターゼ酵素によりエストロゲンに変換され、機能的にエストロゲン受容体と結びつき、女性に特徴的な二次性徴を生じさせる。

アンドロゲン不応症の Emily Quinn による思慮深く人間的な TED トークは下記を参照。

Quinn, E. (Presenter). (2018). The way we think about biological sex is wrong [Video File]. www.ted.com/talks/emily_quinn_the_way_we_think_about_biological_sex_is_wrong/

Nature, 545, 181–186.

Gao, Z., Davis, C., Thomas, A. M., Economo, M. N., Abrego, A. M., Svoboda, K., De Zeeuw, C. I., & Li, N. (2018). A cortico-cerebellar loop for motor planning. *Nature, 563,* 113–116.

(18) これは非常に単純化した説明である。樹状突起上で信号を受け取るシナプスもあるが、細胞体にも、さらに軸索上にもシナプスは存在する。信号を受け取った側のニューロンでスパイクを発火する可能性を高める受容体もあるし（興奮性）、スパイク発火の可能性を抑える受容体もある（抑制性）。興奮性でも抑制性でもない複雑な働きをする受容体もある（神経修飾）。さらに詳しい説明は下記を参照のこと。

Linden, D. J. (2007). The accidental mind : How brain evolution has given us love, memory, dreams, and God (pp. 28–49). Cambridge, MA : Harvard University Press.〔デイヴィッド・J・リンデン『脳はいいかげんにできている』夏目大訳、河出文庫、pp.45-71〕

(19) よく知られた印象的な数字の比較がある。人間の脳には約1000億のニューロンがあると推定されている。ひとつのニューロンは平均5000カ所のシナプスで信号を受け取るため、脳全体では約500兆カ所のシナプスがあることになる。これに対して私たちの銀河系にある恒星は推定1000億～4000億個だ。

(20) 記憶の保存のためには、経験から1時間程度は遺伝子の発現を必要としない。しかし、遺伝子の読出情報がRNAを、そしてタンパク質を作るのを阻害する薬を投与すると、長期的な記憶に欠損が生じる。

(21) 人間の場合、脳の生検サンプルを採取したり、タクシー運転手の脳に電極を埋め込んだりするわけにはいかないので、非侵襲的な方法に頼らざるをえない。たとえばMRIで脳のさまざまな領域の大きさを測定するといった方法である。これはMRIを用いた最初の研究だった。

Maguire, E. A., Gadian, D. G., Johnsrude, I. S., Good, C. D., Ashburner, J., Frackowiak, R. S. J., & Frith, C. D. (2000). Navigation-related structural changes in the hippocampi of taxi drivers. *Proceedings of the National Academy of Sciences of the USA, 97,* 4398–4403.

この研究ではもうひとつ興味深い発見があった。ロンドンのタクシー運転手として勉強して働いた時間の長さと、海馬後部の拡大の程度が正の相関を示したのである。

(22) Woollett, K., & Maguire, E. A. (2011). Acquiring "the Knowledge" of London's layout drives structural brain changes. *Current Biology, 21,* 2109–2114.

(23) Woolett, K., Spiers, H. J., & Maguire, E. A. (2009). Talent in the taxi : A model system for exploring expertise. *Philosophical Transactions of the Royal Society, Series B, 364,* 1407–1416.

(24) 海馬後部の増大と学習との関係は、脳の左側に限られた。理由はよく分かっていない。

Draganski, B., Gaser, C., Kempermann, G., Kuhn, H. G., Winkler, J., Büchel, C., & May, A. (2006). Temporal and spatial dynamics of brain structure changes during extensive learning. *Journal of Neuroscience, 26,* 6314–6317.

(25) Woollett, K., Glensman, J., & Maguire, E. A. (2008). Non-spatial expertise and hippocampal gray matter volume in humans. *Hippocampus, 18,* 981–984.

傷を受けることがあるが、ひとつの有名な事例として、難治性のてんかんを抑えるために仕方なく外科的に側頭葉を切除した例がある。ヘンリー・モレソン（長年H・Mとして知られてきた）というこの患者の事例は、しばしば議論に取り上げられる。側頭葉の中で前向性健忘を生じさせる組織は、鼻皮質と海馬傍皮質と海馬であると考えられる。実験動物でこれらの領域を傷つけると、モレソンと同様の深刻な前向性健忘と限定的な逆向性健忘を生じさせることができる。

(9)　側頭葉健忘患者でも鏡映読みを習得できることを示す古典的論文は、

Cohen, N. J., & Squire, L. R. (1980). Preserved learning and retention of pattern analyzing skill in amnesia: Dissociation of knowing how and knowing that. *Science, 210,* 207–209.

(10)　健忘患者から得られた知見にとくに注目した記憶研究についての優れたレビューは、下記を参照。

Squire, L. R., & Wixted, J. T. (2011). The cognitive neuroscience of human memory since H.M. *Annual Review of Neuroscience, 34,* 259–288.

(11)　Sechenov, I. (1863). Refleksy golovnogo mozga. *Meditsinsky Vestnik.* In English: Sechenov, I. (1965). *Reflexes of the Brain* (S. Belsky, Trans.). Cambridge, MA: MIT Press.

(12)　定位反射を引き出すには、刺激は新奇ではあるが脅威にはならないものでなければならない。たとえば極端に大きな音を用いると、定位反射ではなく防衛的な逃走反射を生じさせる。

(13)　Pribram, K. H. (1969). The neurophysiology of remembering. *Scientific American, 220,* 73–87.

(14)　Haith, A. M. (2018). Almost everything you do is a habit. D. J. Linden, (Ed.), *Think tank: Forty neuroscientists explore the biological roots of human experience.* New Haven, CT: Yale University Press.〔デイヴィッド・J・リンデン編著『40人の神経科学者に脳のいちばん面白いところを聞いてみた』岩坂彰訳、河出書房新社〕

けっして自分が編んだ本に収録したから言うわけではないがこれはとても素晴らしいエッセイだ。

(15)　Woodruff-Pak, D. S. (1993). Eyeblink classical conditioning in H.M.: Delay and trace paradigms. *Behavioral Neuroscience,* 107, 911–925.

(16)　潜在記憶にはほかの多くの脳領域が関わる。線条体、小脳、扁桃体、その他新皮質のいくつかの領域である。

(17)　これらの脳領域とその相互接続に関する証拠は、数種類の実験から得られている。脳のさまざまな領域を損傷した人々の作業記憶の分析、動物の脳の特定の領域を慎重に傷つけたり非活性化したりする実験などである。最も強力な証拠となるのは、脳の特定の領域のラピッド・リバーシブル非活性化とこれらの領域の個々のニューロンの活動記録の組み合わせから得られる。

前頭皮質への経路を最初に示した古典的論文は、

Fuster, J. M., & Alexander, G. E. (1971). Neuron activity related to short-term memory. *Science, 173,* 652–654.

前頭皮質とほかの脳領域とを結ぶ長距離反響ループを肉付けした新しい論文としては以下のものがある。

Guo, Z. V., et al. (2017). Maintenance of persistent activity in a frontal thalamocortical loop.

Biology, 28, R1–R5.

第３章　潜在記憶が個人を作る

(1)　Carlson, P. (1997, March 23). In all the speculation and spin surrounding the Oklahoma City Bombing, John Doe 2 has become a legend—the central figure in countless conspiracy theories that attempt to explain an incomprehensible horror. Did he ever really exist? *The Washington Post.* www.washingtonpost.com/archive/lifestyle/magazine/1997/03/23/in-all-the-speculation-and-spin-surrounding-the-oklahoma-city-bombing-john-doe-2-has-become-a-legend-the-central-figure-in-countless-conspiracy-theories-that-attempt-to-explain-an-incomprehensible-horror-did-he-ever-really-exist/04329b31-ddfa-4ddb-9404-b9944ceca2b3/

(2)　米国で判決後にDNAが証拠となって冤罪が確認された350件を超える事例のうち、約71％が目撃者の誤認によるものだった。INNOCENCE PROJECTのEyewitness Identification Reformページによる。www.innocenceproject.org/eyewitness-identification-reform/

(3)　目撃者による面通しの際には、ラインナップに含まれる人をランダムな順序でひとりずつ呈示してイエスかノーで答えてもらい、その際あらかじめ何人の判断を求めるかを告げないという方式が優れている。さらに、このラインナップを実施する側も、無意識のうちに声や身振りでヒントを与えてしまわないよう、警察が誰の容疑が濃いと考えているかを知らずに行うようにする。盲継時ラインナップと呼ばれるこの方法は、アメリカとヨーロッパの多くの地域の警察で通常の手続きとなっており、ほぼ確実に冤罪率の低下に寄与している。この面通し手続きが世界中で法的な標準となっていないのは残念である。

(4)　Schacter, D. (2001). *The seven sins of memory: How the mind forgets and remembers.* Boston, MA: Mariner Books.〔ダニエル・L・シャクター『なぜ「あれ」が思い出せなくなるのか』春日井晶子訳、日経ビジネス人文庫〕

(5)　Nigro, G., & Neisser, U. (1983). Point of view in personal memories. *Cognitive Psychology, 15,* 467–482.

Robinson, J. A., & Swanson, K. L. (1993). Field and observer modes of remembering. *Memory, 1,* 169–184.

(6)　前頭葉の機能障害を、とくに高齢者の出典健忘に関係づける一連の証拠が存在する。

Craik, F. I. M., Morris, L. W., Morris, R. G., & Loewen, E. R. (1990). Relations between source amnesia and frontal lobe functioning in older adults. *Psychology and Aging, 5,* 148–151.

Dywan, J., Segalowitz, S. J., & Williamson, L. (1994). Source monitoring during name recognition in older adults: Psychometric and electrophysiological correlates. *Psychology and Aging, 9,* 568–577.

(7)　ただ１回の出来事で形成される非陳述記憶もある。たとえば、ある食べ物を食べて病気になったとすると、その１回の不快な経験からその食べ物の外見や匂いへの無意識の嫌悪が持続するようになる。無意識に条件づけられたその嫌悪には、それとは別に、その出来事についての陳述的記憶が伴うという点は重要である。

(8)　内側側頭葉は、卒中、感染症、薬物やアルコールの慢性的使用などにより損

International Journal of Developmental Biology, 54, 531–543.
(40) Chan, W. F. N., et al. (2012). Male microchemerism in the human female brain. *PLOS One, 7,* e45592.
この研究を含め、いくつかの研究では、胎児から母親へのキメラ現象をアセスメントするために、母親の脳の中に男性のDNAが存在することを認定基準とした。これは母親の身体への侵入に際して男児の細胞が特別な役割を果たしているということではなく、男性のDNAは通常母親の体内に存在しないため確認の基準としやすいという理由からである。
(41) 言うまでもなく、このような認識は代理出産に関する私たちの考え方に問題を投げかける。代理母の細胞が胎児の体内に入って残り続け、胎児の細胞も代理母の体内に入って残り続ける。
(42) Bianchi, D. W., & Khosrotehrani, K. (2005). Multi-lineage potential of fetal cells in maternal tissue: A legacy in reverse. *Journal of Cell Science, 18,* 1559–1563.
(43) Bianchi, D. W. (2007). Fetomaternal cell trafficking: A story that begins with prenatal diagnosis and may end with stem cell therapy. *Journal of Pediatric Surgery, 42,* 12–18.
(44) Pembrey, M. E., et al. (2006). Sex-specific, male-line transgenerational responses in humans. *European Journal of Human Genetics, 14,* 159–166.
Bygren, L. O., et al. (2014). Changes in paternal grandmother's early food supply influenced cardiovascular mortality of the female grandchildren. *BMC Genetics, 30,* 173–195.
(45) Kevin Mitchellはこれらの研究の欠点について、自身のブログで有用な分析を行っている。
Mitchell K. (2018, May 29). Grandma's trauma—a critical appraisal of the evidence for transgenerational epigenetic inheritance in humans（ブログ）www.wiringthebrain.com/2018/05/grandmas-trauma-critical-appraisal-of.html
Mitchell K. (2018, July 22). Calibrating scientific skepticism—a wider look at the field of transgenerational epigenetics（ブログ）www.wiringthebrain.com/2018/07/calibrating-scientific-skepticism-wider.html
(46) Hackett, J. A., et al. (2013). Germline DNA demethylation dynamics and imprint erasure through 5-hydroxymethylcytosine. *Science, 339,* 448–452.
(47) Miska, E. A., & Ferguson-Smith, A. C. (2016). Transgenerational inheritance: Models and mechanisms of non-DNA sequence-based inheritance. *Science, 354,* 59–63.
(48) Buchanan, S. M., Kain, J. S., & de Bivort, B. L. (2015). Neuronal control of locomotor handedness in Drosophila. *Proceedings of the National Academy of Sciences of the USA, 112,* 6700–6705.
(49) これはショウジョウバエだけに見られる現象ではない。エンドウヒゲナガアブラムシは外敵の脅威に直面したときに落ちるかしがみつくかという判断をするが、遺伝的に同一の個体の間では行動の「ばらつき方」が一貫している。
Schuett, W., et al. (2011). "Personality" variation in a clonal insect: The pea aphid Acryrthosiphon pisum. *Developmental Psychobiology, 53,* 631–640.
(50) このプロセスは両賭け戦略と呼ばれる。
Honneger, K., & de Bivort, B. (2018). Stochasticity, individuality and behavior. *Current*

(30)　Fraga, M. F., et al. (2005). Epigenetic differences arise during the lifetime of monozygotic twins. *Proceedings of the National Academy of Sciences of the USA, 102,* 10604–10609.
(31)　Lodato, M. A., et al. (2015). Somatic mutation in single human neurons tracks developmental and transcriptional history. *Science, 350,* 94–98.
(32)　哺乳類の脳では、大半のニューロンが分裂を終えている（分裂終了細胞と呼ばれる）が、海馬の歯状回と脳室下帯の２カ所に限り、ニューロン前駆細胞が生涯分裂を続けている。歯状回は空間学習と記憶に関わる領域、脳室下体は嗅球のある種のニューロンを作り続ける領域である。この限定的なニューロン生産がラットとマウスで行われていることは明らかと思われるが、人間の成人でも同じかどうかはまだ解明されていない。
Kuhn, H. G. (2018). Adult hippocampal neurogenesis: A coming-of-age story. *Journal of Neuroscience, 38,* 10401–10410.
(33)　体細胞の単一ヌクレオチドの変異はまったくランダムに起こるわけではない。タンパク質製造を指示するためのDNAの読み出し（転写）が盛んに行われる領域のほうが起こりやすい。転写のプロセスには、DNAの変異を起こしやすくする何かがあるものと思われる。体細胞の自然（偶発）突然変異には、ほかの起こり方もある点は注意が必要である。そのひとつは、L1レトロトランスポゾンと呼ばれるDNAセグメントに関わる。このセグメントはゲノムの中を「跳び」回り、着地した部分に混乱を――まれには新たなよい影響を――引き起こす。脳における体性モザイク現象については下記を参照。
Paquola, A. C. M., Erwin, J. A., & Gage, F. H. (2017). Insights into the role of somatic mosaicism in the brain. *Current Opinion in Systems Biology, 1,* 90–94.
(34) 細胞分裂を制御する遺伝子がこのような大きな変異により損なわれると、細胞分裂が暴走し、がんになることがある。ひとつの腫瘍のがん細胞は大半が遺伝的に同一だが、これはひとつの細胞の変異から始まっていることを示唆する。がん化を引き起こす変異がすべてランダムに起こるわけではない。ウイルス感染によるものもある。たとえばヒトパピローマウイルスによる子宮頸がんなどである。そのほか、がんの引き金となる変異を引き起こすものとして、紫外線（多くの皮膚がんの原因）、X線、タバコの煙に含まれるある種の化合物などDNAと相互作用する化学物質、といったものがある。
(35)　Poduri, A., et al. (2012). Somatic activation of AKT3 causes hemispheric developmental brain malformation. *Neuron, 74,* 41–48.
(36)　Dunsford, I., Bowley, C. C., Hutchison, A. M., Thompson, J. S., Sanger, R., & Race, R. R. (1953). A human blood-group chimera. *British Medical Journal, 11,* 81.
(37)　Martin, A. (2007). "Incongruous juxtapositions": The chimaera and Mrs. McK. *Endeavour, 31,* 99–103.
(38)　キメラ現象は体性モザイク現象とは別物である。身体内に異なるゲノムを持つ細胞が混在するのは同じだが、モザイクの場合はすべて当人に由来する細胞である。
(39)　Gammill, H. S., & Nelson, J. L. (2010). Naturally acquired microchimerism.

immune system in a prenatal immune activation model of autism. *Journal of Immunology,* 1701755.

(22) Kim, S., et al. (2017). Maternal gut bacteria promote neurodevelopmental abnormalities in mouse offspring. *Nature, 549,* 528–532.

彼らは、SFBを持たないマウスにほかのマウスから取ったSFBを感染させただけでなく、ふつうは人間の腸に生息していてTヘルパー17細胞に変化を引き起こす細菌株でも感染を試した。これらの株も同様に、母子感染が自閉症的な皮質の乱れと行動を引き起こすという仮説を裏付けた。

(23) Turecki, G., & Meaney, M. J. (2016). Effects of social environment and stress on glucocorticoid receptor gene methylation: A systematic review. *Biological Psychiatry, 79,* 87–96.

興味深いことにラットにも同様の効果が観察されることがある。ラットの大半の母親は子どもをなめたりすり寄ったりして多くの時間を過ごす。このような行動を母親が示さなかった子どもは、グルココルチコイド受容体遺伝子の調節領域のメチル化が増え、CRHが介在するストレス反応が増加する。行動面では不安の増大、探索行動の減少、新奇な食べ物を積極的に食べようとしないなどの変化に表れる。

(24) Streisand, B. (2018, March 2). Barbra Streisand explains: Why I cloned my dog. *The New York Times.* www.nytimes.com/2018/03/02/style/barbra-streisand-cloned-her-dog.html

(25) Medland, S. E., Loesch, D. Z., Mdzewski, B., Zhu, G., Montgomery, G. W., & Martin, N. G. (2007). Linkage analysis of a model quantitative trait in humans: Finger ridge count shows significant multivariate linkage to 5q14.1. *PLOS Genetics, 3,* 1736–1744.

(26) Pinc, L., Bartoš, L., Restová, A., & Kotrba, R. (2011). Dogs discriminate identical twins. *PLOS One, 6,* 1–4.

(27) Lykken, D. T., & Tellegen, A. (1993). Is human mating adventitious or the result of lawful choice? A twin study of mate selection. *Journal of Personality and Social Psychology, 65,* 56–68.

異性愛者の夫婦に限定したこの研究では、配偶者の一卵性の双子の兄弟または姉妹に恋をしたかもしれないと答えたのは、女性では7%、男性では13%にすぎなかった。論文の著者は面白い表現をしている。「可能性のある膨大な数の相手の中から最終的な選択を決定するものは、一般に盲目的な恋愛感情であり、この現象は本来的にランダムである」。

(28) このような事態をよく知っているはずの科学者の中にも、ゲノムについて過剰に決定論的な主張をする者がいる。たとえばロンドン大学キングズ・カレッジの行動遺伝学者Robert Plominは最近の著書の中で、DNAを「100%信頼できる占い師」と呼んでいる。この評価は耳あかのタイプのような特性については言えるかもしれないが、人間のあらゆる行動特性や、ほぼすべての身体特性についてそう言うことはできない。

Plomin, R. (2018). *Blueprint: How DNA makes us who we are.* Cambridge, MA: MIT Press.

(29) Mitchell, K. J. (2018). *Innate: How the wiring of our brains shapes who we are.* Princeton, NJ: Princeton University Press.

Mitchellは神経系の発達に必然的に伴うバリエーションの役割について、同じレシピを使っても「二度、同じケーキを焼くことはできない」と要約している。

12–15.

1918年のインフルエンザの流行は、誤った情報が氾濫したことにより悪化した。このインフルエンザはドイツの兵器でありUボートでアメリカの海岸に運ばれた、と主張する者や、予想されることだが、移民を非難する者もいた。たとえばデンバーでは多くの住民がイタリア人を感染源として標的にした。当局は何の助けにもならないことが多かった。フィラデルフィア市ではインフルエンザによる死亡率が非常に高かったが、これは市の指導者が大規模な公的イベントを中止することを拒否したためだった。全市をあげてのパレードが行われ、20万人の観衆が集まった。

(14)　1918年のインフルエンザのパンデミックでは、感染者のいない家はほとんどなかった。ウッドロー・ウィルソンやメアリ・ピックフォード、ウォルト・ディズニーは生き延びたが、フランスのシュールレアリズムの詩人ギョーム・アポリネール、アメリカの参政権拡張論者フィービ・ハースト、オーストリアの画家エゴン・シーレは運に恵まれずインフルエンザ感染症で命を落とした。

(15)　Mazumder, B., Almond, D., Park, K., Crimmins, E. M., & Finch, C. E. (2010). Lingering prenatal effects of the 1918 influenza pandemic on cardiovascular disease. *Journal of Developmental Origins of Health and Disease, 1,* 26–34.

(16)　Brown, A. S., et al. (2004). Serologic evidence of prenatal influenza in the etiology of schizophrenia. *Archives of General Psychiatry, 61,* 774–780.

この研究は妊娠中にインフルエンザに罹ったかどうかという母親の報告に基づいているわけではなく、保管されていた母親の血液サンプルで抗体を測定して実証されたものである。インフルエンザの影響が最も大きく見られたのは、妊娠の最初の3分の1の期間の感染だった。

(17)　Lee, B. K., et al. (2015). Maternal hospitalization with infection during pregnancy and risk of autism spectrum disorders. *Brain, Behavior and Immunity, 44,* 100–105.

(18)　Smith, S. E. P., Li, J., Garbett, K., Mirnics, K., & Patterson, P. H. (2007). Maternal immune activation alters fetal brain development through interleukin-6. *Journal of Neuroscience, 27,* 10695–10702.

(19)　Choi, G. B., et al. (2016). The maternal interleukin-17a pathway in mice promotes autism-like phenotypes in offspring. *Science, 351,* 933–939.

母親の体内でIL-17aを分泌する免疫細胞は、具体的にはTヘルパー17細胞（17型ヘルパーTリンパ球）と呼ばれる白血球である。IL-17aの働きを阻害するために、IL-17aに対する不活化抗体が用いられた。

興味深いことに、母親の感染は子どもの皮質にさまざまに乱れた領域を生んだ。そのような領域が最も大きいマウスが、自閉症的行動を最も強く示した。

Yim, Y. S., et al. (2017). Reversing behavioral abnormalities in mice exposed to maternal inflammation. *Nature, 549,* 482–487.

(20)　Stoner, R., et al. (2014). Patches of disorganization in the neocortex of children with autism. *New England Journal of Medicine, 370,* 1209–1219.

Al-Aayadhi, L. Y., & Mostafa, G. A. (2012). Elevated levels of interleukin 17a in children with autism. *Journal of Neuroinflammation, 9,* 158.

(21)　Lammert, C. R., et al. (2018). Critical roles for microbiota-mediated regulation of the

「9世代遡ってあなたのエピジェネティクスを解消します」といったいかさま治療を嬉々として売り込む者がいるが、そういう輩にはひと言「失せろ」と言ってやることをお勧めする。

(7)　日本軍兵士の汗の話は、胎児期、新生児期の環境の変動によって生み出される永続的影響についての下記の優れた研究書に紹介されている。

Gluckman, P., & Hanson, M. (2005). *The fetal matrix: Evolution, development and disease* (pp. 7–8). Cambridge, UK: Cambridge University Press.

(8)　Valenzuela, N., & Lance, V. (2004). (Eds.). *Temperature-dependent sex determination in vertebrates.* Washington, DC: Smithsonian Institution Press.

Lang, J. W., & Andrews, H. V. (1994). Temperature-dependent sex determination in crocodilians. *The Journal of Experimental Zoology, 270,* 28–44.

温度により性別が決まる魚類や爬虫類にとり、そうすることに進化上の利点があるのか、あるとしたらどのような利点なのかについてはっきりしたことは分かっていない。最近、カミツキガメの *CIRBP* という遺伝子が、オスになる温度とメスになる温度で異なる発現をして、それが原始組織が卵巣になるか精巣になるかに影響を及ぼしていることが分かった。

Schroeder, A. L., Metzger, K. J., Miller, A., & Rhen, T. (2016). A novel candidate gene for temperature-dependent sex determination in the common snapping turtle. *Genetics, 203,* 557–571.

(9)　Lee, T. M., & Zucker, I. (1988). Vole infant development is influenced perinatally by maternal photoperiodic history. *American Journal of Physiology, 255,* R831–R838.

(10)　Boland, M. R., et al. (2015). Birth month affects lifetime disease risk: A phenome-wide method. *Journal of the American Medical Informatics Association, 22,* 1042–1053.

この研究以前にも、生まれ月と寿命、生殖実績、および近視、多発性硬化症、アテローム性動脈硬化などの疾患との関連性を調べる研究がいくつか行われている。この研究で生まれ月との関連性が確認された55の疾患のうち、19は2015年以前の文献で報告されている。実際、生まれ月と疾患の相関の場所による違いは、それ自体が興味深い。たとえば、生まれ月と喘息の関係は、ニューヨーク市で行われた研究とデンマークで行われた研究の間でピーク時に2カ月のずれがあった。これはこの2カ所の日照変化のピークからうまく説明できる。

Korsgaard, J., & Dahl, R. (1983). Sensitivity to house dust mite and grass pollen in adults. Influence of the month of birth. *Clinical Allergy, 13,* 529–535.

(11)　Disanto, G., et al. (2012). Month of birth, vitamin D and risk of immune-mediated disease: A case control study. *BMC Medicine, 10,* 69.

(12)　Boland, M. R., et al. (2018). Uncovering exposures responsible for birth season-disease effects: A global study. *Journal of the American Medical Informatics Association, 25,* 275–288.

アメリカ限定の下記の研究も同様の結果を示している。

Layton, T. J., Barnett, M. L., Hicks, T. R., & Jena, A. B. (2018). Attention deficit-hyperactivity disorder and month of school enrollment. *New England Journal of Medicine, 379,* 2122–2130.

(13)　Soreff, S. M., & Bazemore, P. H. (2008). The forgotten flu. *Behavioral Healthcare, 28,*

そうな回路と関係しているとしたら話が早いかもしれないが、今のところそのような関連性は確認されていない。*WCSD2* 遺伝子で作られるタンパク質はそうしたニューロンで多く見つかるわけではない。実際、脳内よりも甲状腺の方が多いくらいである。

Lo, M. T., et al., (2017). Genome-wide analyses for personality traits identify six genomic loci and show correlations with psychiatric disorders. *Nature Genetics, 49*, 152–156.

(35) VonHoldt, B. M., et al. (2017). Structural variants in genes associated with human Williams-Beuren syndrome underlie stereotypical hypersocialibility in domestic dogs. *Science Advances, 3.* doi:10.1126/sciadv.1700398.

第２章 個性を作るメカニズムを知る

(1) "nature versus nurture" というフレーズの元は中世の叙事詩にまで遡ることができる。たとえば 1180 年頃に Chrétien de Troyes が古フランス語で書いた *Perceval, the Story of the Grail* である。

(2) 赤血球や血小板など核を持たず、したがって核 DNA も持たない短命な細胞もいくつかあるが、これらは例外である。

(3) ニューロンには多くの種類があり、それぞれの種類がある程度異なる遺伝子発現パターンを持つことを認識しておくことは大切である。このパターンの一部は、ニューロンの機能と関連づけられることが多い。たとえば電気的信号を素早く、1 秒に 100 回以上発するニューロンは、非常に速く開くイオンチャンネルの遺伝子を発現して迅速な電気信号伝達が可能になっている。一方、もっとゆっくりと発火しがちなニューロンはそのようなイオンチャンネルを発現せず、もっと下位のイオンチャンネルの遺伝子を発現する。現在、遺伝子の発現パターンにより定義されるニューロンの「フレーバー」がいくつあるかを確認する研究がいくつか進められている。そうしたプロジェクトのひとつについて http://celltypes.brain-map.org/ で読むことができる。

(4) 具体的には、DNA 鎖の中で、シトシン（C）とアデニン（A）の塩基を持つヌクレオチドがメチル化を受ける。

(5) どんな問題でも同じだが、掘り下げればそれだけ細かい問題が増えていく。大半の転写因子は、遺伝子の転写開始位置近くに結合して遺伝子を制御するが、もっと離れた場所に結合し、DNA を折り曲げて、開始位置に向かって戻っていくようにするものもある。もうひとつ、問題を複雑にしている因子として、選択的スプライシングがある。ひとつの遺伝子の中に、転写で作られるコピー（メッセンジャー RNA の配列に反映される）に含まれる部分と含まれない部分ができる現象である。この選択的スプライシングの位置がたくさんあり、ひとつで数百ないし数千種類のタンパク質分子を作る遺伝子もある。

(6) 「エピジェネティクス」という語は、このところ大衆文化やエセ科学の領域で少々もてはやされている。DNA の塩基配列を変化させずに遺伝子の発現を調整するという意味でのエピジェネティクスは現実的な現象だが、祖先が経験したこと、とくにトラウマ体験が世代を通じて伝えられるというような考えは、いまだ証明されていないまま、多くのジャンクサイエンスの元となってきた。ネット上などには

片方の正常な対立遺伝子を持つため、たいてい（不幸にも両親ともから変異した対立遺伝子を受け継いでいない限り）この病気にはならない。赤緑色盲はこの例で、北部ヨーロッパの人々の赤緑色盲率は、男性では約8%、女性では0.5%である。

（29） 仕事がいやになったら、もっと悪い仕事もあるということを思い出そう。世界中で耳あかを集める仕事もあるのだ。

（30） Yoshiura, K., et al. (2006). A SNP in the *ABCC11* gene in the determinant of human earwax type. *Nature Genetics, 38,* 324-330.

Nakano, M., Miwa, N., Hirano, A., Yoshiura, K., & Niikawa, N. (2009). A strong association of axillary osmidrosis with the wet earwax type determined by genotyping of the *ABCC11* gene. *BMC Genetics, 10,* 42.

（31） 身体のほかの部分には主に別の種類の汗腺――エクリン腺――が分布している。こちらは塩水のような汗を分泌し、わきや股間で特に悪臭を生む細菌を繁殖させる代謝物を含まない。わきの下には *Corynebacterium* 属と *Staphylococcus* 属の細菌が棲息するが、どうやらこれらが悪臭の犯人と思われる。

（32） Rodriguez, S., Steer, C. D., Farrow, A., Golding, J., & Day, I. N. (2013). Dependence of deodorant usage on ABC11 genotype: Scope for personalized genetics in personal hygiene. *Journal of Investigative Dermatology, 133,* 1760-1767.

（33） 身長に寄与する遺伝子のバリエーションの一部は、実際、DNA上の遺伝子以外の部分で見つかっている。

Wood, A. R., et al. (2014). Defining the role of common variation in the genomic and biological architecture of adult human height. *Nature Genetics, 46,* 1173-1186.

Marouli, E., et al. (2017). Rare and low-frequency coding variants alter human height. *Nature, 542,* 186-190.

（34） 外向性などのパーソナリティのバリエーションの約50%が遺伝子で説明できるという知識は、ほんの出発点にすぎない。外向性にはどの遺伝子が影響しているのだろうか。それは、どのようにして外向性に影響を及ぼすのか。それらの遺伝子の変異型（バリアント）は、社会的、非社会的経験とどのように関係し合うのか。こうした問題について、私たちの理解はごく限られている。一例として、最近行われたある研究を取り上げてみよう。カリフォルニア大学サンディエゴ校をはじめいくつかの大学の研究者が、2万人の被験者に対してOCEANの5因子パーソナリティ検査を実施し、DNAサンプルを採取した。そのうえで、統計処理を行って、ヒトゲノムの中でOCEANパーソナリティスコアの一部を予測する変異（バリエーション）の位置を見つけ出そうとしたのである。この種の研究はゲノムワイド関連解析（GWAS）と呼ばれ、あらかじめどの遺伝子が重要になりそうかという先入観なしで研究を始められるという利点がある。彼らはいくつか興味深い相関を見出した。そのひとつが、*WSCD2* という遺伝子の中の変異と外向性との相関だった。これは *WCSD2* が外向性遺伝子だということを意味しているのだろうか。けっしてそんなことはない。*WCSD2* で説明できるのは被験者集団の外向性のバリエーションの10%未満だった。たとえこの結果が再現されたとしても、*WCSD2* はただ、遺伝的寄与全体の中のほんの小さな部分を担うにすぎないということである。*WCSD2* が、たとえば脳の中のドーパミンやセロトニンを使うニューロンなど、外向性に関係し

う一方の鎖ではGが対になる。TはAと対になる。このように、二重らせんの双方は同じ情報を相補的な形で含む。重要なのは、ヌクレオチドの三つ組（コドン）が遺伝的なアルファベットを構成するということである。DNAの中の各コドンはそれぞれひとつの特定のアミノ酸をコードする。それらのアミノ酸がつながってタンパク質を形成する。

細胞内であるタンパク質が作られると、DNAコードの対応する部分が遺伝子の始まりの位置を指示し、そこから鎖がほどける。次に、DNAの片方の鎖がテンプレートとなって、相補的なリボ核酸（RNA）の鎖を作る。ほどけたDNAに沿って自由なヌクレオチドが並ぶのだが、Cに対してはG、Tに対してはU（ウラシル）が対になり、RNAの鎖を形成する。その後、このメッセンジャーRNAの鎖はDNAの鎖から離れる。メッセンジャーRNAの塩基の並びは、DNA鎖の塩基の並びの相補的な対になっている。次にメッセンジャーRNAは細胞の核を出て細胞質に入り、そこに留まる。そこで、リボゾームと呼ばれる複雑なタンパク質と相互作用し、情報が翻訳される。つまり、メッセンジャーRNAに沿ってアミノ酸が並び、タンパク質を形成するのである。

ほぼすべての遺伝情報はRNAを、ひいてはタンパク質生産を指示することにより作用する。生物の機能は、究極的には多様な細胞が生産するさまざまなタンパク質の種類と量により決まるのである。RNAの中にはタンパク質合成の指示とは無関係に働くノンコーディングRNAも存在するが、ここでは詳述しない。

(25)　植物の中には多くの遺伝子を持つものがある。これは進化の過程でゲノム全体が1回、2回、ときには3回複製されたためである。

(26)　PKUは重病ではあるが、食事に含まれるフェニルアラニンの量を少なく維持することで比較的容易に治療できる。新生児が決まってこの病気のスクリーニングを受けるのはこのためである。

(27)　遺伝子中の単一のヌクレオチドの変異が機能的影響を生じさせない場合、ふたつのパターンがある。ひとつはサイレント変異と呼ばれるもの。異なるコドンが同じアミノ酸をコードしている場合である。たとえばAAAがAAGに変異したとしても、タンパク質を構成するアミノ酸の鎖に組み込まれるのは同じアミノ酸――リシン――である。もうひとつのパターンは保存的置換と呼ばれるもので、単一のヌクレオチドが変化してアミノ酸を――たとえばグルタミン酸をアスパラギン酸に――変えてしまうが、その場所でその変化が起きてもタンパク質の機能に影響しないという場合である。

(28)　これには注意すべき例外がある。ふたつのコピーを受け継いではいるが、母親由来か父親由来のどちらかの対立遺伝子しか活性化しないというものがある。このプロセスはエピジェネティック刷り込みと呼ばれる。たとえば*UBE3A*という遺伝子は神経系の発達と機能に重要な役割を果たしているが、母親由来の対立遺伝子でしか発現しない。母親由来の対立遺伝子に変異があると（あるいはその発現に問題があると）、アンジェルマン症候群という神経系の病気になることがある。もうひとつの例外は、XまたはYの性染色体上に現れる遺伝子である。たとえばX染色体上の遺伝子に機能不全を起こす変異があると、対になる染色体がYである男性では病気の原因となりうる。一方、通常ふたつのX染色体を持つ女性は、もう

（16） MISTRA 研究の設計で優れていた点のひとつは、離れて育った一卵性だけでなく、二卵性と一卵性両方の双子を分析したことにある。離れて育った双子を調査した初期の研究の中には、一卵性双生児だけを集めたものがあり、その結果意図せずにあまり似ていない双子の組を除外してしまったかもしれないのである。以前の研究者たちは、事前に選別することにより、身体的または行動上で顕著な相違を示す一卵性の双子を二卵性と考え、結果として研究対象の集団に類似性を高めるバイアスがかかった可能性がある。重要な点として、MISTRA 研究では研究に参加させる際に双子のタイプが分からないようにしていた。これにより一卵性の双子の組がさまざまな相違を示す率が高まった。Segal (2012) によれば、MISTRA の研究では、アセスメント期間が終わってから遺伝子検査で双子のタイプを確認したという。

（17） その後行われた研究も、激しい議論を巻き起こした。その研究では、成人集団の IQ に対する共有環境の寄与率は約 15％と推定された。これはゼロよりも高いが、それでも小さい。詳細については第 8 章で解説する。

（18） Krueger, R. F., Hicks, B. M., & McCue, M. (2001). Altruism and antisocial behavior: Independent tendencies, unique personality correlates, distinct etiologies. *Psychological Science, 12,* 397–402.

（19） Lejarraga, T., Frey, R., Schnitzlein, D. D., & Hertwig, R. (2019). No effect of birth order on adult risk taking. *Proceedings of the National Academy of Sciences of the USA, 116,* 6019–6024.

Damian, R. I., & Roberts, B. W. (2015). The associations of birth order with personality and intelligence in a representative sample of US high school students. *Journal of Research in Personality, 58,* 96–105.

Botzet, L., Rohrer, J. M., & Arslan, R. C. (2018). Effects of birth order on intelligence, educational attainment, personality, and risk aversion in an Indonesian sample. *PsyArXiv.* doi:10.31234/osf.io/5387k.

（20） Polderman, T. J. C., Benyamin, B., de Leeuw, C. A., Sullivan, P. F., von Bochoven, A., Visscher, P. M., & Posthuma, D. (2015). Meta-analysis of the heritability of human traits based on fifty years of twin studies. *Nature Genetics, 47,* 702–709.

（21） Miller, P. (2012, January). A thing or two about twins. *National Geographic* より。www.nationalgeographic.com/magazine/2012/01/identical-twins-science-dna-portraits/

（22） 興味深いことに、栄養不良は貧困だけで起こるわけではない。現代の日本女性について、妊娠中も痩せていたいと望んで摂取カロリーを抑えるために子どもの発育を阻害していることを示唆する疫学的エビデンスが存在する。

Normile, D. (2018). Staying slim during pregnancy carries a price. *Science, 361,* 440.

（23） Nisbett, R. E., et al. (2012). Intelligence: New findings and theoretical developments. *American Psychologist, 6,* 130–159.

（24） DNA（ディオキシリボ核酸）は、ヌクレオチドと呼ばれる化学物質単位が反復的につながった鎖である。ヌクレオチドはアミノ酸と糖が結合した分子。DNA のヌクレオチドにはアデニン、グアニン、チミン、シトシン（A、G、T、C）の 4 種類の塩基が含まれる。DNA は互いにらせん状に組み合わさった 2 本の鎖の形で存在する。これが有名な二重らせん構造である。片方の鎖に C があれば、も

がどう信じていたかは、双子のIQスコアに影響しないことが明らかになっている。

Mathey, A. (1979). Appraisal of parental bias in twin studies: Ascribed zygosity and IQ differences in twins. *Acta Geneticae Medicae et Gemellologiae, 28,* 155–160.

別の研究によれば、一卵性双生児が同じように扱われたからといって行動上の測定値が近くなることはないようだ。たとえば、同じ教師に教わったり、同じような服を着たり、同じ部屋で寝たりしてきたことは、標準的な高校生向け学力テストの成績の近似性に影響していなかった。

Loehlin, J. C., & Nichols, R. C. (1976). *Heredity, environment and personality: A study of 850 sets of twins.* Austin, TX: University of Texas Press.

後者の結果は主に下記により裏付けられている。

Morris-Yates, A., Andrews, G., Howie, P., & Henderson, S. (1990). Twins: A test of the equal environments assumption. *Acta Physiologica Scandinavica, 81,* 322–326.

（13） 欧米の養子斡旋機関は昔から、一卵性二卵性を問わず、双子や三つ子を別々の家庭に割り振るのがふつうだった。その理由は、子どもひとりのほうが養親を見つけやすいと考えられたためだ。本当にそうであるというエビデンスはないが、一般に広くそう考えられていたのである。2018年に *Three Identical Strangers*（3人の同じ他人）というドキュメンタリーが発表された。一卵性の三つ子、Edward Galland、David Kellman、Robert Shafranの物語である。3人は1961年、生後6カ月で3つの家庭に引き取られた。ひとつは貧しく、ひとつは中流、ひとつは裕福な家庭だった。3人は、偶然の重なりで19歳のときに再会した。やがて3人は、自分たちがある秘密の実験の一環としてこのような異なる家庭に分けられたということに気づく。それは、Peter B. NeubauerとViola W. Bernardというふたりの精神科医が子育ての役割を調べるために始めた研究だった。この研究にはほかにも何組かの一卵性双生児が関わっていた。このドキュメンタリーは、こうした実験の倫理的な誤りを指摘するという点では正しいと思う。しかし、制作者は、科学研究とはまったく無関係に、双子は分けられて養子にされるのが当時の一般的習慣で、何百人もの子どもたちがそのような扱いを受けていたということを、あえて出さないようにしていた。このドキュメンタリーを見た人々は、NeubauerとBernardの研究の双子や三つ子が生後すぐに離ればなれにされた唯一の事例だと誤解したかもしれない。それを知ったからといってNeubauerやBernardらの責任が軽くなるわけではないが、知っておけば事態を歴史的な文脈の中でより正しく見ることができる。

（14） 双子のジムの話の詳細は以下の資料による。

Hoersten, G. (2015, July 28). Reunited after 39 years. *The Lima News.* www.limaohio.com/features/lifestyle/147776/reunited-after-39-years.

Rawson, R. (1979, May 7). Two Ohio strangers find they're twins at 39—and a dream to psychologists. *People.* https://people.com/archive/two-ohio-strangers-find-theyre-twins-at-39-and-a-dream-to-psychologists-vol-11-no-18/.

（15） この逸話は、最初のMISTRA研究に携わったNancy SegalがThomas BouchardのMISTRA研究の由来と結果と文脈について書いた下記の名著による。

Segal, N. L. (2012). *Born together—reared apart: The landmark Minnesota twin study.* Cambridge, MA: Harvard University Press.

(6)　引用元は Wagner, A. (2017, March 31). Why domesticated foxes are genetically fascinating (and terrible pets). PBS NewsHour. www.pbs.org/newshour/science/domesticated-foxes-genetically-fascinating-terrible-pets

(7)　「二卵性双生児は平均すると遺伝子の 50%を共有する」という表現は、実際には以下のような少々嚙み砕きにくい説明を近似的に表したものである。「二卵性双生児は、それぞれの親に由来するどの遺伝子についても、50%の確率で同じ型を受け継ぐ」。これは、微妙ではあるが重要な違いである。

ここでは、受精に関わるそれぞれの精子が同じ父親に由来するという前提で論じている。ひとりの女性が同じ排卵周期にふたりの男性と性交渉を持った場合、遺伝的に父親の異なる二卵性双生児を受胎しうることは、稀ではあるが、記録により十分に立証されている。この現象には「異父過妊娠」という素晴らしく野暮な名前が付けられている。米国では、既婚女性が出産したすべての二卵性双生児の 0.25%がこのタイプの双子だと推定されている。実父認知訴訟がらみの二卵性双生児では、その割合は 2.4%に上る。

James, W. H. (1993). The incidence of superfecundication and of double paternity in the general population. *Acta Geneticae Medicae et Gemellologiae, 42,* 257–262.

Wenk, R. E., Houtz, T., Brooks, M., & Chiafari, F. A. (1992). How frequent is heteropaternal superfecundation? *Acta Geneticae Medicae et Gemellologiae, 41,* 43–47.

異父過妊娠の割合はネコ、イヌ、チンパンジーなどの哺乳類ではヒトより高いが、実父認知訴訟が起こされることはあまりない。

(8)　一卵性双生児の性別は常に同じであるため、この研究では二卵性双生児も同性の組に限定し、問題を複雑にする要素を除外している。

(9)　遺伝率（h^2）を一卵性（identical）と二卵性（fraternal）の双子のそれぞれが持つ特性の相関係数（r）から推定する最も単純な式は、$h^2=2(r_{identical}-r_{fraternal})$ である。たとえば、ある特性の相関係数が一卵性で 0.80、二卵性で 0.50 だったとすると、その特性の遺伝率は $2(0.80-0.50)=0.60$ となる。このモデルでは、分散のうち共有環境の寄与率（c^2）は、一卵性の相関と遺伝率の差と考えられ、$c^2=r_{identical}-h^2$ となる。

(10)　非共有環境の中には測定誤差も含まれる。測定誤差は、身体的特性については通常さほど大きくないが、行動特性については意味のある大きさになりうる。たとえば同じ人が標準的な性格検査や IQ 検査を別々の日に繰り返して受けた場合、結果がわずかに異なってくる可能性は高い。

(11)　Långström, N., Rahman, Q., Carlström, E., & Lichtenstein, P. (2010). Genetic and environmental effects on same-sex sexual behavior: A population study of twins in Sweden. *Archives of Sexual Behavior, 39,* 75–80.

(12)　一卵性双生児は、平均して言えば、二卵性の同性の双子よりも、より似通った環境を共有する。しかし、それが大きな問題になるかどうかは不明だ。それを検証する最良の機会はおそらく、親（および双子自身やコミュニティ）が、その双子は一卵性だと信じていたけれども後の遺伝子検査で実は二卵性だったことが判明したという事例から得られる。逆の場合もある。こうした、誤解された双子を使い巧妙に設計された研究から、双子の遺伝的状態について親／コミュニティ／双子自身

原註

プロローグ

(1)　オンラインでの出会いの統計について詳しく知りたい方には、Christian Rudder の著作 *Dataclysm: Love, sex, race, and identity—what our online lives tell us about our offline selves.* New York, NY: Broadway Books (2014) をお勧めしたい。

第１章　個性と遺伝の関係を考えてみる

(1)　現在、ペットとして飼われているすべてのイヌの祖先は古代種のハイイロオオカミだが、この種はすでに絶滅している。ハイイロオオカミは家畜化された唯一の大型肉食獣であり、農耕民族ではなく狩猟採集民族により家畜化された唯一の動物種でもある。現生種のオオカミとイヌの DNA を比較した研究から、オオカミからイヌへの家畜化の過程は一度に起こったわけではなく、最初の家畜化後も何度か、家畜化されたイヌと野生種のオオカミとの交雑が起こり続けたことが分かっている。現生種のイヌとオオカミの遺伝学については Ostrander, E. A., Wayne, R. K., Freedman, A. H., & Davis, B. W. (2017). Demographic history, selection and functional diversity of the canine genome. *Nature Genetics, 18,* 705–720 を参照。
(2)　シマウマはウマと違ってアフリカツェツェバエが媒介する病気に罹りにくい。そこで多くの者がシマウマの家畜化を試み、失敗に終わっている。この努力が実っていたなら、ずいぶんとアフリカ農業の役に立ったことだろう。
(3)　キツネ家畜化交配実験に最初に用いられたキツネは、まったく人馴れしていなかったとはいえ、純粋な野生種ではなかったという点は付言しておくべきだろう。このキツネは何世代もキツネ農場で交配されてきたものであり、完全に人馴れしていないとしても、わずかながら人間を恐れない方向に淘汰されていた。トルートとベリャーエフの実験開始時点で、人馴れの基準によりオスの約 5%、メスの約 20% が交配のために選び出された。

Trut, L. (1999). Early canid domestication: The farm-fox experiment. *American Scientist, 87,* 160–169.

Lord, K. A., Larson, G., Coppinger, R. P., & Karlsson, E. K. (2019). The history of farm foxes undermines the animal domestication syndrome. *Trends in Ecology & Evolution, 35,* 125–136.
(4)　シベリアのキツネ家畜化実験についての詳細かつ魅力的な物語は Dugatkin, L. A., & Trut, L. (2017). *How to tame a fox (and build a dog).* Chicago, IL: University of Chicago Press を参照。
(5)　人馴れしたキツネは、下記のウェブサイトで注文できる。https://lkalmanson.com/index.php?option=com_content&view=category&layout=blog&id=19&Itemid=32

ただし、人馴れしているとしてもキツネの飼育が禁じられている場所もあるので注意が必要である。たとえばアメリカのカリフォルニア、テキサス、ニューヨーク、オレゴンの各州では飼うことができない。

UNIQUE: The New Science of Human Individuality
by David J. Linden

訳者
岩坂 彰（いわさか・あきら）
1958年生まれ。京都大学文学部哲学科卒。編集者を経て翻訳者に。
訳書に、『快感回路』『触れることの科学』『40人の神経科学者に脳のいちばん面白いところを聞いてみた』（以上、河出書房新社）、『嗅ぐ文学、動く言葉、感じる読書』（みすず書房）、『歴史主義の貧困』（日経BP）、『「うつ」と「躁」の教科書』（紀伊國屋書店）、『うつと不安の認知療法練習帳』（創元社）など多数。

あなたがあなたであることの科学——人の個性とはなんだろうか

2021年11月20日　初版印刷
2021年11月30日　初版発行

著　者　デイヴィッド・J・リンデン
訳　者　岩坂彰
装　丁　木庭貴信（オクターヴ）
発行者　小野寺優
発行所　株式会社河出書房新社
〒151-0051
東京都渋谷区千駄ヶ谷2-32-2
電話 03-3404-1201（営業）
03-3404-8611（編集）
https://www.kawade.co.jp/
印　刷　株式会社亨有堂印刷所
製　本　大口製本印刷株式会社

Printed in Japan
ISBN978-4-309-25436-4